柔性材料加工智能控制理论与应用

邓耀华　刘桂雄　吴黎明　著

科学出版社

北　京

内 容 简 介

本书围绕柔性材料加工智能控制方法与应用这一主题，介绍柔性材料加工控制智能建模、加工轨迹机器视觉提取等相关理论与方法。全书共8章，详细介绍了柔性材料加工变形影响因素提取方法、变形补偿模糊神经网络建模、加工轨迹提取方法、变形补偿嵌入式多核协同控制技术、柔性材料高速振动切割控制技术、柔性材料R2R加工变形力学建模与影响因素分析，以及加工智能控制理论的应用实例等内容。本书结构科学合理，内容翔实，实例与产业结合紧密。

本书可供机械工程、智能制造等方面的研究人员和工程技术人员阅读，也可作为机械、自动化、测控等专业的研究生和高年级本科生的辅导用书。

图书在版编目(CIP)数据

柔性材料加工智能控制理论与应用/邓耀华，刘桂雄，吴黎明著. —北京：科学出版社，2018. 11

ISBN 978-7-03-058584-4

Ⅰ. ①柔… Ⅱ. ①邓… ②刘… ③吴… Ⅲ. ①柔性材料-加工-智能控制-控制系统 Ⅳ. ①TB39

中国版本图书馆CIP数据核字(2018)第194471号

责任编辑：朱英彪 赵晓廷 / 责任校对：张小霞

责任印制：吴兆东 / 封面设计：蓝正设计

科 学 出 版 社 出版

北京东黄城根北街16号

邮政编码：100717

http://www.sciencep.com

北京凌奇印刷有限责任公司 印刷

科学出版社发行 各地新华书店经销

*

2018年11月第 一 版 开本：720×1000 B5

2023年 3 月第五次印刷 印张：13 1/4

字数：264 000

定价：98.00 元

(如有印装质量问题，我社负责调换)

前　言

大力发展以智能数控加工技术为核心的先进制造技术已成为世界各发达国家加速经济发展、提高综合国力和国家地位的重要途径。例如，日本于 1989 年倡导智能制造十年国际合作研究计划，组织大量研究机构进行智能制造技术的研究；美国国家制造科学中心(NCMS)与空军共同开展“下一代工作站/机床控制器体系结构”研究；欧洲国家开展了“自动化系统中开放式体系结构”等课题的研究。中国在 20 世纪 80 年代末也将“智能制造”列为国家科技发展规划的主要课题，科技部提出了“工业智能工程”，智能加工是该项工程中的重要内容；此后，在《中华人民共和国国民经济和社会发展第十三个五年规划纲要》和《中国制造 2025》的重点突破技术领域中指出，加大特殊和关键零部件智能加工技术的研究力度，重点解决这类零部件加工过程智能建模、精密控制与加工设备智能维护的关键问题。

柔性材料是一种常见的加工材料，在航空航天、高铁、汽车、新能源材料和纺织轻工制造等行业有着广泛的应用，但由于其刚性差、加工过程中工件容易产生较大的拉伸或挤压变形，加工件的形位误差增大，对其进行加工控制变得非常复杂，主要体现在：①加工控制的影响因素多，如工件材料变形、加工图案多样化等，变形因素相互影响，这些直接带来加工控制的不确定性；②加工控制规则复杂，当考虑的输入条件较多时，其控制规则数呈指数增长而造成“规则爆炸”问题。因此，如何对柔性工件加工变形进行建模及在线控制，是近十多年来国内外学者关注的重要问题。

本书围绕柔性材料加工变形补偿智能控制方法与应用这一主题，以柔性多层材料加载变形分析为切入点，介绍加工变形影响因素的提取；引入系统工程权重理论，介绍柔性多层材料加工变形影响因素权重评价方法，着重解决加工变形补偿，路径规划，重叠、次要影响因素约简等问题；介绍带测量反馈的、能表征加工变形影响因素与补偿量之间多输入-多输出的映射关系模型，解决加工变形补偿定量计算问题，形成完善的刀具补偿路径规划机制；设计实现加工变形补偿预测模型的嵌入式系统，开展加工实例验证、测试试验；将柔性材料加工变形影响理论方法应用于卷对卷(R2R)加工影响因素的分析，与决策控制理论方法相结合，用于柔性材料加工装备的智能维护。本书的目的在于将柔性多层材料加工变形分析推向数字化模拟仿真的深入研究阶段，同时为实现柔性多层材料一次性装夹、自动化加工与智能维护提供有效的理论和技术支撑。

本书的主要内容包括：

(1) 介绍柔性材料加工变形力学，指出影响柔性材料加工变形的因素相当复杂，必须进行加工变形决策知识提取。讨论柔性材料加工简化力学模型的有限元仿真及求解，得出柔性材料加工变形与作用力、作用点位置、柔性材料结构参数等因素之间的关系；指出作用力变化也与进给深度、进给偏角、图元类型、图元夹角、加工步长、插补方法、插补速度、加工方向角、柔性材料夹紧方式和柔性材料夹紧位置等因素相关，若将众多的加工变形影响因素作为后续预测模型的输入会形成极其复杂的系统结构，必须对柔性材料加工变形影响因素进行提取。

(2) 提出加工变形影响因素提取简权重分析方法，介绍基于粗糙集(RS)及信息熵的约简方法和基于层次分析法的加工变形影响因素提取方法。基于信息熵表示属性重要度的 DDT 约简算法，将互信息 $I(P;D)$ 变化程度作为条件属性对决策属性重要性的评价指标，$I(P;D)$ 变化越大则条件属性 a 对于决策属性 D 就越重要；制订变形决策表 DDT 属性约简算法的计算流程，实现柔性材料加工变形决策知识的提取。构建柔性材料加工变形影响因素的层次分析提取模型，由柔性材料加工变形影响因素重要度作为层次分析模型的目标层，加工属性构成准则层，各个加工变形影响因素作为指标层。以加工变形影响因素 C_{mn} 的提取属性 P 对目标层的影响程度向量 $\boldsymbol{W}_P$ 表征每个加工变形影响因素的重要度，若 $\boldsymbol{W}_P$ 中元素的值越大，则其对应的加工变形影响因素的重要度就越大，从而具有较强的理解性、客观性、操作性。制订加工变形影响因素提取层次分析算法的计算流程，开展基于层次分析法的提取加工变形影响因素的效果试验。

(3) 提出柔性材料加工变形补偿预测自适应 T-S 模糊神经网络(ATS-FNN)建模方法，集中了模糊聚类、模糊神经网络建模方法的优点。该方法将自适应模糊聚类方法(AFCM)与 T-S 模糊神经网络(TSFNN)建模方法有效结合，具有学习能力强、逼近非线性函数映射能力好的特点，模型的前件网络引入 AFCM 方法完成输入空间模糊等级划分、隶属度函数提取、规则适应度计算，实现 TSFNN 模型前件网络结构的辨识；后件网络与标准 T-S 模糊神经网络模型相比增加了隐含层，进一步提高了模型的全局逼近性能。试验结果表明，ATS-FNN 模型的各项指标均优于标准的 T-S 模糊神经网络(STS-FNN)模型。

(4) 提出一种基于机器视觉测量加工误差反馈的 ATS-FNN 模型，设计以双 32 位 MicroBlaze 处理器为核心、小波变换等专用 IP 核为辅助的柔性材料轨迹加工变形补偿硬件控制器。通过机器视觉测量加工轨迹的几何尺寸，轨迹加工偏差经 PID 调节后对 ATS-FNN 模型预补偿值进行修正，解决了柔性材料轨迹加工精度受工件厚度、进给速度、加工轨迹图案变化等影响的问题；硬件控制器中双处理器基于消息邮箱通信机制的协同工作，加快图像处理任务的速度；专用 IP 核以 FSL 总线协处理器接入 MicroBlaze 处理器的多核数据通信方式，较好地解决了 IP 核与主处理器之间总线和内存数据传输滞后的问题。试验结果表明，带视觉测量反馈环节的引入使得加工误差即使在加工条件改变时也只会产生较小的波动；ATS-FNN 控制器采用双处理器协同工作方式，有助于加快控制器的计算速度。

(5) 将柔性材料加工变形影响理论方法应用于柔性薄膜卷对卷(R2R)加工影响因素分析，以柔性薄膜 R2R 加工为例，对 R2R 制造系统各工位关键部件进行动力学分析，分别建立放卷辊、收卷辊、驱动辊和导向辊的物理模型，对 R2R 加工过程柔性薄膜变形进行仿真，分析张力波动对变形的影响。

(6)结合柔性材料加工变形补偿技术的应用，分别介绍带反馈 ATS-FNN 控制器的绗缝加工系统、基于开环 ATS-FNN 控制器的电脑弯刀机加工系统，以及柔性皮革材料振动切割装备的设计与应用。根据实际绗缝加工提取加工变形影响因素，基于 ATS-FNN 控制器设计了绗缝加工系统的硬件结构，开发了花模打版、控制软件。应用结果表明，基于 ATS-FNN 控制器的绗缝加工系统的加工轨迹夹角误差 f_a、直线度误差 f_l 分别比基于 PC＋NC 控制器的绗缝加工系统减少 32.9%、36.1%，较好地解决了绗缝轨迹加工误差随着柔性材料厚度增加而增大的问题；基于开环 ATS-FNN 控制器的电脑弯刀机加工系统的技术参数已经达到送料精度 −0.015～0.015mm、最大折弯角度 130°、最大弯曲半径 200mm。设计用于柔性材料高速切割的高速振动切割模组，切割柔性材料厚度范围为 0.5～6.0mm，切割加工的角度误差为 −1.5°～1.5°，当振动频率切割为 16000 次/min 时，切割速度可达到 120cm/s，这表明加工变形控制基础理论在柔性材料加工系统的应用已取得较好的应用效果。

本书涉及的主要内容是在国家自然科学基金项目(51675109，51205069)、广东省自然科学基金项目(2017A030313308，S2013010013288)、广东省佛山市科技创新专项项目(2015IT100102)及广东省科技计划项目(2016B010124002)等资助下完成的。

本书能够顺利完成，要感谢与我一起开展国家自然科学基金项目、广东省自然科学基金项目研究的合作伙伴；此外，卢绮雯参与了本书第 3 章、第 5 章部分内容的撰写和数据整理工作，刘夏丽参与了第 4 章、第 6 章部分内容的撰写和全书文稿整理工作，周娜、金拓和陈嘉源参与了第 2 章、第 7 章部分内容的撰写和实验数据的整理工作，在此表示感谢；感谢美国密歇根大学倪军教授的支持和鼓励；感谢广东瑞洲科技有限公司郭华忠高级工程师的帮助；感谢我的家人对我工作的默默支持；最后对所引用文献的作者表示感谢。

由于作者水平有限，书中难免存在不妥之处，请各位读者批评指正。

邓耀华

2018 年 5 月于广州

目　录

主要符号表

a	柔性件长度
b	柔性件宽度
c	模糊划分类别数
t	柔性件厚度
n	主轴转速
$p(x_p, y_p)$	柔性件加工集中的受力作用点
v	插补速度
v_{iq}	G_i 的类别中心
$\boldsymbol{w}_{jk}^r$	第 r 个子网络第 j 层与 k 连接权值
$\boldsymbol{w}_{ij}^r$	第 r 个子网络第 i 层与 j 连接权值
z_i	决策表第 i 个对象
$A_{p\cdot x}$	x 轴定位精度
$A_{p\cdot y}$	y 轴定位精度
$A_{p\cdot z}$	z 轴定位精度
A、P	条件属性集
$\mathrm{AS}(a, P; D)$	属性重要度
$\widetilde{A}$、$\widetilde{B}$	条件属性 A、决策属性 D 在论域上的划分
$\widetilde{A}_k$、$\widetilde{B}_l$	$\widetilde{A}$、$\widetilde{B}$ 的条件概率
C_I	信息熵约简算法终止阈值
C_{m}	柔性件装夹方式
C_{p}	柔性件装夹位置
D	决策属性集
D_{type}	图元类型
$\boldsymbol{D}_{ik\boldsymbol{M}_i}^2$	平方内积范数
E	弹性模量
E_σ	模糊划分质量指标参数

F_z	z 方向作用力
F_i	协方差
G_i	第 i 个模糊划分类别
$\mathrm{Gu}_{ji}(x_{kj})$	x_k 对 G_i 的隶属度函数
Ga_i	第 i 条模糊规则适应度
$\overline{\mathrm{Ga}}_i$	归一化模糊规则适应度
I_{m}	插补方法
$I(A;D)$	条件属性 A 与决策属性 D 的互信息
$\mathrm{Ind}(A)$、$\mathrm{Ind}(D)$	条件属性 A、决策属性 D 的不可分辨关系
$\overline{J}$	模糊聚类目标函数
L_{deep}	进给深度
L_{step}	加工步长
$\mathrm{Red}_D(A)$	变形决策知识精简集
S	加工补偿输出量集合
X	加工变形影响量集合
β	模糊加权幂指数
$\varepsilon>0$	聚类算法终止允许误差
γ	隶属度降低速度系数
μ	泊松比
θ_{angle}	进给偏角
θ_{D}	图元夹角
θ_{P}	加工方向角
σ_{iq}^2	G_i 的类别对应方差

第1章　绪　　论

1.1　柔性材料加工控制基本过程

柔性材料是一种常见的加工材料，在航空航天、高铁、汽车、新能源材料和纺织轻工制造等行业有着广泛的应用。柔性件加工是在单层或者由多层柔软物组合成的工件上进行各种复杂图形的加工，在表面上浮现出凹凸不平的立体图案或者组合成一种新材料的过程。柔性加工工件具有柔软性，当受到外力时，极易发生变形。工件材料的特性决定其难以用材料力学方法进行变形分析，变形不确定性明显，而工件厚度的不均匀也使得工件受力发生变形的情况复杂化[1]。柔性材料加工过程控制就是解决以上复杂问题的重要步骤。

因此，柔性材料加工过程控制一般指在充分考虑工件材料变形、加工形状、工艺及加工伺服系统性能等的基础上，获得加工过程控制规则，并确定控制推理机制，采用机器视觉测量等辅助手段，实现复杂的加工过程轨迹变形补偿控制[2,3]。根据流程先后，柔性材料加工控制过程可分为控制规则获取、控制推理、测量反馈和控制参数在线调整等环节。

1. 控制规则获取环节

控制规则获取环节主要将与加工控制过程有关的各种控制信息归一化处理并输入到模型中进行训练得到加工控制规则。控制信息主要来于专家知识或在线观测数据。从专家知识库中获得的控制规则，可在未知环境下仿效专家智能实现控制，但难以随加工环境变化对控制规则做出快速调整；通过观测数据的训练得到的当前加工控制规则，其模型参数可适应加工状态变化。在这个环节中，规则属性约简非常必要，去掉冗余和冲突规则，可降低决策推理的复杂性。

2. 控制推理环节

控制推理环节是在控制规则获取基础上，通过似然推理获得控制模型输入输出之间的映射关系矩阵，由集合计算求得系统输出控制向量，再经反变换将控制向量转换成加工伺服系统可以执行的精确量。在这个过程中，集合计算通常由专用高性能片上系统(system on chip，SoC)来完成。推理方法既要求能确保有效信息的完整性，又不消耗过多时间，这是保证控制系统准确性和快速性的基础。

3. 测量反馈环节

测量反馈环节的目的是通过测量被控量的实际信息，作为消除被控量与输入量之间的偏差以及调整控制规则的依据。加工轨迹实时测量是反馈控制环节的难点。

4. 控制参数在线调整环节

控制参数在线调整环节主要是为了适应加工过程状态的变化并解决控制指标偏离问题，对测量反馈环节获得的数据进行在线学习训练，根据实际输出误差实时地调整控制器参数，优化系统的控制性能。

图 1-1 为柔性材料加工过程控制流程图。系统状态初始化正常后，执行机构先进入待机状态，接着进入加工图形选择、控制规则获取、控制推理、确定控制、测量反馈和在线调整的交替循环过程。

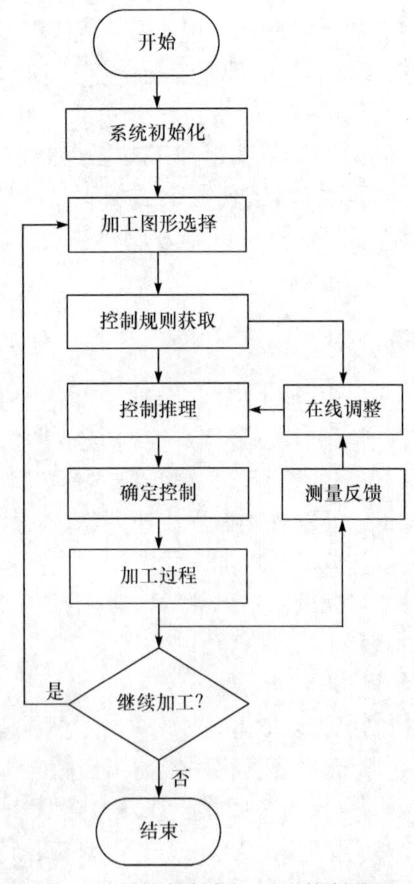

图 1-1　柔性材料加工过程控制流程

1.2 柔性材料加工过程控制评价指标

柔性材料加工性能的评价，应该包括能反映加工轨迹形状的准确性、加工控制的快速性等方面的内容，同时考虑到柔性材料加工由许多直线加工、圆形加工单元组成，还应包括加工轨迹直线度、加工轨迹圆度、加工轨迹夹角误差和图元最小加工时间[4,5]等主要指标。

1. 加工轨迹直线度 f_l

f_l 为衡量柔性材料加工中实际加工直线偏离理想直线程度的评价指标，反映一个平面内的直线形状偏差、空间直线在某一方向上的形状偏差和空间直线在任一方向上的形状偏差。图 1-2 给出了 f_l 的最小二乘法（least square method，LSM）评定方法，L_{LS} 是通过 LSM 将被测要素上各点进行拟合得到的评定基线。在给定平面内，f_l 为平行于 L_{LS}、包容实际被测要素且距离为最小的两直线之间的距离，如图 1-2(a)所示；而在任意方向上，f_l 为与轴线平行、包容实际被测要素且直径为最小的圆柱面的直径，如图 1-2(b)所示。

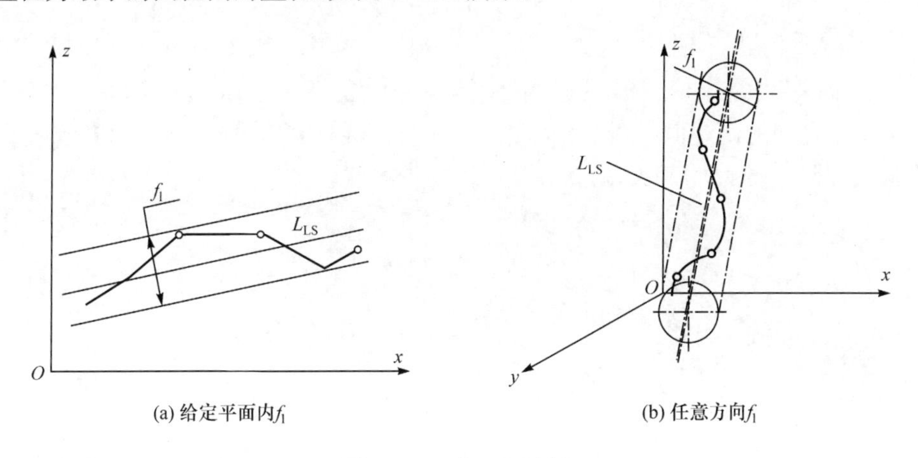

图 1-2 f_l 的 LSM 评定

2. 加工轨迹圆度 f_c

f_c 指同一正截面上实际加工轮廓对其理想圆的变动量，反映了加工轨迹不圆整的程度。用两个理想的同心圆包容实际轮廓圆，实现最小区域的两个同心圆半径之差即 f_c(图 1-3)。

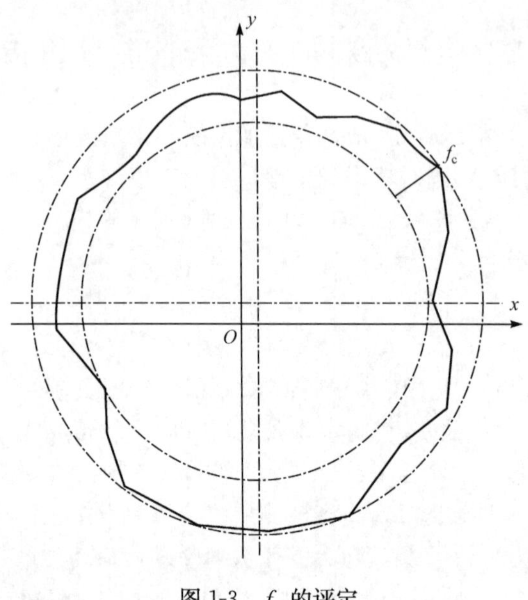

图 1-3　f_c 的评定

3. 加工轨迹夹角误差 f_a

f_a 是柔性材料加工中图元连接处夹角准确度的评价指标，指实际加工夹角与期望角度之间的误差值。图 1-4 列出三种不同图元连接方式（直线-直线式、直线-圆弧式、圆弧-圆弧式）的夹角。

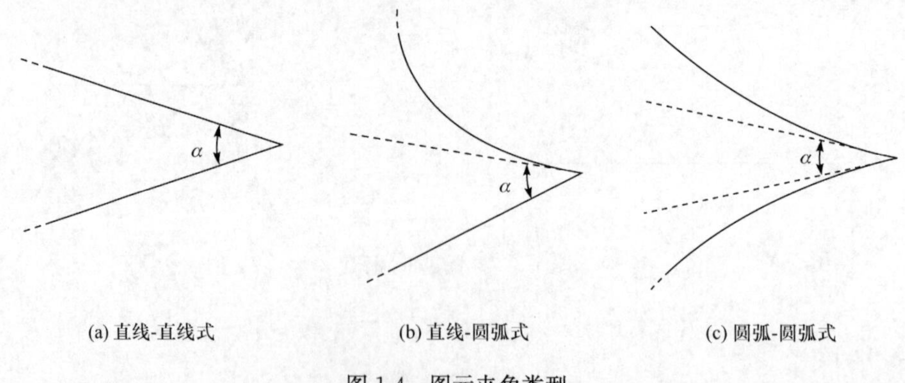

图 1-4　图元夹角类型

在实际加工中，f_a 可用来衡量直角或尖角的加工效果，f_a 越小说明夹角加工水平越接近理想效果，f_a 越大则说明夹角加工处出现圆角或钝角的情况。f_a 定义为

$$f_a = \hat{\alpha} - \alpha \tag{1-1}$$

式中，$\hat{\alpha}$ 是夹角期望加工值；α 是实际夹角的大小。

4. 图元最小加工时间 t_p

t_p 是系统加工快速性的衡量指标，指加工系统完成一个最小单位的图元轨迹所用的时间，包括控制器的响应时间 t_l、加工进料时间 t_f 以及完成一次加工循环的时间 t_m。

除上述主要指标外，能加工工件厚度以及多次跨步加工能力也是考虑的指标。在柔性材料加工中，工件越厚则受力变形越严重，加工轨迹的变形补偿则越难控制；多次跨步加工能力反映了系统能加工图形的多样性，如独立加工图形、内嵌加工图形(独立图形内部包含子图形)等。柔性材料加工过程的工件变形不确定性和加工图形多样性等特点决定了其控制过程必须具备较好的自适应性、智能性，可通过自动调整或重构等手段来适应工况、减少各种因素的影响，通过在线自学习优化控制策略保证控制系统的准确度。

从上述内容可以看出，柔性材料加工变形由多个因素造成，在加工过程中可通过调节多个相关变量来减少加工误差。因此，柔性材料加工变形补偿控制实质上是一个多输入-多输出(multiple input multiple output，MIMO)过程[6]，而建立变形影响因素与补偿输出量之间的耦合关系是进行补偿控制的关键之一。

1.3 柔性材料加工变形补偿控制研究进展

通过分析柔性材料加工控制过程及加工评价指标可知，要提高柔性材料的加工精度及系统性能，加工过程变形补偿控制、加工轨迹在线测量反馈以及加工控制模型的自适应性和智能化是研究的关键。本节将从柔性材料加工过程 MIMO 建模方法、柔性材料加工轨迹视觉测量方法和智能控制系统软硬件协同设计与硬件加速方法三方面讨论与柔性材料加工变形补偿控制技术相关的国内外研究情况。

1.3.1 柔性材料加工过程 MIMO 建模方法

根据加工控制过程性质的不同以及建模对样本数量要求的差异，下面从回归分析 MIMO 建模、时间序列 MIMO 建模和基于人工智能方法的 MIMO 建模等方面阐述柔性材料加工过程建模方法的研究情况。

1. 回归分析 MIMO 建模

回归分析法是建立在数理统计原理基础上，从试验观测数据出发，来确定自变量与因变量之间函数关系的方法[7]。回归分析 MIMO 建模就是要建立多个自变量与多个因变量之间的定量函数关系。

典型的回归分析 MIMO 模型的数学定义为 $\boldsymbol{Y}=\boldsymbol{X}\times\boldsymbol{\beta}+\boldsymbol{\varepsilon}$，即

$$\boldsymbol{Y}=\begin{bmatrix} y_1 \\ y_2 \\ \vdots \\ y_n \end{bmatrix}=\begin{bmatrix} x_{11} & x_{12} & \cdots & x_{1m} \\ x_{21} & x_{22} & \cdots & x_{2m} \\ \vdots & \vdots & & \vdots \\ x_{t1} & x_{t2} & \cdots & x_{tm} \end{bmatrix}\times\begin{bmatrix} \beta_{11} & \beta_{12} & \cdots & \beta_{1m} \\ \beta_{21} & \beta_{22} & \cdots & \beta_{2m} \\ \vdots & \vdots & & \vdots \\ \beta_{n1} & \beta_{n2} & \cdots & \beta_{nm} \end{bmatrix}+\begin{bmatrix} \varepsilon_{11} & \varepsilon_{12} & \cdots & \varepsilon_{1n} \\ \varepsilon_{21} & \varepsilon_{22} & \cdots & \varepsilon_{2n} \\ \vdots & \vdots & & \vdots \\ \varepsilon_{t1} & \varepsilon_{t2} & \cdots & \varepsilon_{tn} \end{bmatrix} \tag{1-2}$$

式中，因变量 $\boldsymbol{Y}$ 是自变量 $\boldsymbol{X}$ 和误差项 $\boldsymbol{\varepsilon}$ 的线性函数；$\boldsymbol{\beta}$ 为 $n\times m$ 阶回归系数矩阵。

建立回归模型需要确定回归系数矩阵 $\boldsymbol{\beta}$、回归模型显著性检验、拟合性校验等环节，其中 $\boldsymbol{\beta}$ 参数估计是关键步骤，且多基于最小二乘法原理。下面讨论比较有代表性的偏最小二乘回归(partial least squares regression，PLSR)、最小二乘支持向量回归(least squares support vector regression，LS-SVR)两种回归分析 MIMO 建模方法。

1) 偏最小二乘回归建模方法

PLSR 是由瑞典学者 Wold 等最先提出的适合于各自变量集合内部存在较高相关性的 MIMO 回归建模方法，该方法通过对系统数据进行有效的分解、筛选，提取对因变量解释性最强的综合变量用于模型的建立[8]。针对基本 PLSR 方法存在的非线性处理能力不足、计算速度慢、稳健性不高等问题，许多学者结合不同要求对 PLSR 方法进行完善及提高，如文献[9]提出了用于非线性建模的神经网络-偏最小二乘回归(neural network PLSR，NNPLSR)方法；文献[10]和文献[11]提出了适用于实时过程建模的核函数-偏最小二乘回归(kernel PLSR，KPLSR)方法；文献[12]和文献[13]介绍了具有较强跟踪能力的滑动窗口递归-偏最小二乘回归(recursive PLSR，RPLSR)方法；文献[14]介绍了具有较高算法稳健性的遗传-偏最小二乘回归(genetic algorithm PLSR，GAPLSR)方法。

KPLSR 方法以运算速度快且不影响估计精度等特点，在实时性要求较高的 MIMO 建模中受到越来越多的重视。KPLSR 方法由瑞典于默奥大学 Lindgren 等于 1996 年首次提出，1997 年加拿大麦克马斯特大学 Dayal 等证明在进行 Kernel 递推运算时只需更新其中一个自变量或因变量矩阵，这使新 KPLSR 算法的运算速度大大提高[15,16]；瑞典阿斯利康研究中心的 Abrahamsson 等研究样本数量巨大且变量数目较多情况下，既能快速处理样本分类又可保证辨识算法实现的 KPLSR 新方法[17]；文献[18]提出一种新的 KPLSR 方法，该方法不进行迭代计算而是直接抽取主元，并根据统计学习理论采用实际风险的性能指标，既有助于核函

数的参数选择，又实现了结构风险最小化原则；文献[19]根据核函数矩阵对称的性质，将 KPLSR 方法中的批量算法转换成分块算法，不仅降低对计算机硬件的要求，还减少计算时间；文献[20]提出了一种新的动态核偏最小二乘建模方法，以及相应的过程监控方法，该方法对测量空间进行正交分解，将测量空间分为质量相关部分和质量不相关部分，同时建立了测量与质量指标之间的动态关系，通过向模型引入遗忘因子，即将在不同历史时间收集的样本分配给不同的权重，因此该方法建立的模型比标准 KPLS 模型能在输入与输出变量之间建立更稳健的关系；文献[21]提出了一种 KPLS 模型，在处理过程变量之间的非线性特性时，将原始变量映射到特征空间中，其中核心矩阵与输出矩阵之间的线性关系通过 KPLS 模型来实现，通过奇异值分解和统计分解将核矩阵分解为两个正交部分，所提出的方法具有诊断逻辑简单和性能稳定等优点；文献[22]提出了一种基于稀疏非线性特征的新型局部加权核 PLS(locally weighted kernel partial least squares，LW-KPLS)方法，该方法使用稀疏核特征因子(sparse kernel feature characteristic factor，SKFCF)来加权训练样本，考虑了希尔伯特特征空间中样本之间非线性相关性的强度，通过将非线性特征集成到局部加权回归框架中，能够应对时变特性，且适合于高度非线性过程。

RPLSR 方法由挪威学者 Helland 提出，它主要针对基本 PLSR 方法在过程特性或操作条件变化下模型不能及时更新的问题，选择合适的窗口函数进行样本的挑选，来一个新样本就去掉一个旧样本，数据窗口长度保持不变，从而提高了 PLSR 算法跟踪过程变化的能力[23]。美国得克萨斯大学的 Qin 在 Helland 研究的基础上，将 RPLSR 方法扩展到块式递归偏最小二乘(block-wise recursive partial least squares regression，BRPLSR)法[24]；日本关西学院大学的 Kasemsumran 等对滑动窗口进行样本区间划分以搜索最佳区间，提高样本的使用质量[25]；新加坡高性能计算机研究院的 Tartakovsky 等研究一种在线调整的 RPLSR 方法，通过在线修正样本的均值和方差，将旧样本的部分信息代入模型，适用于小样本高维数据的建模问题[26]；文献[27]针对大数据量情况下建模过程中的“野点”检测问题，提出了鲁棒递推 RPLSR 方法，通过将 RPLSR 与鲁棒主分量的回归算法相结合，实现分块“野点”检测算法，较好地解决了一般“野点”检测算法计算量大的问题；文献[28]提出了一种改进的滑动窗口最小二乘支持向量机(least squares support vector machines，LS-SVM)的回归算法，简化了滑动窗口内的数据，并从历史批次的数据库中选择用于局部建模的相似数据以预测数据，结合局部建模，能够有效地预测样本的值。

2) 最小二乘支持向量回归建模方法

LS-SVR 方法是由比利时学者 Suykens 等提出的一种拟合精度高、执行速度较快的 MIMO 回归建模方法。LS-SVR 算法的核心思想是通过引入最小二乘线性系统，将优化目标中松弛变量的一次惩罚项改成二次约束条件，把二次规划问题转化成线性方程组的求解[29,30]。

在 LS-SVR 方法中非线性逼近问题的简化以及维数灾难问题的避免是通过核函数(kernel function)的引入来实现的。典型的核函数有小波基(wavelet function)核函数、多项式(polynomial)核函数、高斯径向基(radial basis function，RBF)核函数、指数径向基(exponential radial basis function，ERBF)核函数、Sigmoid 核函数和 B 样条核函数等[31-33]。其中，小波基核函数具有良好的时频局部特性，可使 LS-SVR 逼近任意的目标函数，因此受到许多学者的关注。例如，文献[34]研究多维允许支持向量小波核函数，核函数不仅近似正交，且适用于信号局部分析、信噪分离、突变信号检测；文献[35]研究正交 Littlewood-Paley (L-P)小波核函数在最小二乘小波支持向量回归(LS-WSVR)框架下对复杂函数的学习效果，结果表明以 L-P 为核函数的最小二乘小波支持向量机在回归分析方面优于高斯核函数；文献[36]则针对 L-P 小波核函数固定基本小波频率宽带在动态系统辨识中使用受到限制的问题，提出一种可调带宽多维支持向量小波核函数——Modified L-P 小波核函数，具有平移伸缩正交性，用于回归学习建模和逼近能力优于 L-P 小波核函数、高斯核函数，可以处理复杂非平稳信号；文献[37]提出了一种直觉模糊技术最小二乘支持向量回归与遗传算法相结合的方法。

LS-SVR 预测模型采用两个具有直觉模糊集的最小二乘支持向量，为了逼近直觉模糊上下界和提供数字预测值，同时采用遗传算法来选择模型的参数。文献[38]提出了一种新的直觉模糊 C 最小二乘支持向量回归(intuitionistic fuzzy C least squares support vector regression，IFC-LSSVR)和 Sammon 映射聚类算法，IFC-LSSVR 采用粒子群优化来获得最优参数，Sammon 映射有效地降低了原始数据的复杂度，而直觉模糊集(intuitionistic fuzzy sets，IFSs)可以有效地调整数据点的隶属度。

2. 时间序列 MIMO 建模

时间序列 MIMO 建模是指从系统中同时观测多个变量得到多维时间序列，根据时间序列数值的依次变化规律，建立描述该时间序列的数学模型，获得时间序列的系统特性[39,40]。下面讨论两种具有代表性方法，即非平稳时间序列 ARIMA (autoregressive integrated moving average)法和波动时间序列 MGARCH(multivariate generalized autoregressive conditional heteroscedasticity)法。

非平稳时间序列 ARIMA 法是一种用于输入数据不可预测的随机过程的建模方法。该方法在随机过程建模的可靠性较高，近十几年来，在随机时间序列预测方面得到广泛应用[41,42]。文献[43]提出一种可对输入的任何形式的失效数据时间序列进行预测的ARIMA模型；文献[44]根据陀螺随机漂移的非平稳特性，确定ARIMA(2,1,1)作为陀螺中的随机误差模型；文献[45]建立卫星钟差的ARIMA(0,2,q)预报模型，该模型既能充分反映钟差变化规律，又能避免多项式模型存在的问题(以时间为参数，误差累积较快)。

波动时间序列MGARCH法是由美国学者Bollerslev等提出的用于多变量波动溢出的时间序列建模方法[46,47]。以Bollerslev模型为基础对波动时间序列展开的研究相当活跃，文献[48]使用指数下降的权重，通过迭代得到指数加权滑动平均模型，体现了MGARCH中协方差矩阵的时变特点，但该模型在弱意义下不平稳，不利于波动性时间序列的建模；文献[49]建立了多变量对角矢量的误差校正模型，模型保留了文献[48]模型的直观性且具有平稳性，但未能保证得到半正定的协方差矩阵；近年来，部分学者利用降维的思想又提出了因子MGARCH模型和正交MGARCH模型，这两个模型便于进行参数估计[50,51]。

3. 基于人工智能方法的MIMO建模

基于人工智能的建模方法比较多，目前广泛使用的有基于模糊推理、基于神经网络、基于小波网络、基于粒子群优化(particle swarm optimization，PSO)算法、基于粗糙集(rough set，RS)算法及其相互结合的方法等。其特点是利用所允许的不精确性、不确定性来获得易于处理、鲁棒性强的解决问题方法，与传统使用精确的、固定的信息来解决问题的方法不同，更适用于处理高度复杂性加工过程的建模问题。

1) 基于模糊推理的建模方法

模糊建模通常是指采用模糊辨识方法构造预测模型，理论上已经证明模糊模型可逼近非线性系统到任意精度[52,53]。Takagi-Sugeno(T-S)模糊模型是目前最具代表性的MIMO模糊模型之一，该模型基于输入模糊划分的思想，将输入空间划分为若干模糊子空间，每一个子空间用一个线性方程来表示，通过模糊推理实现全局的非线性[54]。最初的T-S模糊辨识方法需要涉及非线性规划问题，实现过程较为复杂，不适合在线应用。1993年日本学者Sugeno等提出一种简化的T-S模糊模型，参数的结论部分采用单值表示，极大简化了辨识过程[55]；Ralescu等提出T-S模糊模型的连续辨识算法，模型参数调整均由加权循环最小二乘法实现，可快速调整时变MIMO系统的T-S模糊模型[56]；澳大利亚新南威尔士大学Cao等提出模糊动态模型，表达式为

$$\begin{gathered}R^l\text{：如果 } v_1 \text{ 是 } F_1^l,v_2 \text{ 是 } F_2^l,\cdots,v_s \text{ 是 } F_s^l\text{，那么}\\ \dot{x}(t)=A_lx(t)+B_lu(t),\quad z(t)=C_lx(t)+D_lu(t),\quad l=1,2,\cdots,m\end{gathered}\tag{1-3}$$

该模型由多个线性方程通过模糊隶属度函数光滑地连接成全局模型，使用模糊聚类方法获取模糊规则数目和隶属函数特征参数，利用最小二乘法辨识局部线性模型，可以任意精度逼近定义在紧集上的任意连续非线性函数[57-59]；美国学者 Kwon 等建立自动模糊规则库，结合遗传算法找出最佳方案[60]；美国密歇根大学 Jee 等将模糊自适应模型用于轮廓精密加工过程控制，根据加工过程状态实时调整控制参数和模糊关系方程，响应速度快于传统的 PID（比例-积分-微分）调节方法[61]。文献[62]～文献[64]介绍了一种新型的模糊双曲正切模型（fuzzy hyperbolic model，FHM），其状态矩阵为状态变量的双曲正切函数，输入矩阵为线性常数矩阵，设计的最优控制器可以使整个系统性能指标达到最优。与其他模糊模型相比，FHM 更适合于对控制对象所知有限的多变量非线性对象进行建模。FHM 状态方程为

$$\begin{bmatrix}\dot{x}_1\\ \vdots\\ \dot{x}_n\end{bmatrix}=\boldsymbol{A}\begin{bmatrix}\tanh(k_1(x_1-x_{10}))\\ \vdots\\ \tanh(k_n(x_n-x_{n0}))\end{bmatrix}+\boldsymbol{B}\begin{bmatrix}u_1\\ \vdots\\ u_p\end{bmatrix} \tag{1-4}$$

式中，$(x_1,\cdots,x_n)^{\mathrm{T}}$ 为状态变量；$(x_{10},\cdots,x_{n0})^{\mathrm{T}}$ 为系统平衡点；$(u_1,\cdots,u_p)^{\mathrm{T}}$ 为输入变量；$\boldsymbol{A}$ 和 $\boldsymbol{B}$ 为系数矩阵。

文献[65]提出采用椭圆基函数作为隶属度函数，利用模糊 C-均值聚类方法确定其中间值，再引入惯性项完成对 T-S 模糊神经网络的改进，克服了模糊神经网络收敛速度慢的缺点。文献[66]和文献[67]先后提出利用差分进化算法与萤火虫算法优化 T-S 模糊神经网络，应用实例表明算法均能有效提高模糊神经网络的预测精度与收敛速度。

2）基于神经网络的建模方法

基于神经网络的建模方法主要包括基于 BP 神经网络（back propagation neural network，BPNN）、基于耦合神经网络（coupled neural network，CNN）、基于小波神经网络（wavelet neural network，WNN）等的建模方法，它们对样本点的约束较少，泛化能力强，处理滞后的情况比较灵活，对非线性情况映射效果明显。斯洛文尼亚马里博尔大学 Korosec 等和 Zuperl 等研究 BP 神经网络模型用于球面铣削加工过程的 3D 切削力预测，精度达到 98%[68,69]；文献[70]基于改进 BP 神经网络算法，建立高速铣削轴承钢摆线轮铣削力与变形的非线性映射模型，对柔性薄壁件复杂加工过程的受力变形进行预测；文献[71]建立耦合神经网络结合遗传优化算法的工件变形神经网络预测模型，较好地实现加工过程的工件变形控制；文献[72]将具有良好时频局部化的小波变换与模糊神经网络结合，通过伸缩和平移小波系数得到模糊隶属函数，建立一种基于小波变换的模糊神经网络模型（图 1-5），该模型对加工过程二阶模型进行仿真，在主轴转速恒定的情况下对变切削深度的加工

进行控制,实现恒力切削,控制效果优于一般模糊神经网络。文献[73]提出柔性材料加工变形补偿预测 ATS-FNN(adaptive fuzzy clustering method and Takagi-Sugeno fuzzy neural network)建模方法,由自适应模糊聚类方法(adaptive fuzzy clustering method,AFCM)、T-S 模糊神经网络(Takagi-Sugeno fuzzy neural network,TSFNN)建模方法有效结合,TSFNN 前件网络引入模糊聚类方法 AFCM 完成输入空间模糊等级划分、隶属度函数提取、规则适应度计算,实现 TSFNN 模型前件网络结构的辨识;TSFNN 后件网络比标准 T-S 模型增加了隐含层,进一步提高了模型的全局逼近性能。

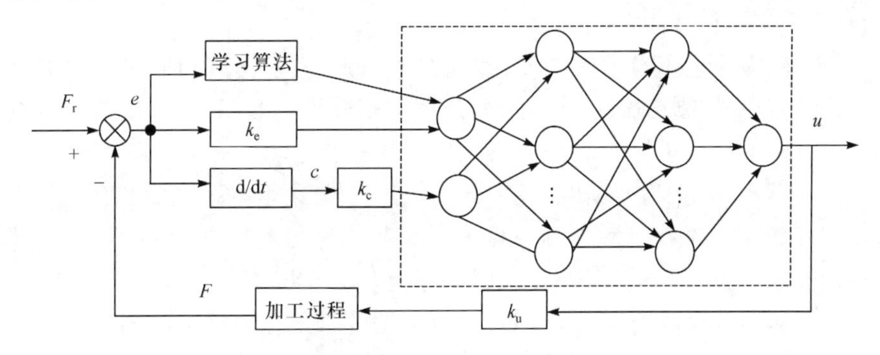

图 1-5 小波神经网络结构图

3) 基于粒子群优化算法的建模方法

粒子群优化算法是基于群体智能的群优化算法,通过粒子间相互作用发现复杂搜索空间中的最优区域,可用于解决非线性、不可微分和多峰值的复杂问题。将 PSO 算法与神经网络、模糊模型等相结合对模型参数进行寻优,可以实现加工过程的全优控制[74,75]。美国普渡大学 El-Mounayri 等[76]研究基于 PSO 的加工过程神经网络控制模型,以最大生产率为目标(优化函数见式(1-5)):

$$P_{ig}(g_i(x))=[\min(0,g_i(x))]^2,\quad i=1,2,\cdots,6 \tag{1-5}$$

式中,P_{ig} 为惩罚函数;$g_i(x)$ 为优化参数的约束条件。

输入初始系数并计算相应的参数值,选取个体极值和全局极值计算粒子的更新速度与更新后的位置,当达到最大迭代次数时输出最优解,利用 PSO 算法进行优化,实际切削加工的时间减少了 36%[76];文献[77]使用 PSO 算法在 15 维的网络空间中进行搜索,以神经网络均方误差和作为粒子,寻求满足最小平方误差和连接权的适应函数,优化模型能对加工变形进行补偿;文献[78]将 PSO 算法、BP 算法相结合建立高速铣削加工过程控制模型算法,通过惯性权重协调全局搜索与局部搜索，提高收敛速度且具有更高的预测精度；文献[79]通过PSO寻优得到最佳数据并进行神经网络训练，提高神经网络模型的收敛速度、预测精度；文献[80]将粒子群优化算法与支持向量机(support vector machine，SVM)相结合，建立铣刀磨损预测的混合模型，通过试验时间、切削深度和进给量等参数进行铣削刀具磨损预测；文献[81]提出了一种基于粒子群优化和小波神经网络的系统辨识方法，采用粒子群优化算法对小波神经网络参数辨识进行优化，结果表明经优化的小波神经网络减少了函数逼近误差，提高了网络性能，并在一定程度上解决了局部极小值问题。

4) 基于粗糙集的建模方法

基于粗糙集的建模方法是以RS理论挖掘知识，通过输入和输出数据提取控制规则，在不改变控制精度的前提下，对规则进行属性约简，最终获得精简的控制规则[82]。RS方法常与模糊、神经网络等方法相互杂合用于建立优化的智能控制模型。波兰学者Czogała等研究利用RS方法进行控制规则提取和约简的方法，用于倒立摆模糊控制，在不改变控制精度的情况下，RS模糊控制方法的响应速度比传统模糊控制方法明显提高[83]；英国爱丁堡大学Jensen等给出一种以代数表示为基础基于属性依赖度的知识约简方法，该方法在降低信息维度的同时不会造成离散化过程信息的丢失[84]；黄金杰等利用RS方法寻求输入输出空间的最小规则集，通过粗糙规则输出控制补充的信息，可有效地从输入输出数据中获取控制规则，解决了规则数目随系统变量呈指数增长的“规则爆炸”问题[85]；文献[86]提出一种基于RS的神经网络体系结构，先利用RS理论对神经网络初始化参数的选择和确定进行指导，赋予各参数相关的物理意义，然后以系统输出误差最小化为目标对粗糙神经网络进行训练，能较好地进行推理规则的提取，分类精度较高；文献[87]提出基于模糊RS模型的粗神经网络建模方法，该方法利用自适应的G-K模糊聚类算法，实现了输入论域空间的平滑划分，结合神经网络的自学习能力得到具有更强综合决策能力的模型，进一步提高了规则分类精度；文献[88]提出基于RS及信息熵约简方法的柔性材料加工变形决策知识提取方法，以柔性材料加工变形影响因素为条件属性、加工轨迹的变形程度为决策属性构成加工变形决策表，将互信息变化程度作为条件属性对决策属性重要性的评价指标，互信息变化越大则条件属性对于决策属性就越重要，制订出变形决策表属性约简算法计算流程，实现柔性材料加工变形决策知识的提取。表1-1所示为各种加工过程MIMO建模方法的性能对比。

表 1-1　加工过程 MIMO 建模方法性能对比表

建模方法		信息表示	解释性	基本特点	适用范围
回归分析建模	PLSR	原始数据	显式	提取对因变量解释性最强的综合变量进行建模,适用于各自变量集合内部存在较高相关性的场合,难以适合动态过程建模	线性系统
	LS-SVR	核函数	隐式	具有神经网络的优点,在小样本集情况下可获得全局最优解	复杂系统
时间序列建模	ARIMA	原始数据	显式	根据输出序列进行建模,其建模精度不高,不适合非线性的复杂系统	线性系统(非平稳过程)
	MGARCH	原始数据	显式	适合多变量波动溢出的时间序列的建模,维数增大时需进行模型化简	线性系统
人工智能方法建模	模糊推理	命题	隐式	容错性和鲁棒性较好,可用于多维解耦,但受人为因素影响	复杂系统
	神经网络	神经元	隐式	对样本点的约束不多,泛化能力强,处理滞后比较灵活,但适应性不理想	复杂系统(运行环境需相对稳定)
	小波网络	小波基	隐式	无须知道系统模型,具有可逼近微小信号、低通滤波等特点,计算较复杂	复杂系统
	PSO	惩罚函数	显式	为全局寻优方法,可与神经网络方法一起应用。有时会产生收敛性问题	复杂系统
	RS	原始数据	显式	仅依赖原始数据,不需要外部信息,能约简冗余属性,且算法较为简单	复杂系统

从表 1-1 可以看出:①当两组变量个数多、存在多重相关性,且观测数据的数量有限时,PLSR 建模方法更显出优于传统回归分析方法的特性;通过选择合适的核函数建立 LS-SVR 模型,可逼近任意目标函数,但选择逼近程度较高的核函数时,LS-SVR 模型相应的待选参数也随之增加;②非平稳时间序列 ARIMA 法无需假设条件就可进行随机过程的预测建模,对数据采样率上限要求较松,但建模精度有限;波动时间序列 MGARCH 法能很好地表征多变量波动溢出的时变性,但需要估计的模型参数随维数增长急剧增加;③模糊建模方法的优势在于能充分利用经验知识、专家知识建立非线性过程的控制模型,神经网络建模方法通过样本学习可进行较高精度的预测、描述任意非线性加工过程,而小波变换、PSO 建模方法对特征数据具有较好的敏感性,利用 RS 方法可以对控制知识进行属性约简,故将模糊推理、神经网络及 RS 方法相结合,再利用小波变换进行特征数据提取以及 PSO 全局优化,建立加工过程 MIMO 控制综合模型,将可能增强柔性件轨迹复杂加工

过程的准确度和控制性能。

1.3.2 柔性材料加工轨迹视觉测量方法

柔性材料加工过程中,加工轨迹的直线度、圆度和图元夹角等几何量是重要的测量参数。传统的接触式测量方法很难实现加工过程中几何参量的测量,非接触式视觉测量方法则可以确定任意物体的二维轮廓,得到轮廓上任意点的二维坐标,具有测量速度快、精度及自动化程度高等特点[89,90]。加工过程的视频图像信号实时处理、图像特征信息提取(边缘、角点及形状等)和视觉图像匹配是柔性材料加工视觉测量方法的几个关键问题。

1. 视频图像信号实时处理

在视频图像信号实时处理方面,以现场可编程逻辑器件(field programable gate array,FPGA)为核心的全硬件加速片上可编程系统(system on programmable chip,SOPC)是当前的研究热点,视频图像采集 SOPC 实时地将视觉传感器获取的模拟视频信号转换为数字图像信号,高速完成各种低级图像处理算法,极大地减轻了后端计算机的处理负荷。SOPC 的并行处理和硬件可重构性是实现图像信号高速处理的关键。美国克莱姆森大学 Awwal 等提出了一种图像内容识别的硬件加速方法,通过 FPGA 的并行运算实现,当该系统运行在 121MHz 时钟频率时,处理算法速度为 2GHz AMD 处理器的 148 倍[91];印度理工学院马德拉斯分校 Priya 等针对动态图像处理场合,研究一种凸边形物体图像重构的并行处理方法,在 Xilinx Virtex FPGA 中开辟多个处理进程进行多维计算[92];美国洛斯阿拉莫斯国家实验室 Porter 等研究元胞图像检测算法可重构的软件/硬件框架 FPGA 图像处理系统,并完成多尺度元胞图像处理算法的时分组件流水线设计[93];希腊学者 Kalomiros 等研发基于 Altera Cyclone Ⅱ FPGA 的快速图像处理 SOPC,采用软硬件可重构设计方法,具有很强的灵活性[94];文献[95]提出基于 FPGA 小波变换核的设计与实现方案,利用 FPGA 片内存储资源实现行列变换的并行执行,系统以 9/7 小波为例,硬件采用 20MHz 时钟奇偶行同时输入,仿真结果显示双行并行的小波变换核的速度可以达到 50MHz。

2. 图像特征信息提取

在图像特征信息提取方法方面,比较有代表性的方法包括 Pal 模糊边缘检测算法和多分辨率图像检测算法。Pal 模糊边缘检测算法针对轮廓特征不突出的图像,将所要检测的图像看作一个模糊集,集内每一个元素均具有相对于某个特定灰度级的隶属函数,将待处理图像映射成模糊隶属度矩阵;在模糊空间中对图像进行模糊增强处理后，再进行逆变换将增强后的图像重新变回数据空间，最后利用最大(MAX)算子、最小(MIN)算子提取边缘[96]。在角点检测方面，SUSAN算法和Harris算法是两种典型的算法，能检测“L”“T”等多种类型的复杂角点，但在检测其他类型角点方面和检测速度上存在不足。近年来，小波变换因在频域处理中具有良好的多尺度能力而成为轮廓角点检测的研究热点，例如，徐玲等针对圆弧上检测到错误的角点问题，研究一种较小支撑域边界点的角点检测算法，利用DCM的角点响应函数精确地捕获到真正的角点[97]。

3. 视觉图像匹配

在视觉图像匹配方面，基于抽象几何特征的尺度不变特征变换(scale invariant feature transform，SIFT)算法受到较多学者的关注，该算法的匹配能力较强，在两幅图像之间发生平移或者仿射变换情况下仍能进行准确的匹配。文献[98]研究了具有不同背景图片的特征点SIFT匹配算法，经过空间匹配点选择、标定点坐标计算等步骤获取左、右图片中具有空间位置一致性的目标标定点，并在摄像机坐标系中恢复目标标定点的三维信息。针对常规SIFT方法在以边缘轮廓为主要特征进行匹配时实时性将变差的问题，伊朗学者Moallem等利用视差梯度的方法去除部分虚假匹配并实现了快速边缘匹配[99,100]；文献[101]和文献[102]研究了柔性材料加工轨迹轮廓提取方法，对传统的用于复杂几何形状轮廓边缘提取的Snake模型进行改进，将图像目标区域的灰度积分作为区域能量加入传统的Snake模型，构建一种将边缘与区域信息相结合的主动轮廓提取R-S模型，利用欧拉迭代法求解得到加工轨迹图像轮廓曲线的计算式，通过判断轮廓曲线的协方差矩阵的局部极值大小实现角点的检测。

综上可以看出，运用多分辨率的算法对图像进行多个尺度变换能够检测出更多有用信息，特别是在角点检测中能有效地去除虚假点；在特征匹配中利用极线约束等作为辅助判据，可提高匹配的速度、匹配精度等。在后期视觉图像处理时主要针对像素进行运算，参与运算的图像数据量大，数据可能被重复使用，且领域性很强，本身存在潜在的并行性，以高性能FPGA构建的SOPC片内资源丰富，容易实现硬件并行计算，故若能构建片上多核并行计算图像检测或匹配算法的SOPC，将有可能实现高速加工中加工轨迹的实时测量。

1.3.3 智能控制系统软硬件协同设计与硬件加速方法

加工过程智能控制系统关键算法的实现有软件方式和硬件方式两种，与硬件方式相比，软件方式具有修改容易、成本较低的特点，硬件方式在算法求解方面则可提供更佳的性能。研究智能控制系统软硬件协同设计与硬件加速方法，既可缩短开发周期,又可提升执行系统的性能。

智能控制系统软硬件协同设计以系统设计目标为指导,综合分析系统硬件、软件功能及资源,运用独立于硬件、软件的功能性方法对所设计的控制系统进行整体描述,对每个模块进行软硬件划分,通过并发和一体化调整软硬件的平衡点以达到加快开发速度和降低成本的目的(图 1-6)。新加坡南洋理工大学 Wu 等提出一种启发式软硬件协同设计划分方法,通过合理规划可有效降低嵌入式系统的能耗[103];美国宾夕法尼亚大学 Zhang 等研究基于 LHT(loop hierarchy tree)的软硬件协同设计方法,通过边界扫描寻找软硬件划分平衡点,可有效减少复杂系统开发的周期[104];文献[105]提出过程级编程模型的软硬件协同设计框架,通过动态软硬件划分算法在程序运行时进行划分,自动选择并调度需要转换到软件或硬件的库函数,通过动态链接器实时切换函数运行方式,实现由功能描述到系统实现的自动化流程。

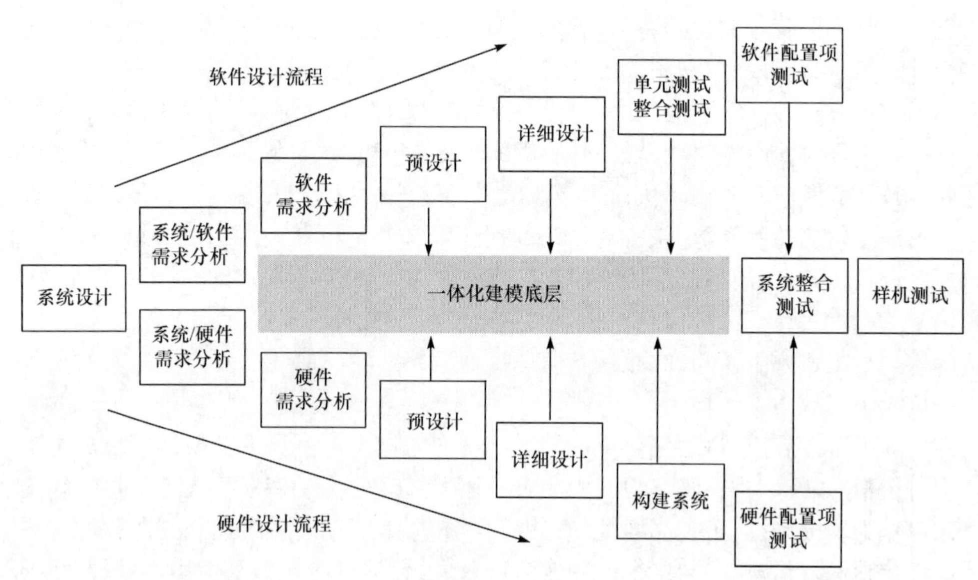

图 1-6　软硬件协同设计过程模型

在控制系统复杂算法硬件加速求解方面,采用嵌入式多处理器或片上多核并行计算是硬件加速计算方法研究的热点之一。图 1-7 所示为一种采用 FSL 接口实现自定义 IP(intellectual property)核与 RISC 处理器并行计算的方式,IP 核作为协处理器不影响处理器的内部结构,不会降低 RISC 处理器的运行频率,对于核心处理器需要较长时间周期计算才能得到的运算结果,可由协处理器在短时间内迅速计算得出。文献[106]基于 Xilinx FPGA 设计多处理器协同工作模糊控制系统,内嵌 32 位软核 MicroBlaze 作为主处理器,通过 FSL 总线连接模糊推理 IP 核;

文献[107]提出基于多级片内总线可扩展的多处理器并行处理方法，采用总线桥并行扩展处理单元来增加系统处理性能和扩展存储访问带宽，通过数据分发模块实现图像数据输入与流水线处理操作；文献[108]研究了加工图像小波变换的FIR滤波器加速分解/重构设计方法，利用8抽头转置FIR滤波器设计Daubechies(4)小波滤波器的分解、重构计算IP核，该IP核的小波两级分解总耗时比PC计算时间仅增加5.561%。

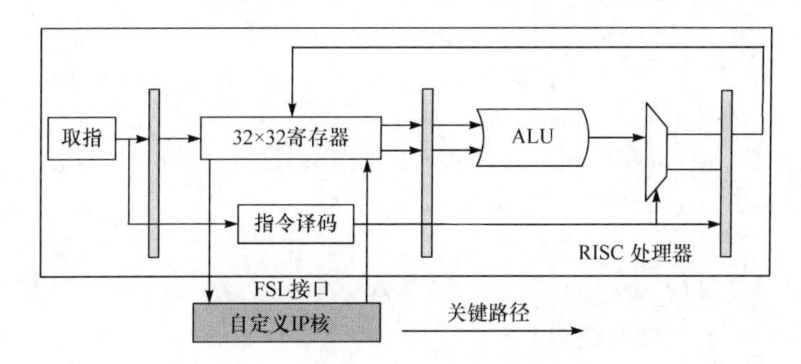

图1-7 自定义IP核FSL接入示意图

综上可以看出，控制系统的软硬件协同设计强调软件和硬件设计的并行性、相互反馈，通过可重用构件和IP核，采用片上多核进行复杂控制算法硬件的并行求解，在嵌入式实时操作系统层面完成各种控制任务调度，有效地提高系统的实时性和可靠性。

参考文献

[1] 邓耀华，陈嘉源，刘夏丽，等.柔性材料加工变形影响因素提取层次分析方法[J].机械工程学报，2016，52(11)：161-169.

[2] Deng Y H, Chen S C, Lu Q W, et al. Study and simulation of deformation mechanics modeling of flexible workpiece processing by Rayleigh-Ritz method[J]. Mathematical Problems in Engineering, 2015, 2015: 157951-1-157951-7.

[3] Deng Y H, Li B J, Chen S C, et al. Deformation forecast of flexible material process by spline finite element method and application[J]. International Journal on Smart Sensing and Intelligent Systems, 2013, 6(1): 333-351.

[4] 费业泰.误差理论与数据处理[M].北京：机械工业出版社，2010.

[5] 中华人民共和国工业和信息化部. FZ/T 81005—2017 绗缝制品[S].北京：中国标准出版社，2017.

[6] 邓耀华，刘桂雄. FWP加工变形补偿预测的ATS-FNN建模及仿真[J].华南理工大学学报(自然科学版)，2012，40(3)：137-142.

[7] Liang H, Song W X. Improved estimation in multiple linear regression models with measurement error and general constraint[J]. Journal of Multivariate Analysis, 2009, (100): 726-741.

[8] Wold S, Kettaneh-Wold N, Skagerberg B. Nonlinear PLS modeling[J]. Chemometrics and Intelligent Laboratory System, 1989, 7(1): 53-65.

[9] Mkuvr J, Moazzeni T, Jiang Y, et al. Detection algorithms for the nano nose[C]. 19th International Conference on Systems Engineering, Las Vegas, 2008: 399-404.

[10] Kim K, Lee J M, Lee I B. A novel multivariate regression approach based on kernel partial least squares with orthogonal signal correction[J]. Chemometrics and Intelligent Laboratory System, 2005, 79(1): 22-30.

[11] Rosipal R, Trejo L J. Kernel partial least squares regression in reproducing kernel hilbert space[J]. Journal of Machine Learning Research, 2002, 2(2): 97-123.

[12] Helland I S. Rotational symmetry, model reduction and optimality of prediction from the PLS population model[J]. Chemometrics and Intelligent Laboratory System, 2003, 68(1): 53-60.

[13] Helland I S. Some theoretical aspects of partial least square regression[J]. Chemometrics and Intelligent Laboratory System, 2001, 58(2): 97-107.

[14] Li L, Cheng Y B, Ustin S, et al. Retrieval of vegetation equivalent water thickness from reflectance using genetic algorithm (GA)-partial least squares (PLS) regression[J]. Advances in Space Research, 2008, 41(11): 1755-1763.

[15] Lindgren A, Sjöström M, Wold S. PLS modelling of detergency performance for some technical nonionic surfactants[J]. Chemometrics and Intelligent Laboratory Systems, 1996, 32(1): 111-124.

[16] Dayal B S, Macgregor J F. Multi-output process identification[J]. Journal of Process Control, 1997, 7(4): 269-282.

[17] Abrahamsson C, Johansson J. Comparison of different variable selection methods conducted on NIR transmission measurements on intact tablets[J]. Chemometrics and Intelligent Laboratory Systems, 2003, 69(1): 3-12.

[18] Bai Y F, Xiao J, Yu L. Kenrnel partial least-squares regression[C]. Proceedings of International Joint Conference on Neural Networks, Vancouver, 2006: 1231-1238.

[19] 白裔峰,肖建,于龙. 分块核偏最小二乘法[J]. 西南交通大学学报, 2007, 42(5): 626-630.

[20] Jia Q, Zhang Y. Quality-related fault detection approach based on dynamic kernel partial least squares[J]. Chemical Engineering Research & Design, 2016, 106: 242-252.

[21] Jiao J, Ning Z, Wang G, et al. A nonlinear quality-related fault detection approach based on modified kernel partial least squares[J]. ISA Transactions, 2017, 66: 275-283.

[22] Zhang X, Kano M, Li Y. Locally weighted kernel partial least squares regression based on sparse nonlinear features for virtual sensing of nonlinear time-varying processes[J]. Computers & Chemical Engineering, 2017, (104): 164-171.

[23] Helland K,Berntsen H E,Borgen O S,et al. Recursive algorithm for partial least squares regression[J]. Chemometrics and Intelligent Laboratory Systems,1992,14(1):129-137.

[24] Qin S J. Recursive PLS algorithms for adaptive data modeling[J]. Computers & Chemical Engineering,1998,22(4/5):503-514.

[25] Kasemsumran S,Du Y P,Maruo K,et al. Improvement of partial least squares models for in vitro and in vivo glucose quantifications by using near-infrared spectroscopy and searching combination moving window partial least squares[J]. Chemometrics and Intelligent Laboratory Systems,2006,82(1/2):97-103.

[26] Tartakovsky B,Mu S J,Zeng Y,et al. Anaerobic digestion model no. 1-based distributed parameter model of an anaerobic reactor: Ⅱ. model validation[J]. Bioresource Technology, 2008,99(9):3676-3684.

[27] 陈鸿蔚,张桂香,白裔峰. 鲁棒递推偏最小二乘法[J]. 湖南大学学报(自然科学版),2009, 36(9):42-46.

[28] Spinelli H M,Merched R. The generalized sliding-window recursive least-squares lattice filter[C]. IEEE International Conference on Acoustics,Speech and Signal Processing,Vancouver,2013:5730-5734.

[29] Suykens J A K,Vandewalle J,de Moor B. Optimal control by least squares support vector machines[J]. Neural Networks,2001,14(1):23-35.

[30] Suykens J A K,Brabanter J D,Lukas L,et al. Weighted least squares support vector machines:Robustness and sparse approximation[J]. Neurocomputing,2002,48(1):85-105.

[31] Jiao L,Bo L,Wang L. Fast sparse approximation for least squares support vector machine[J]. IEEE Transactions Neural Networks,2007,18(3):685-697.

[32] Zhang L,Zhou W,Jiao L. Wavelet support vector machine[J]. IEEE Transactions on Systems Man & Cybernetics Part B(Cybernetics),2004,34(1):34-39.

[33] 彭新俊,王翼飞. 最小二乘支持向量机的一个快速近似算法[J]. 上海师范大学(自然科学版),2010,39(5):494-504.

[34] 崔万照,朱长纯,保文星,等. 最小二乘小波支持向量机在非线性系统辨识中的应用[J]. 西安交通大学学报,2004,38(6):562-565.

[35] 武方方,赵银亮. 最小二乘 Littlewood-Paley 小波支持向量机[J]. 信息与控制,2005,34(5):604-609.

[36] 邢永忠,吴晓蓓,徐志良,等. Modified L-P 小波最小二乘支持向量机及在动态系统辨识中的应用[J]. 系统仿真学报,2008,(21):6009-6012.

[37] Eldén L. Computing Frechet derivatives in partial least squares regression[J]. Linear Algebra & Its Applications,2015,473:316-338.

[38] Lin K P,Chang H F,Chen T L,et al. Intuitionistic fuzzy C-regression by using least squares support vector regression[J]. Expert Systems with Applications,2016,64(C):296-304.

[39] Piwowar J M,Ledrew E F. ARMA time series modelling of remote sensing imagery:A new

approach for climate change studies[J]. International Journal of Remote Sensing, 2002, 23(24): 5225-5248.

[40] Liu D T, Peng Y, Peng X Y. Online fault prediction based on combined AOSVR and ARMA models[J]. Journal of Electronic Science and Technology, 2009, 7(4): 303-307.

[41] Zhu L Q, Wang D H. A mixture integer-valued ARCH model[J]. Journal of Statistical Planning & Inference, 2010, 140(7): 2025-2036.

[42] 单伟,何群. 基于非线性时间序列的预测模型检验与优化的研究[J]. 电子学报, 2008, 36(12): 2485-2489.

[43] 贾治宇,康锐. 软件可靠性预测的 ARIMA 方法研究[J]. 计算机工程与应用, 2008, 44(35): 17-19.

[44] 岑宇钿,肖南峰. 基于 ARIMA 模型的陀螺随机误差分析[J]. 装备制造技术, 2008, (11): 1-3.

[45] 徐君毅,曾安敏. ARIMA(0,2,q)模型在卫星钟差预报中的应用[J]. 大地测量与地球动力学, 2009, 29(5): 116-120.

[46] Bollerslev T, Zhou H. Estimating stochastic volatility diffusion using conditional moments of integrated volatility[J]. Journal of Econometrics, 2002, 109(1): 33-65.

[47] 童中文,胡小平. 基于 MGARCH 模型的 La-ES 算法研究[J]. 统计与决策, 2008, 2008(23): 34-36.

[48] Engle R F, Russell J R. Forecasting the frequency of changes in quoted foreign exchange prices with the autoregressive conditional duration model[J]. Journal of Empirical Finance, 1997, 4(2/3): 187-212.

[49] Engle R F, Marcucci J. A long-run pure variance common features model for the common volatilities of the Dow Jones[J]. Journal of Econometrics, 2006, 132(1): 7-42.

[50] Alexander C. Principal component models for generating large GARCH covariance matrices[J]. Economic Notes, 2002, 31(2): 337-359.

[51] 吕铁,陈荣达,刘剑波. 两类多元 GARCH 模型的预测绩效和组合 VaR 的研究[J]. 数学的实践与认识, 2009, 39(20): 41-47.

[52] Bernal M, Sala A, Jaadari A, et al. Stability analysis of polynomial fuzzy models via polynomial fuzzy Lyapunov functions[J]. Fuzzy Sets & Systems, 2011, 185(1): 5-14.

[53] Lian K Y, Su C H, Huang C S. Performance enhancement for T-S fuzzy control using neural networks[J]. IEEE Transactions on Fuzzy Systems, 2006, 14(5): 619-627.

[54] Palit A K, Babuska R. Efficient training algorithm for Takagi-Sugeno type neuro-fuzzynetwork[C]. The 10th IEEE International Conference on Fuzzy Systems, Melbourne, 2001: 1367-1371.

[55] Sugeno M, Yasukawa T. A fuzzy-logic-based approach to qualitative modeling[J]. IEEE Transactions on Fuzzy Systems, 1993, 1(1): 7-31.

[56] Ralescu D A, Sugenoa M. Fuzzy integral representation[J]. Fuzzy Sets & Systems, 1996,

84(2):127-133.

[57] Cao S G, Rees N W, Feng G. Analysis and design for a class of complex control systems part Ⅱ: fuzzy controller design[J]. Automatica, 1997, 33(6): 1029-1039.

[58] Cao S G, Rees N W, Feng G. Mamdani-type fuzzy controllers are universal fuzzy controllers[J]. Fuzzy Sets & Systems, 2001, 123(3): 359-367.

[59] Feng G, Cao S G, Rees N W, et al. Stable adaptive control of fuzzy dynamic systems[J]. Fuzzy Sets & Systems, 2002, 131(2): 217-224.

[60] Kwon Y, Fischer G W, Tseng T L. Fuzzy neuron adaptive modeling to predict surface roughness under process variations in CNC turning[J]. Journal of Manufacturing Systems, 2002, 21(6): 440-450.

[61] Jee S, Koren Y. Adaptive fuzzy logic controller for feed drives of a CNC machine tool[J]. Mechatronics, 2004, 14(3): 299-326.

[62] 张化光,王智良,黎明,等. 广义模糊双曲正切模型:一个万能逼近器[J]. 自动化学报,2004,30(3):416-422.

[63] Xie X P, Zhang H G. Convergent stabilization conditions of discrete-time 2-D T-S fuzzy systems via improved homogeneous polynomial techniques[J]. Acta Automatica Sinica, 2010, 36(9): 1305-1311.

[64] Xie X P, Zhang H G. Stabilization of discrete-time 2-D T-S fuzzy systems based on new relaxed conditions[J]. Acta Automatica Sinica, 2010, 36(2): 267-273.

[65] 张维杰,田建艳,王芳,等. 改进型 T-S 模糊神经网络风电功率预测模型的研究[J]. 自动化仪表,2014,35(12):39-42.

[66] 侯越. DE 优化 T-S 模糊神经网络的交通流量预测[J]. 计算机工程与设计,2013,34(9):3284-3287.

[67] 侯越. 基于改进 T-S 模糊神经网络的交通流量预测[J]. 计算机科学与探索,2014,8(1):121-126.

[68] Korosec M, Balic J, Kopac J. Neural network based manufacturability evaluation of free form machining[J]. International Journal of Machine Tools & Manufacture, 2005, 45(1): 13-20.

[69] Zuperl U, Cus F, Mursec B, et al. A generalized neural network model of ball-end milling force system[J]. Journal of Materials Processing Technology, 2006, 175(1/2/3): 98-108.

[70] 刘新玲,戚厚军. 基于神经网络的铣削复杂薄壁件受力变形分析和建模研究[J]. 机械制造,2009,47(3):3-5.

[71] 唐东红,孙厚芳. 基于工件变形控制的铣削参数优化方法研究[J]. 中国机械工程,2008,19(9):1076-1078.

[72] 赖兴余,鄢春艳,叶邦彦,等. 基于模糊小波神经网络的加工过程自适应控制[J]. 工具技术,2008,42(4):71-74.

[73] Deng Y H, Chen S C, Chen J Y, et al. Deformation-compensated modeling of flexible material processing based on T-S fuzzy neural network and fuzzy clustering[J]. Journal of Shan-

dong University of Science and Technology(Natural Science),2014,16(3):1455-1463.

[74] Tandon V, El-Mounayri H, Kishawy H. NC end milling optimization using evolutionary computation[J]. International Journal of Machine Tools & Manufacture, 2002, 42(5): 595-605.

[75] Zhou J H,Duan Z C,Li Y,et al. PSO-based neural network optimization and its utilization in a boring machine[J]. Journal of Materials Processing Technology,2006,178(1):19-23.

[76] El-Mounayri H,Kishawy H,Briceno J. Optimization of CNC ball end milling:A neural network-based model[J]. Journal of Materials Processing Technology,2005,166(1):50-62.

[77] 吴昊,胡伟,鲁志政,等. 基于粒子群算法的数控机床切削力误差实时补偿[J]. 上海交通大学学报,2007,41(10):1695-1698.

[78] 郑金兴. 粒子群优化人工神经网络在高速铣削力建模中的应用[J]. 计算机集成制造系统,2008,14(9):1710-1716.

[79] 刘坤,谭营,何新贵. 基于粒子群优化的过程神经网络学习算法[J]. 北京大学学报(自然科学版),2011,47(2):238-244.

[80] García-Nieto P J,García-Gonzalo E,Vilán J A V,et al. A new predictive model based on the PSO-optimized support vector machine approach for predicting the milling tool wear from milling runs experimental data[J]. International Journal of Advanced Manufacturing Technology,2015,86(1):1-12.

[81] Gong Y J,Li J J,Zhou Y,et al. Genetic learning particle swarm optimization[J]. IEEE Transactions on Cybernetics,2016,46(10):2277-2290.

[82] Liu M,Chen D G,Wu C,et al. Reduction method based on a new fuzzy rough set in fuzzy information system and its applications to scheduling problems[J]. Computers & Mathematics with Applications,2006,51(9/10):1571-1584.

[83] Czogała E,Mrózek A,Pawlak Z. The idea of a rough fuzzy controller and its application to the stabilization of a pendulum-car system[J]. Fuzzy Sets & Systems,1995,72(1):61-73.

[84] Jensen R,Shen Q. Fuzzy-rough attribute reduction with application to web categorization[J]. Fuzzy Sets & Systems,2004,141(3):469-485.

[85] 黄金杰,李士勇,左兴权. 一种 T-S 型粗糙模糊控制器的设计与仿真[J]. 系统仿真学报,2004,16(3):480-484.

[86] 张赢,李琛. 基于粗糙集理论的神经网络研究及应用[J]. 控制与决策,2007,22(4):462-464.

[87] 张东波,王耀南,黄辉先. 基于模糊粗糙模型的粗神经网络建模方法研究[J]. 自动化学报,2008,34(8):1016-1023.

[88] Deng Y H,Lu Q W,Chen J Y,et al. Study on the extraction method of deformation influence factors of flexible material processing based on information entropy[J]. Advances in Mechanical Engineering,2014,2014(1):1-8.

[89] Su J C,Huang C K,Tarng Y S. An automated flank wear measurement of microdrills using

machine vision[J]. Journal of Materials Processing Technology,2006,180(1/2/3):328-335.

[90] Jia Z Y,Wang B G,Liu W,et al. An improved image acquiring method for machine vision measurement of hot formed parts[J]. Journal of Materials Processing Technology,2010,210(2):267-271.

[91] Awwal A A S,Rice K L,Taha T M. Fast implementation of matched-filter-based automatic alignment image processing[J]. Optics & Laser Technology,2009,41(2):193-197.

[92] Priya T K,Sridharan K. A parallel algorithm,architecture and FPGA realization for high speed determination of the complete visibility graph for convex objects[J]. Microprocessors & Microsystems,2006,30(1):1-14.

[93] Porter R,Frigo J,Conti A,et al. A reconfigurable computing framework for multi-scale cellular image processing[J]. Microprocessors & Microsystems,2007,31(8):546-563.

[94] Kalomiros J A,Lygouras J. Design and evaluation of a hardware/software FPGA-based system for fast image processing[J]. Microprocessors & Microsystems,2008,32(2):95-106.

[95] 崔巍,刘波,曹剑中,等. 基于 FPGA 小波变换核的设计与实现[J]. 电光与控制,2009,16(3):471-479.

[96] 杨勇,黄淑英. 一种改进的 Pal 和 King 模糊边缘检测算法[J]. 仪器仪表学报,2008,29(9):1918-1922.

[97] 徐玲,王成良,冯欣,等. 多尺度积的协方差矩阵行列式的角点检测方法[J]. 计算机工程与应用,2011,47(2):160-164.

[98] 孟浩,程康. 基于 SIFT 特征点的双目视觉定位[J]. 哈尔滨工程大学学报,2009,30(6):649-652.

[99] Moallem P,Faez K. Effective parameters in search space reduction used in a fast edge-based stereo matching[J]. Journal of Circuits Systems & Computers,2005,14(2):249-266.

[100] Moallem P,Ashourian M,Mirzaeian B,et al. A novel fast feature based stereo matching algorithm with low invalid matching[J]. WSEAS Transactions on Computers,2006,5(3):469-477.

[101] Deng Y H,Chen S C,Li B J,et al. Study and testing of processing trajectory measurement method of flexible workpiece[J]. Mathematical Problems in Engineering,2013,2013(4):1-9.

[102] Deng Y H,Liu X L,Zheng Z H,et al. A new active contour modeling method for processing-path extraction of flexible material[J]. Optik—International Journal for Light and Electron Optics,2016,127(13):5422-5429.

[103] Wu J G,Srikanthan T,Yan C B,et al. Algorithmic aspects for power-efficient hardware/software partitioning[J]. Mathematics & Computers in Simulation,2006,38(3):223-235.

[104] Zhang Y R,Kandemir M. A hardware-software codesign strategy for loop intensive applications[C]. IEEE 7th Symposium on Application Specific Processors,San Francisco,2009:107-113.

[105] 刘滔,李仁发,陈宇,等. 基于过程级编程模型的软硬件协同设计框架[J]. 计算机工程,2010,36(4):259-261.

[106] Wu L M,Liu J X,Dai M. Single chip fuzzy control system based on mixed-signal FPGA[C]. International Conference on Intelligent Human-Machine Systems and Cybernetics,Hangzhou,2009:397-400.

[107] Wu L M,Liu J X,Luo Y L. The design of co-processor for the image processing single chip system[C]. The 4th International Conference on Computer Sciences and Convergence Information Technology,Seoul,2009:943-946.

[108] Deng Y H,Chen J Y,Liu X L,et al. Study on the method of automatic measurement of flexible material processing path based on computer vision and wavelet[J]. Optik—International Journal for Light and Electron Optics,2014,125(15):3806-3812.

第2章　柔性材料加工变形影响因素提取方法

由于柔性材料本身的结构特性，在加工受力时其外形结构会发生较大变化，这种外形的变化直接使其表面所加工图案的轨迹产生几何变形。

本章首先根据柔性材料加工变形的特点，从柔性材料加工过程力学分析入手，利用有限元方法推导柔性材料加工变形简化力学模型计算方程，探讨影响柔性材料加工变形的各种因素；然后针对影响柔性材料加工变形因素的复杂、多样性问题，提出基于粗糙集(RS)的柔性材料加工变形决策知识提取方法，讨论柔性材料加工变形决策表的RS表示方法，引入信息熵、条件熵和互信息推导属性重要度的计算式，设计以属性重要度为变形决策表(deformation decision table，DDT)属性约简依据的柔性材料加工变形决策知识提取算法，通过实例验证该方法的有效性、灵活性；最后构建柔性材料加工变形影响因素层次分析提取模型，由柔性材料加工变形影响因素重要度作为层次分析模型的目标层，加工属性构成准则层，各个加工变形影响因素作为指标层，制订加工变形影响因素提取层次分析算法的计算流程，开展基于层次分析法的加工变形影响因素提取试验。

2.1　柔性材料加工变形力学建模与变形影响因素分析

前面提到柔性材料加工为在柔性薄件或由多层柔软物组合的工件上进行复杂图形的雕铣、绗缝、绗绣等加工，从而在表面上浮现出凹凸不平的立体图案。图2-1所示为柔性薄件加工及绗缝加工的情形。

(a) 柔性薄件加工

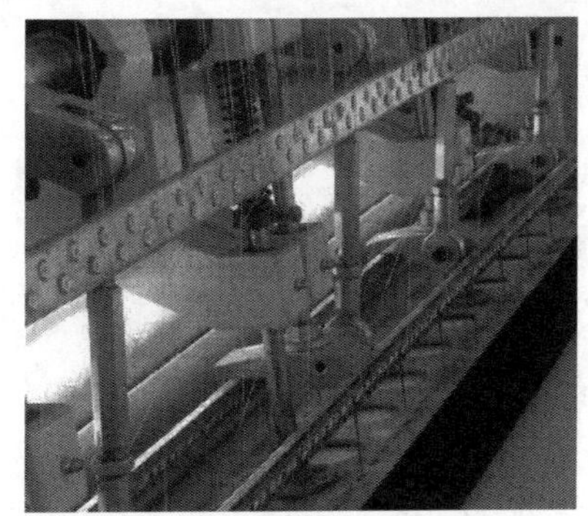

(b) 绗缝加工

图2-1　柔性材料加工示例

柔性材料加工件(柔性件)基础材料包含柔性薄板、聚氨酯海绵和纺织织物(图 2-2)等,其材料本构模型呈现出物理非线性或几何非线性,宏观特性表现为刚性强度低、弹性模量小、材质柔软等。

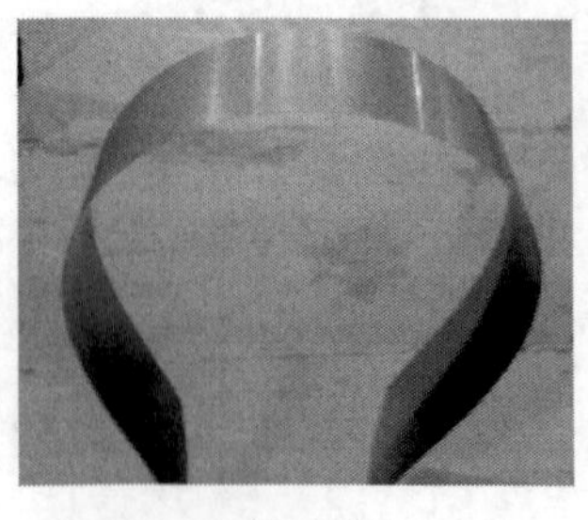
(a) 柔性薄板

(b) 聚氨酯海绵

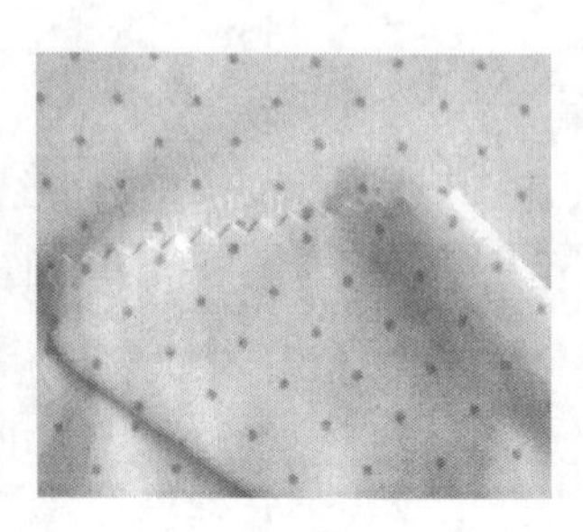
(c) 纺织织物

图 2-2　常用于柔性材料加工的基础材料

由于受到加工作用力的影响,柔性件在加工过程中会发生弯曲、拉伸等变形,使加工轨迹偏离原来的设定轨迹。若没有补偿,则加工轨迹发生偏移,加工方向改变区域的偏移会加剧。图 2-3 为在 x-y 平面进行图案加工时的加工轨迹变形示意图,其中实线是理想加工轨迹,虚线为起点为 A、顺时针方向加工的实际加工轨迹偏离轨迹。

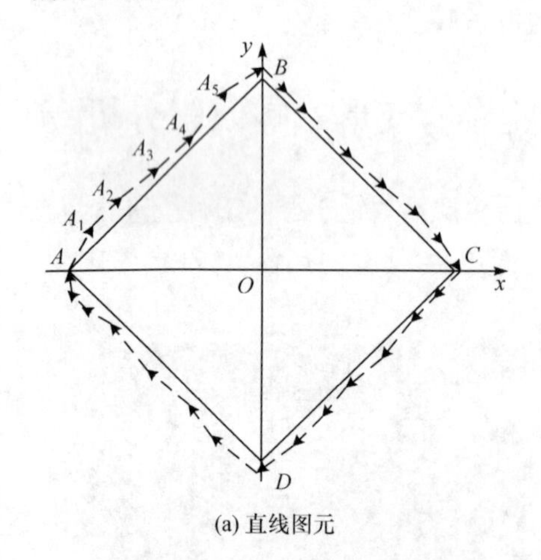

(a) 直线图元

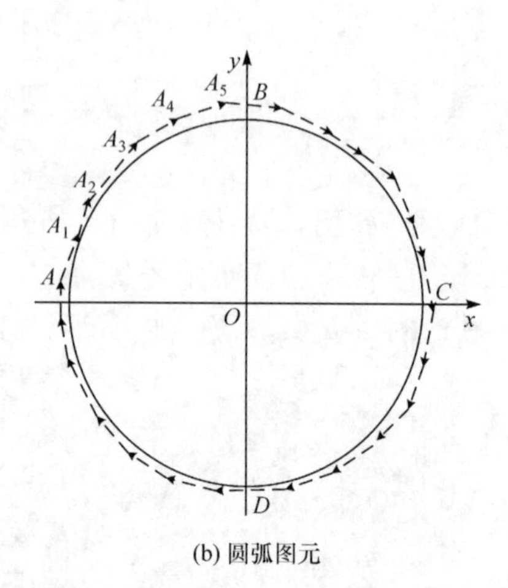

(b) 圆弧图元

图 2-3　加工轨迹变形示意图

加工件本身的受力会直接影响加工件的变形,为了更好地对变形量进行估计、为轨迹加工补偿提供依据,找到工件变形与施加作用力之间的关系,对工件加工变形进行力学分析就显得非常必要。

下面以三轴数控机床对矩形柔性件进行轨迹加工(图 2-4)为例,建立柔性材料加工受力模型。图中，设柔性件长、宽、厚度为 a、b、t，柔性件装夹在水平载物台上，加工过程中柔性件主要集中受力为作用点 $p(x_p, y_p)$ 的 z 方向力 F_z。图 2-5 为柔性材料加工简化力学模型。

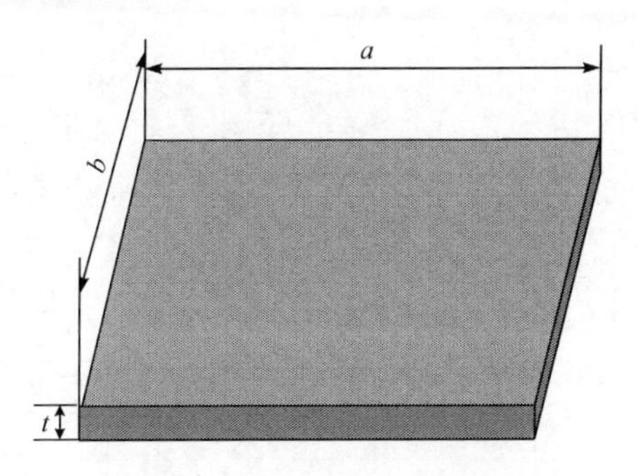

图 2-4　矩形柔性件几何模型

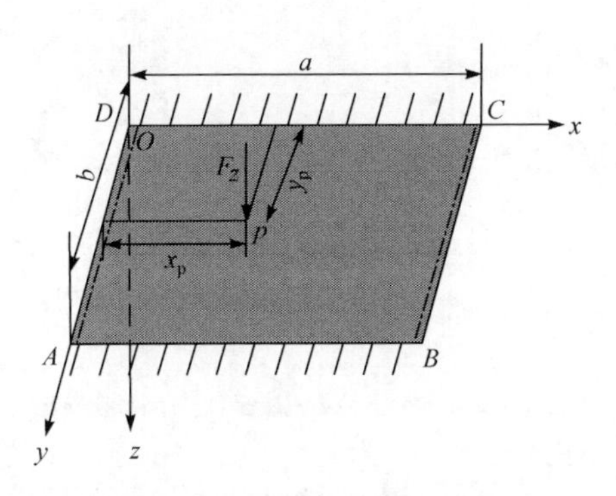

图 2-5　柔性材料加工简化力学模型

先选择三种不同厚度与大小、基础材料为聚氨酯海绵的柔性件，利用有限元方法对柔性件在作用力 F_z 下的变形进行仿真分析。表 2-1 为柔性件的材料及结构参数；图 2-6～图 2-8 为不同作用力、不同位置条件下柔性件的应力和位移矢量图。

表 2-1　柔性件的材料及结构参数

名称	弹性模量 E/MPa	泊松比 μ	长×宽/(mm×mm)	厚度/mm
柔性件 1	0.2561	0.25	150×125	15
柔性件 2	0.2561	0.25	150×100	8
柔性件 3	0.2561	0.25	100×90	3.5

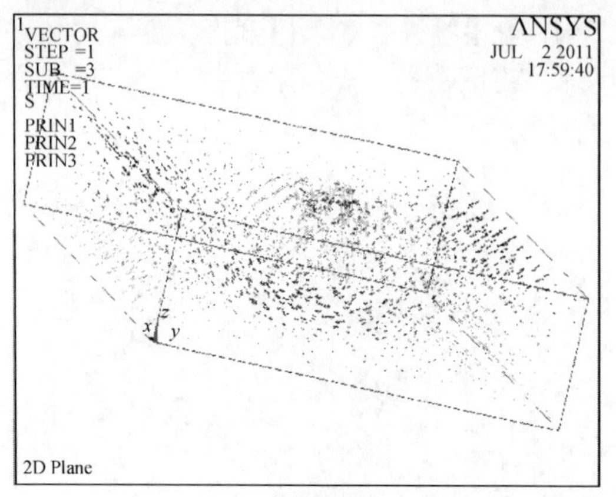

(a) 应力矢量图

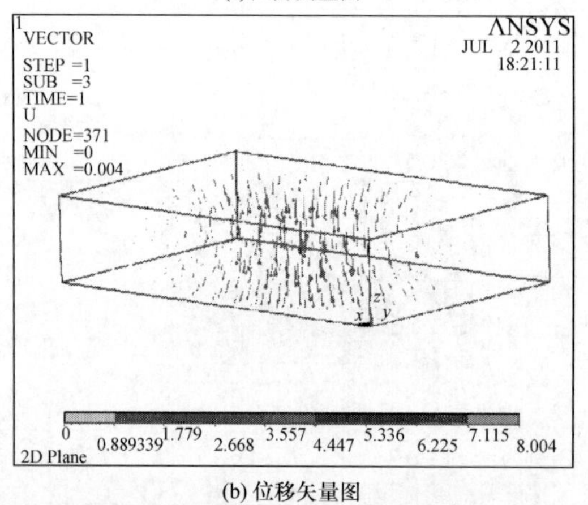

(b) 位移矢量图

图 2-6 作用点 $p\left(\frac{a}{2},\frac{b}{2}\right)$处的应力、位移矢量图($F_z=10\text{N}$)

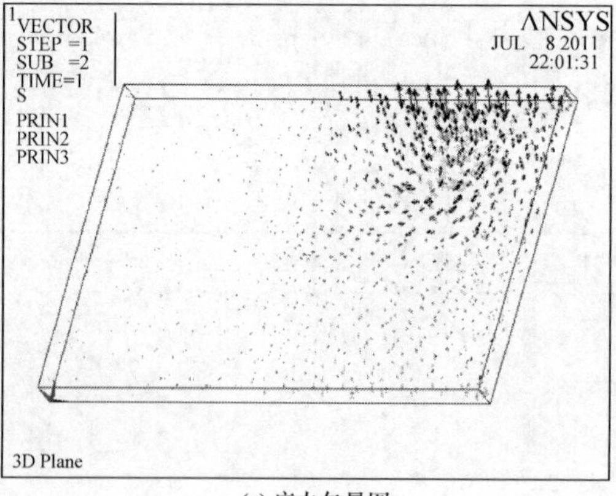

(a) 应力矢量图

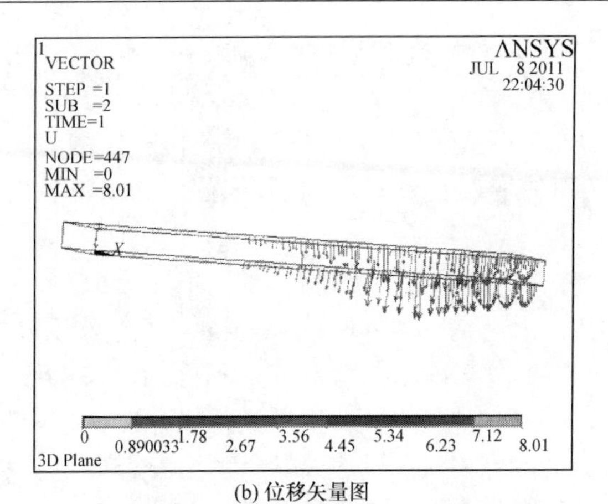

(b) 位移矢量图

图 2-7　作用点 $p\left(\frac{3}{4}a,\frac{3}{4}b\right)$处的应力、位移矢量图($F_z=8$N)

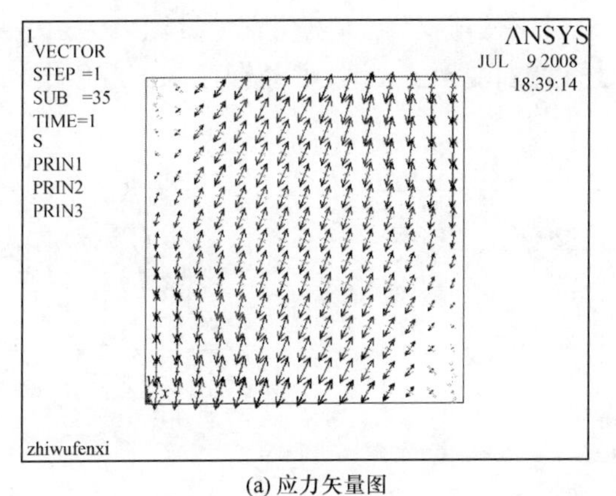

(a) 应力矢量图

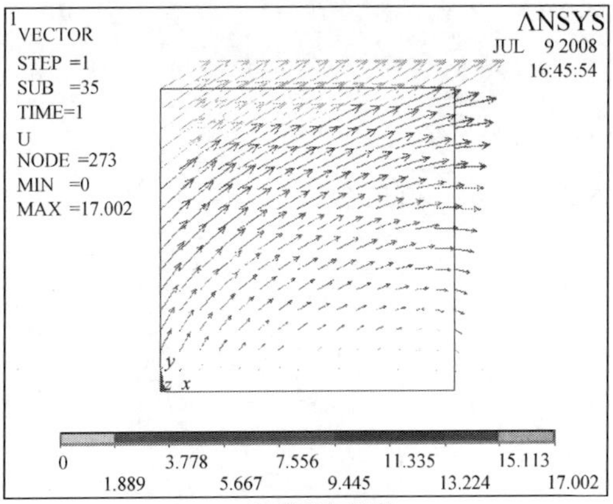

(b) 位移矢量图

图 2-8　作用点 $p\left(\frac{a}{4},\frac{b}{4}\right)$处的应力、位移矢量图($F_z=8$N)

由图 2-6(a)、图 2-7(a)和图 2-8(a)可知，柔性件在 F_z 作用下，应力矢量并非与 x-y 平面垂直，点 $p(x_p, y_p)$ 下的微元体 $dxdydz$ 应力由正应力、剪应力组成(图 2-9)，在它们的作用下微元体 $dxdydz$ 产生不同程度的弯曲和剪切变形，从而使柔性件在 x-y 平面的变形呈现不规则性，如图 2-6(b)、图 2-7(b)和图 2-8(b)所示。

考虑到柔性件装夹于二维平面载物台上，一般有 $t/b \in [0.01, 0.167]$，当在柔性件中面作用外力时(无论是一个方向，还是表现在两个作用方向上)，柔性件弯曲变形都产生小凹曲特征，剪切变形与弯曲变形相比，可忽略不计，这时柔性件平衡方程属于二维偏微分方程。鉴于瑞利-里茨法假设弯曲位移函数可不满足力的边界条件，位移函数的构成也相对比较容易，下面采用瑞利-里茨法讨论柔性件弯曲变形，通过满足柔性材料加工过程中柔性件最小势能的条件来求柔性件弯曲变形的近似解，找出柔性件本身材料特性、作用力 F_z 与变形之间的关系。

(1) 基于图 2-9，设微元体变形后，其位移矢量在坐标轴 x、y、z 方向的三个分量为 u、v、w，对柔性件弯曲变形进行瑞利-里茨法求解的假定。

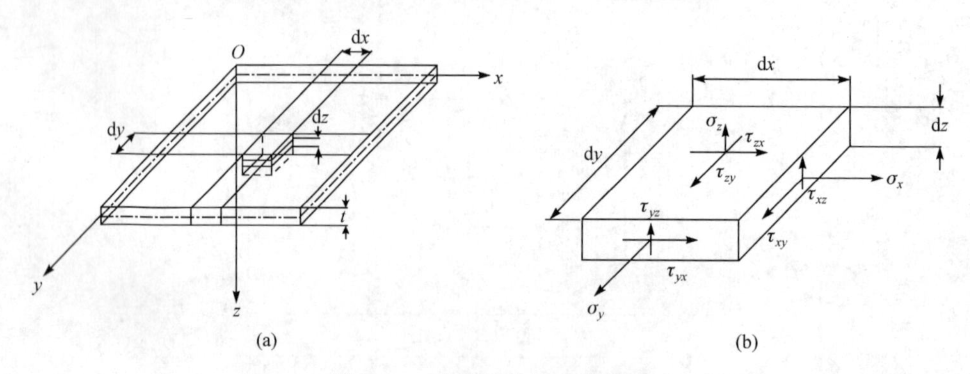

图 2-9　p 点微元体应力分析图

① 中间平面的正应变 ε_z 极小，$\varepsilon_z \approx 0$，则由 $\varepsilon_z = \dfrac{\partial w}{\partial z} = 0$ 可得 $w = w(x, y)$，即柔性件上任一点弯曲变形 w 是 x、y 的函数，与坐标有关。

② 剪应变 $\gamma_{zx} \approx 0$、$\gamma_{zy} \approx 0$，即 $\gamma_{zx} = \dfrac{\partial w}{\partial x} + \dfrac{\partial u}{\partial z} = 0$、$\gamma_{zy} = \dfrac{\partial w}{\partial y} + \dfrac{\partial v}{\partial z} = 0$，可得

$$\frac{\partial u}{\partial z} = -\frac{\partial w}{\partial x}, \quad \frac{\partial v}{\partial z} = -\frac{\partial w}{\partial y}$$

③ 柔性件弯曲变形，中间平面内各点没有产生平行于该平面的应变，即

$$\varepsilon_x \big|_{z=0} = \frac{\partial u}{\partial x} = 0, \quad \varepsilon_y \big|_{z=0} = \frac{\partial v}{\partial y} = 0, \quad \gamma_{xy} \big|_{z=0} = \frac{\partial v}{\partial x} + \frac{\partial u}{\partial y} = 0$$

④ 稳定状态下，柔性件最小势能条件等同于柔性件弯曲面微分方程。

(2) 基于以上假定，对于弹性模量为 E、泊松比为 μ 的柔性件，抗弯刚度 $D=\frac{Et^3}{12(1-\mu^2)}$，则微面元 $\mathrm{d}x\mathrm{d}y$ 在 F_z 作用下的总势能为应变能 U 和外力势能 V 之和，总势能函数为

$$\begin{aligned}\Pi = U+V &= \int_0^a\int_0^b\left[\frac{D}{2}\left(\frac{\partial^2 w}{\partial x^2}+\frac{\partial^2 w}{\partial y^2}\right)^2 - F_z w\right]\mathrm{d}x\mathrm{d}y \\ &= \frac{D}{2}\int_0^a\int_0^b\left(\frac{\partial^2 w}{\partial x^2}\right)^2\mathrm{d}x\mathrm{d}y + \frac{D}{2}\int_0^a\int_0^b\left(\frac{\partial^2 w}{\partial y^2}\right)^2\mathrm{d}x\mathrm{d}y \\ &\quad + D\int_0^a\int_0^b\frac{\partial^2 w}{\partial x^2}\frac{\partial^2 w}{\partial y^2}\mathrm{d}x\mathrm{d}y - \int_0^a\int_0^b F_z w\,\mathrm{d}x\mathrm{d}y\end{aligned} \tag{2-1}$$

令 $U_1 = \frac{D}{2}\int_0^a\int_0^b\left(\frac{\partial^2 w}{\partial x^2}\right)^2\mathrm{d}x\mathrm{d}y, U_2 = \frac{D}{2}\int_0^a\int_0^b\left(\frac{\partial^2 w}{\partial y^2}\right)^2\mathrm{d}x\mathrm{d}y, U_3 = D\int_0^a\int_0^b\frac{\partial^2 w}{\partial x^2}\cdot\frac{\partial^2 w}{\partial y^2}\mathrm{d}x\mathrm{d}y, V = \int_0^a\int_0^b F_z w\,\mathrm{d}x\mathrm{d}y$，则

$$\Pi = U_1 + U_2 + U_3 - V \tag{2-2}$$

设 F_z 作用力下的弯曲变形 w 试验函数为

$$w=A_1 y\sin\frac{\pi x}{a}+A_2\sin\frac{\pi y}{b}+A_3\sin\frac{\pi x}{a}\sin\frac{\pi y}{b} \tag{2-3}$$

式中，A_1、A_2、A_3 为待定常数；a、b 为柔性件的长、宽。

在图 2-5 所示的柔性件几何模型中，若柔性件固定边为 AB、CD，则固定边 AB、CD 的挠度、曲面斜率为零，沿简支边 AD、BC 的 x 方向应变、弯矩也为零，即

$$\begin{cases}(w)_{y=0\text{或}b} = \left(\frac{\partial w}{\partial y}\right)_{y=0\text{或}b} = 0 \\ \left(\frac{\partial^2 w}{\partial x^2}\right)_{x=0\text{或}a} = \left(\frac{\partial^2 w}{\partial x^2}+u\frac{\partial^2 w}{\partial y^2}\right)_{x=0\text{或}a} = 0\end{cases} \tag{2-4}$$

再由式(2-3)可得

$$\left.\begin{aligned}\frac{\partial w}{\partial y}=A_1\sin\frac{\pi x}{a}+A_2\frac{\pi}{b}\cos\frac{\pi y}{b}+A_3\frac{\pi}{b}\sin\frac{\pi x}{a}\cos\frac{\pi y}{b} \\ \left(\frac{\partial w}{\partial y}\right)_{y=0}=0\end{aligned}\right\}$$

$$\Rightarrow \quad \left(\frac{\partial w}{\partial y}\right)_{y=0} = A_1 \sin\frac{\pi x}{a} + A_2\frac{\pi}{b} + A_3\frac{\pi}{b}\sin\frac{\pi x}{a} = 0$$

$$\Rightarrow \quad A_1\int_0^a\left(\sin\frac{\pi x}{a}\right)^2 \mathrm{d}x + A_3\frac{\pi}{b}\int_0^a\left(\sin\frac{\pi x}{a}\right)^2\mathrm{d}x$$

$$+A_2\frac{\pi}{b}\int_0^a \sin\frac{\pi x}{a}\mathrm{d}x = 0$$

$$\Rightarrow \quad \left(\frac{aA_1}{\pi}+\frac{aA_3}{b}\right)\int_0^a\left(\sin\frac{\pi x}{a}\right)^2\mathrm{d}\left(\frac{\pi x}{a}\right)+\frac{aA_2}{b}\int_0^a\sin\frac{\pi x}{a}\mathrm{d}\left(\frac{\pi x}{a}\right)=0$$

$$\Rightarrow \quad \left(\frac{A_1}{\pi}+\frac{A_3}{b}\right)\left[\frac{\pi x}{2a}-\frac{1}{4}\sin\frac{2\pi x}{a}\right]_0^a - \frac{A_2}{b}\cos\frac{\pi x}{a}\bigg|_0^a = 0$$

$$\Rightarrow \quad A_1 + \frac{4}{b}A_2 + \frac{\pi}{b}A_3 = 0 \tag{2-5}$$

同理,由式(2-3)可得

$$\left.\begin{aligned} \frac{\partial^2 w}{\partial x^2} = -A_1\frac{\pi^2}{a^2}y\sin\frac{\pi x}{a} - A_3\frac{\pi^2}{a^2}\sin\frac{\pi x}{a}\sin\frac{\pi y}{b} = 0 \\ \frac{\partial^2 w}{\partial x^2}_{x=0} = 0 \end{aligned}\right\}$$

$$\Rightarrow \quad A_1 y + A_3 \sin\frac{\pi y}{b} = 0$$

$$\Rightarrow \quad \int_0^b A_1 y\mathrm{d}y + \int_0^b A_3\sin\frac{\pi y}{b}\mathrm{d}y = 0$$

$$\Rightarrow \quad A_1\frac{y^2}{2}\bigg|_0^b - \frac{b}{\pi}A_3\cos\frac{\pi y}{b}\bigg|_0^b = 0$$

$$\Rightarrow \quad A_1 = -\frac{4}{\pi b}A_3 \tag{2-6}$$

联立式(2-3)、式(2-5)、式(2-6),可得弯曲变形 w 试验函数为

$$w = A_3\left[-\frac{4}{\pi b}y\sin\frac{\pi x}{a} + \left(\frac{1}{\pi}-\frac{\pi}{4}\right)\sin\frac{\pi y}{b} + \sin\frac{\pi x}{a}\sin\frac{\pi y}{b}\right] \tag{2-7}$$

把式(2-6)代入式(2-2),可得

$$U_1 = \frac{D}{2}\int_0^a\int_0^b\left(\frac{4A_3\pi}{a^2 b}y\sin\frac{\pi x}{a} - \frac{A_3\pi}{a^2}\sin\frac{\pi x}{a}\sin\frac{\pi y}{b}\right)^2\mathrm{d}x\mathrm{d}y$$

$$= \frac{D}{2}\int_0^a\int_0^b\left(\frac{16A_3^2\pi^2}{a^4b^2}y^2\sin^2\frac{\pi x}{a} + \frac{A_3^2\pi^4}{a^4}\sin^2\frac{\pi x}{a}\sin^2\frac{\pi y}{b}\right.$$

$$-\frac{8A_3^2\pi^3}{a^4b}y\sin^2\frac{\pi x}{a}\sin\frac{\pi y}{b}\Big)\mathrm{d}x\mathrm{d}y$$

$$=\frac{D}{2}\int_0^a\int_0^b\frac{16A_3^2\pi^2}{a^4b^2}y^2\sin^2\frac{\pi x}{a}\mathrm{d}x\mathrm{d}y$$

$$+\frac{D}{2}\int_0^a\int_0^b\frac{A_3^2\pi^4}{a^4}\sin^2\frac{\pi x}{a}\sin^2\frac{\pi y}{b}\mathrm{d}x\mathrm{d}y$$

$$-\frac{D}{2}\int_0^a\int_0^b\frac{8A_3^2\pi^3}{a^4b}y\sin^2\frac{\pi x}{a}\sin\frac{\pi y}{b}\mathrm{d}x\mathrm{d}y$$

由于 $\frac{D}{2}\int_0^a\int_0^b\frac{16A_3^2\pi^2}{a^4b^2}y^2\sin^2\frac{\pi x}{a}\mathrm{d}x\mathrm{d}y=\frac{8A_3^2\pi}{a^3b^2}\left[\frac{\pi x}{2a}-\frac{1}{4}\sin\frac{2\pi x}{a}\right]_0^a\cdot\frac{y^3}{3}\Big|_0^b=\frac{4DA_3^2\pi^2b}{3a^3}$；$\frac{D}{2}\int_0^a\int_0^b\frac{A_3^2\pi^4}{a^4}\sin^2\frac{\pi x}{a}\sin^2\frac{\pi y}{b}\mathrm{d}x\mathrm{d}y=\frac{DA_3^2\pi^3}{2a^3}\left[\frac{\pi x}{2a}-\frac{1}{4}\sin\frac{2\pi x}{a}\right]_0^a\cdot\frac{b}{\pi}\left[\frac{\pi y}{2b}-\frac{1}{4}\sin\frac{2\pi y}{b}\right]_0^b=\frac{DA_3^2\pi^4b}{8a^3}$；$-\frac{D}{2}\int_0^a\int_0^b\frac{8A_3^2\pi^3}{a^4b}y\sin^2\frac{\pi x}{a}\sin\frac{\pi y}{b}\mathrm{d}x\mathrm{d}y=-\frac{4A_3^2\pi^3}{a^4b}\cdot\frac{a}{2}\cdot\frac{b^2}{\pi}=-\frac{2DA_3^2\pi^2b}{a^3}$，故可推得

$$U_1=\frac{4DA_3^2\pi^2b}{3a^3}+\frac{DA_3^2\pi^4b}{8a^3}-\frac{2DA_3^2\pi^2b}{a^3}=\frac{DA_3^2\pi^2b}{a^3}\left(\frac{1}{3}+\frac{1}{8}\pi^2\right)\tag{2-8}$$

同理有

$$U_3=D\int_0^a\int_0^b\left(\frac{4A_3}{\pi b}y\cdot\frac{\pi^2}{a^2}\sin\frac{\pi x}{a}-\frac{A_3\pi}{a^2}\sin\frac{\pi x}{a}\sin\frac{\pi y}{b}\right)\cdot\left[-\frac{A_3\pi^2}{b^2}\left(\frac{1}{\pi}-\frac{\pi}{4}\right)\right]$$

$$\cdot\sin\frac{\pi y}{b}-\frac{A_3\pi^2}{b^2}\sin\frac{\pi x}{a}\sin\frac{\pi y}{b}$$

$$=-\frac{4DA_3^2}{a^2b^3}\pi^3\left(\frac{1}{\pi}-\frac{\pi}{4}\right)\int_0^a\int_0^b y\cdot\sin\frac{\pi}{a}\sin\frac{\pi}{b}\mathrm{d}x\mathrm{d}y$$

$$-\frac{4DA_3^2\pi^3}{a^2b^3}\int_0^a\int_0^b\sin\frac{\pi x}{a}\sin\frac{\pi y}{a}\mathrm{d}x\mathrm{d}y$$

$$+\frac{DA_3^2\pi^4}{a^2b^3}\left(\frac{1}{\pi}-\frac{\pi}{4}\right)\int_0^a\int_0^b\sin\frac{\pi x}{a}\sin^2\frac{\pi y}{b}\mathrm{d}x\mathrm{d}y$$

$$+\frac{DA_3^2\pi^4}{a^2b^2}\int_0^a\int_0^b\sin^2\frac{\pi x}{a}\sin\frac{\pi y}{b}\mathrm{d}x\mathrm{d}y$$

$$=-\frac{4DA_3^2}{a^2b^3}\pi^3\left(\frac{1}{\pi}-\frac{\pi}{4}\right)\cdot\frac{2a^2b^2}{\pi^2}-\frac{4DA_3^2\pi^3}{a^2b^3}\cdot\frac{a^2b^2}{2\pi}+\frac{DA_3^2\pi^4}{a^2b^2}\left(\frac{1}{\pi}-\frac{\pi}{4}\right)$$

$$\cdot\frac{a^2b^2}{\pi}+\frac{DA_3^2\pi^4}{a^2b^2}\cdot\frac{a^2b^2}{4}$$

$$=\left(\frac{8}{b}+\pi^2\right)DA_3^2 \tag{2-9}$$

同理可推得

$$U_2=\frac{D\pi^3A_3^2a}{b^3}\left(\frac{1}{4}-\frac{\pi^2}{4}+\frac{1}{\pi}-\frac{\pi}{8}\right) \tag{2-10}$$

联合式(2-8)、式(2-9)、式(2-10)得总应变能U为

$$U=\frac{Db\pi^2}{a^3}A_3^2\left(\frac{1}{3}+\frac{1}{8}\pi^2\right)+\frac{Da\pi^3}{b^3}A_3^2\left(\frac{1}{4}-\frac{\pi^2}{4}+\frac{1}{\pi}-\frac{\pi}{8}\right)+\left(\frac{8}{b}+\pi^2\right)DA_3^2 \tag{2-11}$$

同样地，有

$$\begin{aligned}V&=\int_0^a\int_0^b F_zA_3\left[-\frac{4}{\pi b}y\sin\frac{\pi x}{a}+\left(\frac{1}{\pi}-\frac{\pi}{4}\right)\sin\frac{\pi y}{b}+\sin\frac{\pi x}{a}\sin\frac{\pi y}{b}\right]\mathrm{d}x\mathrm{d}y\\&=F_zA_3\left[\int_0^a\int_0^b-\frac{4}{\pi b}y\sin\frac{\pi x}{a}\mathrm{d}x\mathrm{d}y+\int_0^a\int_0^b\left(\frac{1}{\pi}-\frac{\pi}{4}\right)\sin\frac{\pi y}{b}\mathrm{d}x\mathrm{d}y\right.\\&\quad\left.+\int_0^a\int_0^b\sin\frac{\pi x}{a}\sin\frac{\pi y}{b}\mathrm{d}x\mathrm{d}y\right]\\&=F_zA_3\left[-\frac{4}{\pi}ab+2\left(\frac{1}{\pi}-\frac{\pi}{4}\right)ab+4ab\right]\\&=2abF_zA_3\left(-\frac{1}{\pi}-\frac{\pi}{4}+2\right)\end{aligned} \tag{2-12}$$

由最小总势能原理可知，当F_z作用于$x=x_{\mathrm{p}}$、$y=y_{\mathrm{p}}$处时，实际存在的位移使系统总势能最小，此时，总势能Π对w表达式的系数A_3求偏导数为零，即

$$\frac{\partial\Pi}{\partial A_3}=\frac{\partial(U-V)}{\partial A_3}=\frac{\partial U}{\partial A_3}-\frac{\partial V}{\partial A_3}=0$$

$$\Rightarrow\quad\frac{\partial U}{\partial A_3}=\frac{\partial V}{\partial A_3}$$

$$\Rightarrow\quad A_3=\frac{2ab\left(-\frac{1}{\pi}-\frac{\pi}{4}+2\right)F_z}{\left[\frac{b\pi^2}{a^3}\left(\frac{1}{3}+\frac{1}{8}\pi^2\right)+\frac{a\pi^3}{b^3}\left(\frac{1}{4}-\frac{\pi^2}{4}+\frac{1}{\pi}-\frac{\pi}{8}\right)+\left(\frac{8}{b}+\pi^2\right)\right]D}$$

那么，(x_p,y_p)处的弯曲变形计算表达式为

$$
\begin{aligned}
w(x_p,y_p)=&\frac{2ab\left(-\dfrac{1}{\pi}-\dfrac{\pi}{4}+2\right)F_z}{\left[\dfrac{b\pi^2}{a^3}\left(\dfrac{1}{3}+\dfrac{1}{8}\pi^2\right)+\dfrac{a\pi^3}{b^3}\left(\dfrac{1}{4}-\dfrac{\pi^2}{4}+\dfrac{1}{\pi}-\dfrac{\pi}{8}\right)+\left(\dfrac{8}{b}+\pi^2\right)\right]D}\\
&\cdot\left[-\frac{4}{\pi b}y_p\sin\frac{\pi x_p}{a}+\left(\frac{1}{\pi}-\frac{\pi}{4}\right)\sin\frac{\pi y_p}{b}+\sin\frac{\pi x_p}{a}\sin\frac{\pi y_p}{b}\right]\\
=&(F_z,E,t,a,b,x_p,y_p)
\end{aligned}
\tag{2-13}
$$

可见弯曲变形 $w(x_p,y_p)$是作用力 F_z、柔性件材料抗弯刚度 D(由柔性件材料弹性模量 E 及其厚度 t 计算得到)、柔性件长 a 和宽 b、作用点 p 位置(x_p,y_p)的函数，也就是说这些参数都会对 w 产生影响，是柔性材料加工变形的影响因素。

为了验证上述 w 试验函数进行变形计算的有效性，以表 2-1 中的柔性件 2(即 $E=0.2561\text{MPa}$、$\mu=0.25$、长 $a=150\text{mm}$ 和宽 $b=100\text{mm}$)为对象，利用式(2-13)计算柔性件弯曲变形。测量点为 7 个，同时用带千分尺的数显压力计在相应位置逐点测量(图 2-10)，最终得到理论计算值、实测值对比数据表，如表 2-2 所示。

图 2-10　带千分尺的数显压力计

表 2-2　柔性件受力变形理论计算值、实测值对比

序号	x-y 平面坐标/mm	理论计算值/mm	实测值/mm	相对偏差/%
1	(112.5,75)	3.911	4.215	7.21
2	(37.5,75)	3.911	4.197	6.81
3	(37.5,25)	4.283	4.568	6.24

续表

序号	x-y 平面坐标/mm	理论计算值/mm	实测值/mm	相对偏差/%
4	(112.5,25)	4.283	4.603	6.95
5	(75,50)	8.024	7.526	6.62
6	(0,50)	3.614	3.902	7.38
7	(150,50)	3.614	3.875	6.74
平均值	—	—	—	6.85

结果表明,理论计算值与实测值相对偏差的平均值仅为 6.85%,说明可以根据式(2-3)给出的 w 试验函数来计算柔性件 2 的弯曲变形。

前面讨论的是理想化 F_z 作用下的弯曲变形,在实际柔性材料加工中,机床振动、进给速度、加工方向角改变等因素会影响作用力的大小及方向,除了垂直于柔性件 x-y 平面的 F_z 外,还有可能产生沿柔性件长度、宽度方向的分力,这些力会引起柔性件在 x-y 平面内的变形。因此,柔性件加工变形影响因素是多方面的,由于柔性件本身的柔软特性,任何有可能引起作用力变化的因素都将对柔性件变形产生不同程度的影响。

鉴于变形影响因素的复杂多样性,2.2 节将对柔性材料加工变形影响因素进行具体分析,并在此基础上展开柔性材料加工变形决策知识提取的介绍。

2.2 基于粗糙集及信息熵约简的柔性材料加工变形决策知识提取

基于上面分析以及柔性件轨迹加工变形的特点,通常柔性件材料弹性模量 E、长 a、宽 b、厚度 t、作用点 p 位置(x_p,y_p)是可以确定的,故柔性件轨迹加工变形因素主要为作用力 F(包括 F_x、F_y、F_z),而作用力 F 又受主轴转速 n(r/min)、进给深度 L_{deep}(mm)、进给偏角 θ_{angle}(°)、图元类型 D_{type}(圆弧或直线)、图元夹角 θ_D(°)、加工步长 L_{step}(mm)、插补速度 v(m/s)、加工方向角 θ_P(°)、柔性件装夹方式 C_m(集中夹紧或分布夹紧)、柔性件装夹位置 C_p(柔性件上下或左右两边)、插补方法 I_m(逐点比较或数字积分),以及数控加工平台 x、y、z 轴的定位精度 A_{px}(mm)、A_{py}(mm)、A_{pz}(mm)等的影响,这些都是柔性件轨迹加工变形的影响因素。

确定柔性材料加工变形影响因素后,采集样本并进行模型训练,理论上可得到加工变形影响因素与补偿量之间的非线性预测模型[1]。但是,变形的影响因素很多,模型输入维数多、结构复杂,各因素间又有关联,变形补偿预测难度、计算复杂度将明显增大。

有关加工过程多输入-多输出建模的研究分析指出，将粗糙集(RS)理论方法[2]与模糊、神经网络建模方法相互结合，在预测模型输入前端通过 RS 信息挖掘重要决策信息，有利于降低补偿预测模型输入空间的维数，既保证模型精度又提高建模速度。本章就是在这样的思路下，探索基于 RS 的柔性材料加工变形决策知识提取方法，建立 RS 决策表，进行决策表属性约简，获得对变形影响重要度较高的变形影响因素。图 2-11 为基于 RS 的柔性材料加工变形决策知识提取流程图。

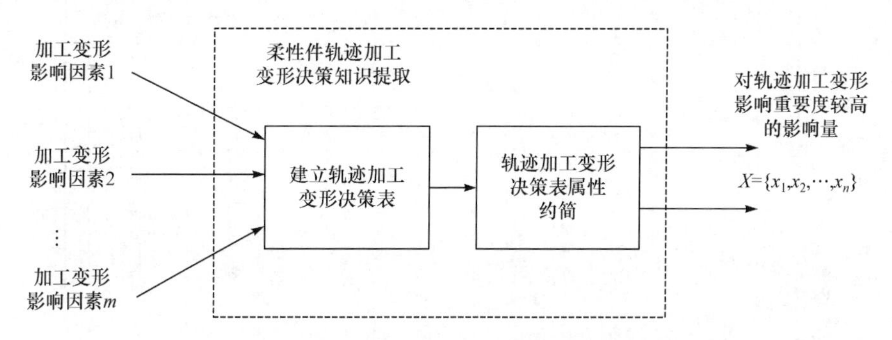

图 2-11　基于 RS 的柔性材料加工变形决策知识提取流程图

2.2.1　柔性材料加工变形决策表的粗糙集表示

表 2-3 为柔性材料加工变形影响因素提取决策表(属性值经等级转换)。决策表用符号化形式语言的列联表表示柔性材料加工变形决策知识的不可分辨关系，其中行是属性名称，列是属性内容，夹角误差 f_a、直线度误差 f_l、圆度误差 f_c 是关系决策属性的变形程度指标。

在决策表中，柔性材料加工变形数据论域为 $U=\{z_1, z_2, \cdots, z_n\}$，$z_i(i=1, 2,\cdots,n)$表示决策表的一个对象，例如，$z_1$ 表示若主轴转速为低，则进给深度为小；若进给偏角为小，图元类型为直线，则图元夹角为小；若加工步长为短，插补方法为逐点比较，插补速度为慢，则加工方向角为大，柔性件夹紧方式为集中夹紧，柔性件夹紧位置为上下两边，x 轴、y 轴、z 轴定位精度为小，夹角误差为小。柔性材料加工变形影响因素为条件属性 $A=\{a_i, i=1,2,\cdots,m\}$，加工变形程度为决策属性 $D=\{d\}$。若用 F 表示信息函数，V 表示信息函数值域，则柔性材料加工变形决策表 DDT 的 RS 表示为

$$\mathrm{DDT}=(U, A\cup D, V, F),\quad A\cap D=\varnothing$$

表 2-3　柔性材料加工变形影响因素提取决策表

论域	条件属性(加工变形影响因素)														
	主轴转速 n (a_1)	进给深度 L_{deep} (a_2)	进给偏角 θ_{angle} (a_3)	图元类型 D_{type} (a_4)	图元夹角 θ_{D} (a_5)	加工步长 L_{step} (a_6)	插补方法 I_{m} (a_7)	插补速度 v (a_8)	加工方向角 θ_{P} (a_9)	柔性件装夹方式 C_{m} (a_{10})	柔性件装夹位置 C_{p} (a_{11})	x 轴定位精度 $A_{p\text{-}x}$ (a_{12})	y 轴定位精度 $A_{p\text{-}y}$ (a_{13})	z 轴定位精度 $A_{p\text{-}z}$ (a_{14})	夹角误差 f_{a} (d)
z_1	低	小	小	直线	小	短	逐点比较	慢	大	集中夹紧	上下两边	小	小	小	小
z_2	中	小	小	直线	大	短	逐点比较	慢	小	集中夹紧	上下两边	小	大	大	中
z_3	高	小	小	直线	小	短	逐点比较	慢	大	集中夹紧	上下两边	小	小	小	中
z_4	高	小	小	直线	大	短	逐点比较	慢	小	分布夹紧	左右两边	小	大	大	中
z_5	低	小	小	直线	小	短	数字积分	快	大	分布夹紧	左右两边	小	小	小	中
z_6	中	小	小	直线	大	短	数字积分	快	小	分布夹紧	左右两边	小	大	大	大
z_7	低	大	小	直线	小	短	数字积分	慢	大	集中夹紧	上下两边	小	小	小	小
z_8	低	大	小	直线	大	短	数字积分	慢	小	分布夹紧	左右两边	小	大	大	中
z_9	高	大	小	直线	小	短	逐点比较	慢	大	分布夹紧	左右两边	小	小	小	中
z_{10}	高	大	小	直线	大	短	逐点比较	慢	小	集中夹紧	上下两边	小	大	大	大
z_{11}	中	大	小	直线	小	短	数字积分	快	大	集中夹紧	上下两边	小	小	小	大

式中，$V=\bigcup V_a(V_a\in A\bigcup D,a\in A)$，$F=\{F_a\mid F_a:\bigcup\to V_a\}$，$F_a$ 为 DDT 每个对象 z_i 的每个属性赋予一个信息值，对象的信息通过指定对象的各属性值来表达，例如，$F_{a_1}(z_1)=V_{a_1}$ 表达了对象 z_1 在属性 a_1 下的值为 V_{a_1}，即表 2-3 中的条件属性“主轴转速”值为低；V_a 可以是定量值，也可以是定性值。DDT 中知识的表示、约简等属于分类问题，使用不同数值表示不同的定性属性并不会影响知识信息的处理过程与结果。

变形决策表仅是柔性材料加工变形决策知识提取的基础，而决策表属性约简则是在不影响原有表达效果的前提下，通过比较各条件属性相对于决策属性的重要度，去除 DDT 中冗余或对决策判断重要度较低的变形影响因素，达到精简变形影响因素的效果。显然，属性重要度的合理性会直接影响 DDT 属性约简算法的准确度及执行效率，讨论合理属性重要度表达方法就显得非常重要。

2.2.2　变形影响因素属性重要度的信息熵计算方法

信息熵属性重要度表示方法具有客观、操作性强、效率高的特点，可增强变形决策表中知识的可理解性。下面结合信息熵、条件熵及互信息，讨论 DDT 属性重要度的计算方法。

令条件属性 A、决策属性 D 在论域上的不可分辨关系表示为 $\mathrm{Ind}(A)$、$\mathrm{Ind}(D)$，条件属性 A、决策属性 D 在论域 U 上导出的划分为 $\widetilde{A}=\dfrac{U}{\mathrm{Ind}(A)}=\{\widetilde{A}_1,\widetilde{A}_2,\cdots,\widetilde{A}_k\}(k=1,2,\cdots,m)$、$\widetilde{B}=\dfrac{U}{\mathrm{Ind}(D)}=\{\widetilde{B}_1,\widetilde{B}_2,\cdots,\widetilde{B}_l\}(l=1,2,\cdots,n)$，则 $\widetilde{A}_k$、$\widetilde{B}_l$ 在论域 U 上各自的概率分布和条件概率为

$$\begin{cases}p(\widetilde{A}_k)=\dfrac{|\widetilde{A}_k|}{|U|};\quad p(\widetilde{B}_l)=\dfrac{|\widetilde{B}_l|}{|U|}\\ p(\widetilde{A}_k\widetilde{B}_l)=\dfrac{|\widetilde{A}_k\cap\widetilde{B}_l|}{|U|}\end{cases}\tag{2-14}$$

那么，由信息熵的定义，条件属性 A 的信息熵 $H(A)$ 的表达式为

$$H(A)=-\sum_{k=1}^{m}p(\widetilde{A}_k)\log p(\widetilde{A}_k)$$

再结合式(2-14)，可以推得

$$H(A)=-\sum_{k=1}^{m}\frac{|\widetilde{A}_k|}{|U|}\log\frac{|\widetilde{A}_k|}{|U|}\tag{2-15}$$

同理，决策属性 D 的信息熵 $H(D)$ 为

$$H(D)=-\sum_{l=1}^{n}\frac{|\widetilde{B}_l|}{|U|}\log\frac{|\widetilde{B}_l|}{|U|} \tag{2-16}$$

因此，对于决策属性 D 相对于 A 的条件熵 $H(D|A)$，有

$$H(D\mid A)=-\sum_{k}^{m}p(\widetilde{A}_k)\cdot\sum_{l=1}^{n}p(\widetilde{B}_l\mid\widetilde{A}_k)\log p(\widetilde{B}_l\mid\widetilde{A}_k)$$

再结合式(2-14)，可以推得

$$H(D\mid A)=-\sum_{k=1}^{m}\frac{|\widetilde{A}_k|}{|U|}\cdot\sum_{l=1}^{n}\frac{|\widetilde{A}_k\cap\widetilde{B}_l|}{|\widetilde{A}_k|}\log\frac{|\widetilde{A}_k\cap\widetilde{B}_l|}{|\widetilde{A}_k|} \tag{2-17}$$

又因条件属性 A 与决策属性 D 的互信息 $I(A;D)$ 表示为

$$I(A;D)=H(D)-H(D|A)$$

因此，联合式(2-15)、式(2-16)可以推得

$$I(A;D)=-\sum_{l=1}^{n}\frac{|\widetilde{B}_l|}{|U|}\log\frac{|\widetilde{B}_l|}{|U|}+\sum_{k=1}^{m}\frac{|\widetilde{A}_k|}{|U|}\cdot\sum_{l=1}^{n}\frac{|\widetilde{A}_k\cap\widetilde{B}_l|}{|\widetilde{A}_k|}\log\frac{|\widetilde{A}_k\cap\widetilde{B}_l|}{|\widetilde{A}_k|} \tag{2-18}$$

设 $P\subseteq A$，由于在 P 中添加任一属性 $a\in A$ 所引起的互信息的变化值可以作为该属性重要性的度量，故属性重要度 $\mathrm{AS}(a,P;D)$ 表示为

$$\begin{aligned}
&\mathrm{AS}(a,P;D)=I(P\cup\{a\};D)-I(P;D)\\
\Rightarrow\ &\mathrm{AS}(a,P;D)=H(D)-H(D|P\cup\{a\})-H(D)+H(D|P)\\
\Rightarrow\ &\mathrm{AS}(a,P;D)=-\sum_{k=1}^{m}\frac{|\widetilde{A}'_k|}{|U|}\cdot\sum_{l=1}^{n}\frac{|\widetilde{A}'_k\cap\widetilde{B}_l|}{|\widetilde{A}'_k|}\log\frac{|\widetilde{A}'_k\cap\widetilde{B}_l|}{|\widetilde{A}'_k|}\\
&\qquad+\sum_{k=1}^{m}\frac{|\widetilde{A}''_k|}{|U|}\cdot\sum_{l=1}^{n}\frac{|\widetilde{A}''_k\cap\widetilde{B}_l|}{|\widetilde{A}''_k|}\log\frac{|\widetilde{A}''_k\cap\widetilde{B}_l|}{|\widetilde{A}''_k|}
\end{aligned} \tag{2-19}$$

式中，$\widetilde{A}'_k\subset\widetilde{A}'=\dfrac{U}{\mathrm{Ind}(P)}$；$\widetilde{A}''_k\subset\widetilde{A}''=\dfrac{U}{\mathrm{Ind}(P\cup\{a\})}$。

在已知 P 的情况下，$\mathrm{AS}(a,P;D)$ 值越大，说明添加属性 a 后引起的互信息 $I(P;D)$ 变化越大，则条件属性 a 对于决策属性 D 就越重要，D 对 a 的依赖程度也就越高；反之，$\mathrm{AS}(a,P;D)$ 值越小，添加属性 a 后引起的互信息 $I(P;D)$ 变化甚微，相应决策属性 D 对条件属性 a 的依赖性也有限。

2.2.3 基于信息熵的柔性材料加工变形决策表 DDT 的约简

可以看出，属性重要度 $\mathrm{AS}(a,P;D)$是衡量决策属性对条件属性依赖程度的标志。因此，当 $\mathrm{AS}(a,P;D)$值较大时，约简掉 a 将会影响原有决策表的表达效果；反之，$\mathrm{AS}(a,P;D)$值较小时，a 被约简对原有决策表的表达效果影响甚小。

基于信息熵的柔性材料加工变形决策表的约简算法，其输入为由柔性材料加工变形影响因素 $A=\{a_1,a_2,\cdots,a_{14}\}$作为条件属性、加工变形程度 $D=\{d\}$作为决策属性所构成的决策表 $\mathrm{DDT}=(U,A\cup D,V,F)$，输出为对柔性材料加工变形影响重要度较高的影响量 $X=\{x_1,x_2,\cdots,x_n\}$，也就是 DDT 的条件属性 A 相对于决策属性 D 的约简 $\mathrm{Red}_D(A)$。

图 2-12 所示为本章提出的变形决策表属性约简算法的计算流程，具体步骤如下。

(1) 把约简 $\mathrm{Red}_D(A)$定义为空集，$\mathrm{Red}_D(A)\rightarrow P$。

(2) 计算 DDT 中条件属性 A 与决策属性 D 的互信息 $I(A;D)$。

(3) $\forall a_i\in A-P$，计算属性重要度 $\mathrm{AS}(a_i,P;D)$，循环计算直到遍历每一个条件属性。

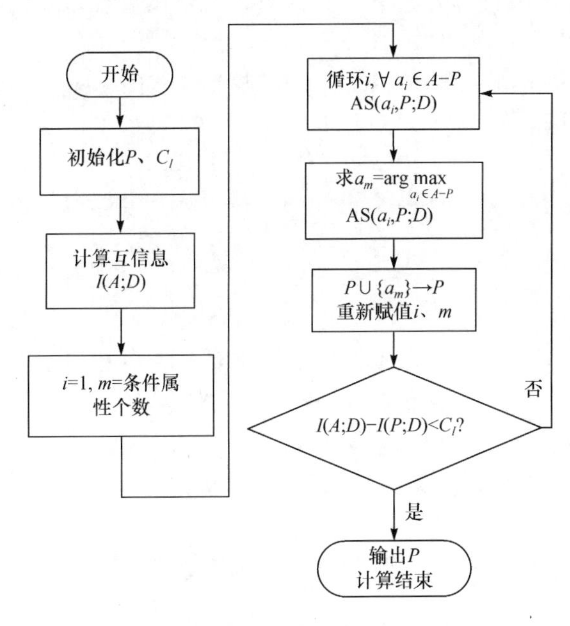

图 2-12　变形决策表属性约简算法计算流程图

(4) 求步骤(3)中最大属性重要度值的条件属性 $a_m=\arg\max\limits_{a_i\in A-P}\mathrm{AS}(a_i,P;D)$，且 $P\cup\{a_m\}\rightarrow P$。

(5) 若 $I(A;D)-I(P;D)<C_I$ 阈值，转到步骤(6)，否则返回到步骤(3)。

(6) 算法结束，输出 P，$P\in \mathrm{Red}_D(A)$。

因此，柔性材料加工变形决策知识提取是建立在 RS 决策表 DDT 基础上的，基于属性重要度进行 DDT 属性约简，可得到对变形影响重要度较高的变形影响量。

2.3 信息熵约简方法与 Pawlak 约简方法等的比较

前面讨论了基于信息熵的约简方法，它与常用 Pawlak 约简方法、基于遗传算法的约简方法有如下不同。

1. 基于信息熵的约简方法与 Pawlak 约简方法的比较

下面是基于信息熵的约简方法与 Pawlak 约简方法的比较。

(1) Pawlak 约简方法与基于信息熵的约简方法一样，皆以属性重要度为约简依据，但属性重要度的计算方法不同。Pawlak 方法的属性重要度计算代数式定义如下：

设条件属性集 $P\subseteq A$，$\forall a\in A-P$，决策属性 D 对 P、$P\cup\{a\}$的依赖度分别为 $\gamma_{\mathrm{Ind}(P)}$、$\gamma_{\mathrm{Ind}(P\cup\{a\})}$，则条件属性 a 对条件属性集 P 相对于决策属性 D 的重要度 $\mathrm{AS}_{\mathrm{Pawlak}}(a,P;D)$为

$$\begin{aligned}\mathrm{AS}_{\mathrm{Pawlak}}(a,P;D)&=\gamma_{\mathrm{Ind}(P\cup\{a\})}(D)-\gamma_{\mathrm{Ind}(P)}(D)\\&=\frac{|\mathrm{pos}_{\mathrm{Ind}(P\cup\{a\})}(D)|-|\mathrm{pos}_{\mathrm{Ind}(P)}(D)|}{|U|}\end{aligned}\tag{2-20}$$

式中，$|\mathrm{pos}_{\mathrm{Ind}(P)}(D)|$、$\mathrm{pos}_{\mathrm{Ind}(P\cup\{a\})}(D)$分别为决策属性 D 相对于 P、$P\cup\{a\}$的正域。

同样地，$\mathrm{AS}_{\mathrm{Pawlak}}(a,P;D)$值越大，说明 a 对决策属性 D 越重要；$\mathrm{AS}_{\mathrm{Pawlak}}(a,P;D)$值越小，$a$ 对决策属性 D 的重要性越低。

(2) Pawlak 约简方法的条件与基于信息熵的约简方法不同。Pawlak 约简方法以决策表的相对核(即所有可能约简的交集)core(A)为起点，即 $P=\mathrm{core}(A)$，再根据属性重要度 $\mathrm{AS}_{\mathrm{Pawlak}}(a,P;D)$完成其他条件属性的约简，并通过判断 $\mathrm{pos}_{\mathrm{Ind}(P)}(D)\overset{?}{=}\mathrm{pos}_{\mathrm{Ind}(A)}(D)$作为约简算法终止条件，其中$\overset{?}{=}$表示是否等于；信息熵方法以 $P=\varnothing$为起点，根据属性重要度 $\mathrm{AS}(a,P;D)$逐次选择最重要属性添加到约简集合中，每一个条件属性都经过比较，再判断是否为决策表的一个约简，同时引

入阈值 C_I，若$I(A;D)-I(P;D)<C_I$，约简算法终止。因此，基于信息熵的约简方法相对而言具有处理信息量多、容易获得决策表最小约简集的特点，合理设置 C_I 对于那些含有噪声的决策表可获得适用性较高的约简集。

(3) 基于信息熵的约简方法在处理时间上有优势。基于信息熵的约简方法以 $P=\varnothing$为起点，增加判断时间，但由式(2-19)可知，决策属性 D、属性集合 P 确定，信息熵、条件熵 $H(D)$和 $H(D|P)$确定，对于搜索属性 $a\in A-P$、$b\in A-P$ 的最大重要度，只需判断 $H(D|P\cup\{a\})\overset{?}{\leqslant}H(D|P\cup\{b\})$即可，不用每次计算 $H(D|P)$，其中$\overset{?}{\leqslant}$表示是否小于等于。若单个条件属性约简计算时间复杂度为 $O(N)$，每次约简所考虑的属性数依次为 $N,N-1,\cdots,1$，则约简总次数为 $N+(N-1)+\cdots+1=N(N+1)/2$，整个约简计算可在 $O(N^2)$时间内完成。

2. 基于信息熵的约简方法与基于遗传算法的约简方法比较

基于遗传算法的约简方法是将群体中的基因个体视为条件属性集，个体的长度依赖于条件属性数，通过预先设计的适应度函数来评价每个个体的条件属性，确定它是否确实是一个约简。整个迭代过程不需要其他外部信息，使用适应度函数来评估个体优劣，评价为优的个体就遗传到下一代，即该个体是一个约简，重复这个过程，直到满足算法的停止条件。该方法的优势在于可有效消除决策表中冗余数据，容易得到最小约简，但是遗传算法的适应度函数相对信息熵来说，设计难度较大，评价耗时较长。

2.4　基于粗糙集的柔性材料加工变形决策知识提取实例

下面以实际柔性材料加工为例进行变形决策知识提取试验，以验证本章提出的基于 RS 的柔性材料加工变形决策知识提取方法的有效性。

图 2-13 为自制的三轴数控柔性材料加工实验平台。平台 x、y、z 方向的行程为 330mm、400mm、180mm；x、y 轴的最小步进分别为 0.012mm/脉冲、0.0062mm/脉冲，最大加工进给速度为 0.080m/s。柔性件固定在 x-y 数控载物台上，数控系统控制主轴(z 轴)和载物台在 x-y 平面相互协调运动，在工件上完成预定图形轨迹加工。柔性件材料为聚氨酯海绵(弹性模量 $E=0.2561$MPa，泊松比 $\mu=0.25$)，长、宽、厚为 150mm、100mm、15mm。计算机采用 Intel 酷睿双核处理器，运行频率为 2.2GHz，内存为 2GB，软件平台为 Microsoft Windows XP Professional 操作系统、Visual C++、MATLAB R2008a。

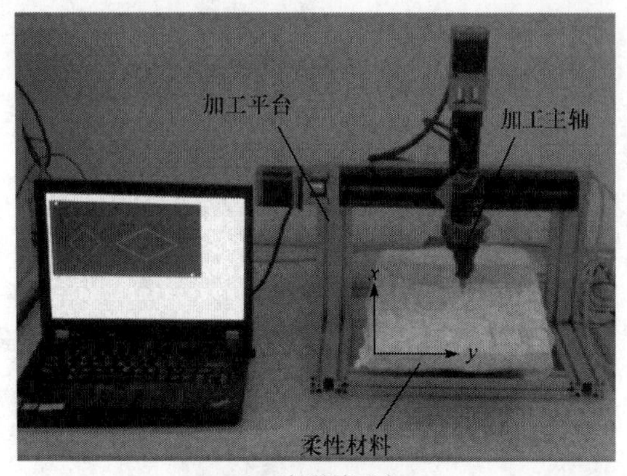

(a) 三轴数控平台

(b) 轨迹加工

图 2-13　三轴数控柔性材料加工实验平台

1. 加工几何图形

表 2-4 为试验的两种加工几何图形及其加工条件设置表。

表 2-4　两种加工几何图形的加工条件设置

条件类型	加工图形 1	加工图形 2
进给深度 L_{deep}/mm	1.5、3	1.5、3
进给偏角 θ_{angle}/(°)	1.8	1.8
图元类型 D_{type}	直线	直线
图元夹角 θ_D/(°)	150、30	135、45

续表

条件类型	加工图形 1	加工图形 2
加工步长 L_{step}/mm	5、8	5、8
插补方法 I_m	逐点比较	数字积分
插补速度 v/(m/s)	0.04、0.06、0.08	0.04、0.06、0.08
加工方向角 θ_P/(°)	165、15	157.5、22.5
柔性件装夹方式 C_m	集中、分散夹紧	集中、分散夹紧
柔性件装夹位置 C_p	上下两边	左右两边
x 轴定位精度 $A_{p\text{-}x}$/mm	0.045	0.045
y 轴定位精度 $A_{p\text{-}y}$/mm	0.042	0.042
z 轴定位精度 $A_{p\text{-}z}$/mm	0.06	0.06
变形评价	夹角误差	夹角误差

2. 基于变形决策表 DDT 的知识提取

表 2-5 为按照表 2-4 所示加工条件获得的 48 组加工数据，其中进给深度 L_{deep}、进给偏角 θ_{angle}、图元类型 D_{type}（直线、圆弧）、图元夹角 θ_D、加工步长 L_{step}、插补速度 v、加工方向角 θ_P 为根据加工图形而设置的加工参数，x 轴定位精度 $A_{p\text{-}x}$、y 轴定位精度 $A_{p\text{-}y}$、z 轴定位精度 $A_{p\text{-}z}$ 为自制数控加工实验平台三轴的定位精度，夹角误差 f_a 是加工后的测量值。

选择表 2-4 中的前 36 组数据作为训练样本构建加工变形决策表，后 12 组数据作为测试样本。

1) 构建加工变形决策表

将表 2-5 中训练样本的每组数据作为一个对象，构成加工变形决策表论域 $U=\{1,2,\cdots,36\}$，进给深度 $L_{deep}(a_1)$、进给偏角 $\theta_{angle}(a_2)$、图元类型 $D_{type}(a_3)$、图元夹角 $\theta_D(a_4)$、加工步长 $L_{step}(a_5)$、插补方法 $I_m(a_6)$、插补速度 $v(a_7)$、加工方向角 $\theta_P(a_8)$、柔性件装夹方式 $C_m(a_9)$、柔性件装夹位置 $C_p(a_{10})$、x 轴定位精度 $A_{p\text{-}x}(a_{11})$、y 轴定位精度 $A_{p\text{-}y}(a_{12})$、z 轴定位精度 $A_{p\text{-}z}(a_{13})$ 等作为决策表条件属性，夹角误差 f_a 等级作为决策表决策属性。表 2-6 为条件、决策属性值等级划分规则表，表 2-7 为根据表 2-6 建立的柔性材料加工变形决策表。

表 2-5 柔性材料加工数据表

序号	进给深度 L_{deep}/mm	进给偏角 θ_{angle}/(°)	图元类型 D_{type}	图元夹角 θ_D/(°)	加工步长 L_{step}/mm	插补方法 I_m	插补速度 v/(m/s)	加工方向角 θ_P/(°)	柔性件装夹方式 C_m	柔性件装夹位置 C_p	x 轴定位精度 $A_{p\text{-}x}$/mm	y 轴定位精度 $A_{p\text{-}y}$/mm	z 轴定位精度 $A_{p\text{-}z}$/mm	夹角误差 f_a/(°)（绝对值）
1	1.5	1.8	直线	30	5	逐点比较	0.04	165	集中夹紧	上下两边	0.045	0.042	0.06	1.2
2	1.5	1.8	直线	150	5	逐点比较	0.04	15	集中夹紧	上下两边	0.045	0.042	0.06	3.7
3	3	1.8	直线	30	5	逐点比较	0.04	165	集中夹紧	上下两边	0.045	0.042	0.06	1.5
4	3	1.8	直线	150	5	逐点比较	0.04	15	集中夹紧	上下两边	0.045	0.042	0.06	3.3
5	1.5	1.8	直线	30	5	逐点比较	0.06	165	集中夹紧	上下两边	0.045	0.042	0.06	1.7
6	1.5	1.8	直线	150	5	逐点比较	0.06	15	集中夹紧	上下两边	0.045	0.042	0.06	5.0
7	3	1.8	直线	30	5	逐点比较	0.06	165	集中夹紧	上下两边	0.045	0.042	0.06	2.1
8	3	1.8	直线	150	5	逐点比较	0.06	15	集中夹紧	上下两边	0.045	0.042	0.06	5.4
9	1.5	1.8	直线	30	5	逐点比较	0.08	165	集中夹紧	上下两边	0.045	0.042	0.06	2.3
10	1.5	1.8	直线	150	5	逐点比较	0.08	15	集中夹紧	上下两边	0.045	0.042	0.06	5.1
11	3	1.8	直线	30	5	逐点比较	0.08	165	集中夹紧	上下两边	0.045	0.042	0.06	2.6
12	3	1.8	直线	150	5	逐点比较	0.08	15	集中夹紧	上下两边	0.045	0.042	0.06	6.2
13	1.5	1.8	直线	30	8	逐点比较	0.04	165	分布夹紧	上下两边	0.045	0.042	0.06	2.3
14	1.5	1.8	直线	150	8	逐点比较	0.04	15	分布夹紧	上下两边	0.045	0.042	0.06	4.0
15	3	1.8	直线	30	8	逐点比较	0.04	165	分布夹紧	上下两边	0.045	0.042	0.06	2.6
16	3	1.8	直线	150	8	逐点比较	0.04	15	分布夹紧	上下两边	0.045	0.042	0.06	5.5

续表

序号	进给深度 L_{deep}/mm	进给偏角 θ_{angle}/(°)	图元类型 D_{type}	图元夹角 θ_D/(°)	加工步长 L_{step}/mm	插补方法 I_m	插补速度 v/(m/s)	加工方向角 θ_P/(°)	柔性件装夹方式 C_m	柔性件装夹位置 C_p	x 轴定位精度 $A_{p\text{-}x}$ /mm	y 轴定位精度 $A_{p\text{-}y}$ /mm	z 轴定位精度 $A_{p\text{-}z}$ /mm	夹角误差 f_a/(°)（绝对值）
17	1.5	1.8	直线	30	8	逐点比较	0.06	165	分布夹紧	上下两边	0.045	0.042	0.06	2.4
18	1.5	1.8	直线	150	8	逐点比较	0.06	15	分布夹紧	上下两边	0.045	0.042	0.06	5.4
19	3	1.8	直线	30	8	逐点比较	0.06	165	分布夹紧	上下两边	0.045	0.042	0.06	2.6
20	3	1.8	直线	150	8	逐点比较	0.06	15	分布夹紧	上下两边	0.045	0.042	0.06	5.9
21	1.5	1.8	直线	30	8	逐点比较	0.08	165	分布夹紧	上下两边	0.045	0.042	0.06	2.7
22	1.5	1.8	直线	150	8	逐点比较	0.08	15	分布夹紧	上下两边	0.045	0.042	0.06	5.5
23	3	1.8	直线	30	8	逐点比较	0.08	165	分布夹紧	上下两边	0.045	0.042	0.06	2.9
24	3	1.8	直线	150	8	逐点比较	0.08	15	分布夹紧	上下两边	0.045	0.042	0.06	6.5
25	1.5	1.8	直线	45	5	数字积分	0.04	157.5	集中夹紧	左右两边	0.045	0.042	0.06	1.4
26	1.5	1.8	直线	135	5	数字积分	0.04	22.5	集中夹紧	左右两边	0.045	0.042	0.06	3.3
27	3	1.8	直线	45	5	数字积分	0.04	157.5	集中夹紧	左右两边	0.045	0.042	0.06	1.7
28	3	1.8	直线	135	5	数字积分	0.04	22.5	集中夹紧	左右两边	0.045	0.042	0.06	3.0
29	1.5	1.8	直线	45	5	数字积分	0.06	157.5	集中夹紧	左右两边	0.045	0.042	0.06	2.0
30	1.5	1.8	直线	135	5	数字积分	0.06	22.5	集中夹紧	左右两边	0.045	0.042	0.06	4.6
31	3	1.8	直线	45	5	数字积分	0.06	157.5	集中夹紧	左右两边	0.045	0.042	0.06	2.5
32	3	1.8	直线	135	5	数字积分	0.06	22.5	集中夹紧	左右两边	0.045	0.042	0.06	4.9

续表

序号	进给深度 L_{deep}/mm	进给偏角 θ_{angle}/(°)	图元类型 D_{type}	图元夹角 θ_D/(°)	加工步长 L_{step}/mm	插补方法 I_m	插补速度 v/(m/s)	加工方向角 θ_P/(°)	柔性件装夹方式 C_m	柔性件装夹位置 C_p	x 轴定位精度 $A_{p\text{-}x}$ /mm	y 轴定位精度 $A_{p\text{-}y}$ /mm	z 轴定位精度 $A_{p\text{-}z}$ /mm	夹角误差 f_a/(°)（绝对值）
33	1.5	1.8	直线	45	5	数字积分	0.08	157.5	集中夹紧	左右两边	0.045	0.042	0.06	2.7
34	1.5	1.8	直线	135	5	数字积分	0.08	22.5	集中夹紧	左右两边	0.045	0.042	0.06	4.7
35	3	1.8	直线	45	5	数字积分	0.08	157.5	集中夹紧	左右两边	0.045	0.042	0.06	3.1
36	3	1.8	直线	135	5	数字积分	0.08	22.5	集中夹紧	左右两边	0.045	0.042	0.06	5.6
37	1.5	1.8	直线	45	8	数字积分	0.04	157.5	分布夹紧	左右两边	0.045	0.042	0.06	2.7
38	1.5	1.8	直线	135	8	数字积分	0.04	22.5	分布夹紧	左右两边	0.045	0.042	0.06	3.6
39	3	1.8	直线	45	8	数字积分	0.04	157.5	分布夹紧	左右两边	0.045	0.042	0.06	3.1
40	3	1.8	直线	135	8	数字积分	0.04	22.5	分布夹紧	左右两边	0.045	0.042	0.06	5.0
41	1.5	1.8	直线	45	8	数字积分	0.06	157.5	分布夹紧	左右两边	0.045	0.042	0.06	2.8
42	1.5	1.8	直线	135	8	数字积分	0.06	22.5	分布夹紧	左右两边	0.045	0.042	0.06	4.9
43	3	1.8	直线	45	8	数字积分	0.06	157.5	分布夹紧	左右两边	0.045	0.042	0.06	3.1
44	3	1.8	直线	135	8	数字积分	0.06	22.5	分布夹紧	左右两边	0.045	0.042	0.06	5.4
45	1.5	1.8	直线	45	8	数字积分	0.08	157.5	分布夹紧	左右两边	0.045	0.042	0.06	3.2
46	1.5	1.8	直线	135	8	数字积分	0.08	22.5	分布夹紧	左右两边	0.045	0.042	0.06	5.0
47	3	1.8	直线	45	8	数字积分	0.08	157.5	分布夹紧	左右两边	0.045	0.042	0.06	3.5
48	3	1.8	直线	135	8	数字积分	0.08	22.5	分布夹紧	左右两边	0.045	0.042	0.06	5.9

表 2-6　条件、决策属性值等级划分规则表

划分等级	进给深度/mm	进给偏角/(°)	图元夹角/(°)	加工步长/mm	插补速度/(m/s)	加工方向角/(°)	定位误差/mm	夹角误差等级/%
等级 1	(0,2)	[0,3)	(0,45)	(0,6)	(0,0.05)	(0,45)	(0,0.01)	[0,3)
等级 2	[2,5)	[3,6)	[45,90)	[6,9)	[0.05,0.08)	[45,90)	[0.01,0.05)	[3,6)
等级 3	≥5	≥6	[90,135)	≥9	≥0.08	[90,135)	[0.05,0.1)	[6,9)
等级 4	—	—	[135,180)	—	—	[135,180)	≥0.1	—

2) 基于 DDT 属性约简的加工变形决策知识提取

令 $I_c = I(A;D) - I(P;D)$ 表示属性集互信息变化量，$\mathrm{Red}_D(A)_E$ 表示经信息熵方法提取得到的加工变形决策知识精简集，$\mathrm{Red}_D(A)_E$ 的初始值为空值，$\mathrm{Red}_D(A)_E \to P$，$\forall a_i \in A-P$，取阈值 $C_I = 0.05$，那么由决策表 2-5 导出条件属性 A、决策属性 D 及 $P \cup \{a_i\}$ 在论域 U 上的划分 $\widetilde{A}$、$\widetilde{B}$ 及 $\widetilde{A}''_k$，结果分别为

$$\widetilde{A} = \frac{U}{\mathrm{Ind}(A)} = \{\{1\},\{5\},\{9\},\{13\},\{17\},\{21\},\{2\},\{6\},\{10\},\{26\},\{30\},\{34\},\{14\},\{18\},\{22\},\{25\},\{29\},\{33\},\{3\},\{7\},\{11\},\{15\},\{19\},\{23\},\{4\},\{8\},\{12\},\{28\},\{32\},\{36\},\{16\},\{20\},\{24\},\{27\},\{31\},\{35\}\}$$

$$\widetilde{B} = \frac{U}{\mathrm{Ind}(D)} = \{\{1,3,6,10,12,16,18,20,22,24,26,30,32,33,34,36\},\{2,4,14,25,27,28,29,31\},\{5,7,8,9,11,13,15,17,19,21,23,35\}\}$$

$$\widetilde{A}''_1 = \frac{U}{\mathrm{Ind}(P \cup a_1)} = \{\{1,2,5,6,9,10,13,14,17,18,21,22,25,26,29,30,33,34\},\{3,4,7,8,11,12,15,16,19,20,23,24,27,28,31,32,35,36\}\}$$

$$\widetilde{A}''_2 = \frac{U}{\mathrm{Ind}(P \cup a_2)} = \{\{1,2,3,4,5,6,7,8,9,10,11,12,13,14,15,16,17,18,19,20,21,22,23,24,25,26,27,28,29,30,31,32,33,34,35,36\}\}$$

$$\widetilde{A}''_3 = \frac{U}{\mathrm{Ind}(P \cup a_3)} = \{\{1,2,3,4,5,6,7,8,9,10,11,12,13,14,15,16,17,18,19,20,21,22,23,24,25,26,27,28,29,30,31,32,33,34,35,36\}\}$$

$$\widetilde{A}''_4 = \frac{U}{\mathrm{Ind}(P \cup a_4)} = \{\{1,3,5,7,9,11,13,15,17,19,21,23\},\{2,4,6,8,10,12,14,16,18,20,22,24,26,28,30,32,34,36\},\{25,27,29,31,33,35\}\}$$

$$\widetilde{A}''_5 = \frac{U}{\mathrm{Ind}(P \cup a_5)} = \{\{1,2,3,4,5,6,7,8,9,10,11,12,25,26,27,28,29,30,31,32,33,34,35,36\},\{13,14,15,16,17,18,19,20,21,22,23,24\}\}$$

表 2-7　柔性材料加工变形决策表

论域	条件属性													决策属性
	进给深度 L_{deep} (a_1)	进给偏角 θ_{angle} (a_2)	图元类型 D_{type} (a_3)	图元夹角 θ_{D} (a_4)	加工步长 L_{step} (a_5)	插补方法 I_{m} (a_6)	插补速度 v (a_7)	加工方向角 θ_{P} (a_8)	柔性件装夹方式 C_{m} (a_9)	柔性件装夹位置 C_{p} (a_{10})	x 轴定位精度 A_{px} (a_{11})	y 轴定位精度 A_{py} (a_{12})	z 轴定位精度 A_{pz} (a_{13})	夹角误差 f_{a} 等级 (d)
1	小	小	直线	小	短	逐点比较	慢	大	集中夹紧	上下两边	较小	较小	中	中
2	小	小	直线	大	短	逐点比较	慢	小	集中夹紧	上下两边	较小	较小	中	小
3	大	小	直线	小	短	逐点比较	慢	大	集中夹紧	上下两边	较小	较小	中	中
4	大	小	直线	大	短	逐点比较	慢	小	集中夹紧	上下两边	较小	较小	中	小
5	小	小	直线	小	短	逐点比较	中	大	集中夹紧	上下两边	较小	较小	中	大
6	小	小	直线	大	短	逐点比较	中	小	集中夹紧	上下两边	较小	较小	中	中
7	大	小	直线	小	短	逐点比较	中	大	集中夹紧	上下两边	较小	较小	中	大
8	大	小	直线	大	短	逐点比较	中	小	集中夹紧	上下两边	较小	较小	中	大
9	小	小	直线	小	短	逐点比较	快	大	集中夹紧	上下两边	较小	较小	中	大
10	小	小	直线	大	短	逐点比较	快	小	集中夹紧	上下两边	较小	较小	中	中
11	大	小	直线	小	短	逐点比较	快	大	集中夹紧	上下两边	较小	较小	中	大
12	大	小	直线	大	短	逐点比较	快	小	集中夹紧	上下两边	较小	较小	中	中
13	小	小	直线	小	长	逐点比较	慢	大	集中夹紧	上下两边	较小	较小	中	大
14	小	小	直线	大	长	逐点比较	慢	小	集中夹紧	上下两边	较小	较小	中	小
15	大	小	直线	小	长	逐点比较	慢	大	集中夹紧	上下两边	较小	较小	中	大
16	大	小	直线	大	长	逐点比较	慢	小	集中夹紧	上下两边	较小	较小	中	中
17	小	小	直线	小	长	逐点比较	中	大	集中夹紧	上下两边	较小	较小	中	大
18	小	小	直线	大	长	逐点比较	中	小	集中夹紧	上下两边	较小	较小	中	中

续表

论域	条件属性													决策属性
	进给深度 L_{deep} (a_1)	进给偏角 θ_{angle} (a_2)	图元类型 D_{type} (a_3)	图元夹角 θ_D (a_4)	加工步长 L_{step} (a_5)	插补方法 I_m (a_6)	插补速度 v (a_7)	加工方向角 θ_P (a_8)	柔性件装夹方式 C_m (a_9)	柔性件装夹位置 C_p (a_{10})	x 轴定位精度 $A_{p\text{-}x}$ (a_{11})	y 轴定位精度 $A_{p\text{-}y}$ (a_{12})	z 轴定位精度 $A_{p\text{-}z}$ (a_{13})	夹角误差 f_a 等级 (d)
19	大	小	直线	小	长	逐点比较	中	大	集中夹紧	上下两边	较小	较小	中	大
20	大	小	直线	大	长	逐点比较	中	小	集中夹紧	上下两边	较小	较小	中	中
21	小	小	直线	小	长	逐点比较	快	大	集中夹紧	上下两边	较小	较小	中	大
22	小	小	直线	大	长	逐点比较	快	小	集中夹紧	上下两边	较小	较小	中	中
23	大	小	直线	小	长	逐点比较	快	大	集中夹紧	上下两边	较小	较小	中	大
24	大	小	直线	大	长	逐点比较	快	小	集中夹紧	上下两边	较小	较小	中	中
25	小	小	直线	中	短	数字积分	慢	大	分布夹紧	左右两边	较小	较小	中	小
26	小	小	直线	大	短	数字积分	慢	小	分布夹紧	左右两边	较小	较小	中	中
27	大	小	直线	中	短	数字积分	慢	大	分布夹紧	左右两边	较小	较小	中	小
28	大	小	直线	大	短	数字积分	慢	小	分布夹紧	左右两边	较小	较小	中	小
29	小	小	直线	中	短	数字积分	中	大	分布夹紧	左右两边	较小	较小	中	小
30	小	小	直线	大	短	数字积分	中	小	分布夹紧	左右两边	较小	较小	中	中
31	大	小	直线	中	短	数字积分	中	大	分布夹紧	左右两边	较小	较小	中	小
32	大	小	直线	大	短	数字积分	中	小	分布夹紧	左右两边	较小	较小	中	中
33	小	小	直线	中	短	数字积分	快	大	分布夹紧	左右两边	较小	较小	中	中
34	小	小	直线	大	短	数字积分	快	小	分布夹紧	左右两边	较小	较小	中	中
35	大	小	直线	中	短	数字积分	快	大	分布夹紧	左右两边	较小	较小	中	大
36	大	小	直线	大	短	数字积分	快	小	分布夹紧	左右两边	较小	较小	中	中

$$\widetilde{A}_6''=\frac{U}{\mathrm{Ind}(P\cup a_6)}=\{\{1,2,3,4,5,6,7,8,9,10,11,12,13,14,15,16,17,18,19,20,21,22,23,24\},\{25,26,27,28,29,30,31,32,33,34,35,36\}\}$$

$$\widetilde{A}_7''=\frac{U}{\mathrm{Ind}(P\cup a_7)}=\{\{1,2,3,4,13,14,15,16,25,26,27,28\},\{5,6,7,8,17,18,19,20,29,30,31,32\},\{9,10,11,12,21,22,23,24,33,34,35,36\}\}$$

$$\widetilde{A}_8''=\frac{U}{\mathrm{Ind}(P\cup a_8)}=\{\{1,3,5,7,9,11,13,15,17,19,21,23,25,27,29,31,33,35\},\{2,4,6,8,10,12,14,16,18,20,22,24,26,28,30,32,34,36\}\}$$

$$\widetilde{A}_9''=\frac{U}{\mathrm{Ind}(P\cup a_9)}=\{\{1,2,3,4,5,6,7,8,9,10,11,12,13,14,15,16,17,18,19,20,21,22,23,24\},\{25,26,27,28,29,30,31,32,33,34,35,36\}\}$$

$$\widetilde{A}_{10}''=\frac{U}{\mathrm{Ind}(P\cup a_{10})}=\{\{1,2,3,4,5,6,7,8,9,10,11,12,13,14,15,16,17,18,19,20,21,22,23,24\},\{25,26,27,28,29,30,31,32,33,34,35,36\}\}$$

$$\widetilde{A}_{11}''=\frac{U}{\mathrm{Ind}(P\cup a_{11})}=\{\{1,2,3,4,5,6,7,8,9,10,11,12,13,14,15,16,17,18,19,20,21,22,23,24,25,26,27,28,29,30,31,32,33,34,35,36\}\}$$

$$\widetilde{A}_{12}''=\frac{U}{\mathrm{Ind}(P\cup a_{12})}=\{\{1,2,3,4,5,6,7,8,9,10,11,12,13,14,15,16,17,18,19,20,21,22,23,24,25,26,27,28,29,30,31,32,33,34,35,36\}\}$$

$$\widetilde{A}_{13}''=\frac{U}{\mathrm{Ind}(P\cup a_{13})}=\{\{1,2,3,4,5,6,7,8,9,10,11,12,13,14,15,16,17,18,19,20,21,22,23,24,25,26,27,28,29,30,31,32,33,34,35,36\}\}$$

表 2-8 列出了基于信息熵的提取方法计算过程，当迭代计算到第 4 步时，$I_c\approx 0.0339<C_I$，计算结束，求得 $\mathrm{Red}_D(A)_E=\{$图元夹角 θ_{D}，插补速度 v，进给深度 L_{deep}，柔性件装夹方式 $C_{\mathrm{m}}\}$。

表 2-8　基于信息熵的提取方法计算过程

步数	最大属性重要度值	精简集	互信息变化量
1	$\mathrm{AS}(a_4,P;D)\approx -0.8767$	$P=\{a_4\}$	$I_c\approx 0.9947$
2	$\mathrm{AS}(a_7,P;D)\approx 0.5991$	$P=\{a_4,a_7\}$	$I_c\approx 0.4776$
3	$\mathrm{AS}(a_1,P;D)\approx 0.0811$	$P=\{a_4,a_7,a_1\}$	$I_c\approx 0.0787$
4	$\mathrm{AS}(a_9,P;D)\approx 0.0621$	$P=\{a_4,a_7,a_1,a_9\}$	$I_c\approx 0.0339$

为了进行对比，下面分别用 Pawlak 约简方法、基于遗传算法的约简方法提取，求得加工变形决策知识精简集 $\mathrm{Red}_D(A)_P$ =｛图元夹角 θ_D，插补速度 v，进给深度 L_deep，加工步长 L_step，插补方法 I_m，柔性件装夹方式 C_m｝、$\mathrm{Red}_D(A)_G$ =｛图元夹角 θ_D，插补速度 v，柔性件装夹方式 C_m，加工步长 L_step，进给深度 L_deep｝。可以看出，决策表 2-7 中的 13 个条件属性，由基于信息熵的约简方法提取得到 4 个对柔性材料加工变形决策重要度最高的影响因素，与 Pawlak 约简方法、基于遗传算法的约简方法提取的影响因素一致，这说明基于信息熵的约简方法能有效提取出加工变形决策知识。表 2-9 给出了基于上述三种方法的柔性材料加工变形决策知识提取结果的比较。

表 2-9　加工变形决策知识提取结果

提取方法	提取后的变形影响量	个数
基于信息熵的约简方法（C_I=0.05）	图元夹角 θ_D、插补速度 v、进给深度 L_deep、柔性件装夹方式 C_m	4
Pawlak 约简方法	图元夹角 θ_D、插补速度 v、进给深度 L_deep、加工步长 L_step、插补方法 I_m、柔性件装夹方式 C_m	6
基于遗传算法的约简方法	图元夹角 θ_D、插补速度 v、柔性件装夹方式 C_m、加工步长 L_step、进给深度 L_deep	5

需要进一步说明的是，当阈值 C_I=0.01 时，采用基于信息熵的约简方法可提取得到加工变形决策知识精简集 $\mathrm{Red}_D(A)_E$ =｛图元夹角 θ_D，插补速度 v，进给深度 L_deep，柔性件装夹方式 C_m，加工步长 L_step｝。阈值 C_I 越小，精简集中的因素数目也就越多。相对而言，基于信息熵的约简方法可通过灵活地设置阈值 C_I，来满足不同建模精度要求的需要。

3）加工变形决策知识提取方法的有效性验证

为了检验上述以基于信息熵的约简方法为基础进行变形决策知识提取的有效性，这里采用三层 BP 神经网络作为评价模型，将表 2-9 中提取得到的变形影响因素作为神经网络模型的输入，夹角误差大小作为模型的输出（模型结构参数见表 2-10，同样与 Pawlak 约简方法、遗传约简算法进行比较）。

表 2-10　BP 神经网络模型结构参数

约简方法	输入层节点数	隐含层		输出层节点数
		节点数	传递函数	
基于信息熵的约简方法	4	12	Sigmoid	1
Pawlak 约简方法	6	18	Sigmoid	1
基于遗传算法的约简方法	5	15	Sigmoid	1

下面分别用基于信息熵的约简方法、Pawlak 约简方法、基于遗传算法的约简方法提取后的数据(表 2-4 中的训练样本)训练 BP 神经网络,分别输入(表 2-4 中的测试样本)到训练得到的神经网络模型中进行计算,统计基于信息熵的约简方法、Pawlak 约简方法、基于遗传算法的约简方法的预测值相对误差 RE_E、RE_P、RE_G,对比情况如图 2-14 所示。图中,RE_E、RE_P、RE_G 分别为 6.48%、9.62%、8.25%,RE_E 分别比 RE_P、RE_G 小 32.64%、21.45%,这在一定程度上说明基于信息熵的约简方法相对于 Pawlak 约简方法、基于遗传算法的约简方法,能更有效地减少决策表中的冗余属性,更容易获得一个准确度高的变形影响因素精简集。

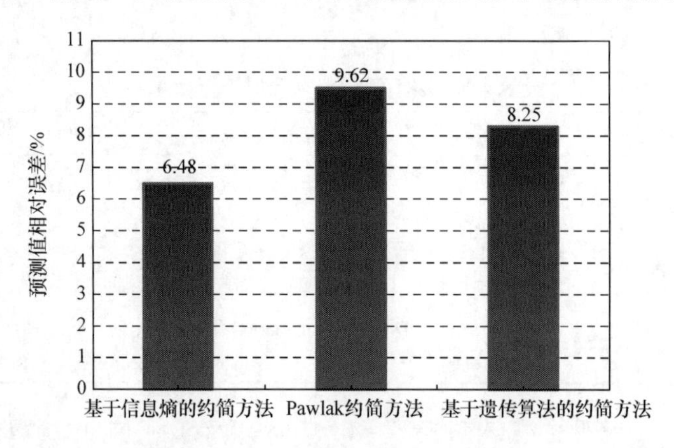

图 2-14　预测值相对误差对比图(1)

2.5　基于层次分析法的柔性材料加工变形影响因素提取

层次分析法是将与决策有关的元素分解成目标、准则、方案等层次,在此基础上进行定性和定量分析的决策方法。这种决策方法能利用较少的定量信息计算出各个因素对系统的影响程度,且每个层次中每个因素对结果的影响程度都是量化的。显然,运用层次分析法计算柔性材料加工变形影响因素的重要度,将有助于提取柔性材料加工影响程度较大的变形影响因素,降低预测模型的输入维数和计算的复杂度。本节在分析柔性材料加工变形影响因素的基础上,从评价者对评价问题的本质、要素的理解出发,探讨不仅变形影响多而且变形影响因素相互重叠、相互关联的柔性材料加工变形影响因素的提取方法。

2.5.1　加工变形影响因素提取的层次分析法思路

由于层次分析法具有提取精度高、准确度好的特点,可构建柔性材料加工变形影响因素层次分析模型，将加工变形影响因素重要度评价的定性问题转化为求判断矩阵层次单排序权向量值的定量问题，最终将加工变形影响因素判断矩阵和加工属性判断矩阵进行简单运算，确定层次总排序权向量值，完成各个影响因素重要度的量化。

通过调整先验知识或者专家建议，可以获得说服力高的输入参数，基于此思路，提出了如图 2-15 所示的柔性材料加工变形影响因素提取层次分析方法框架。

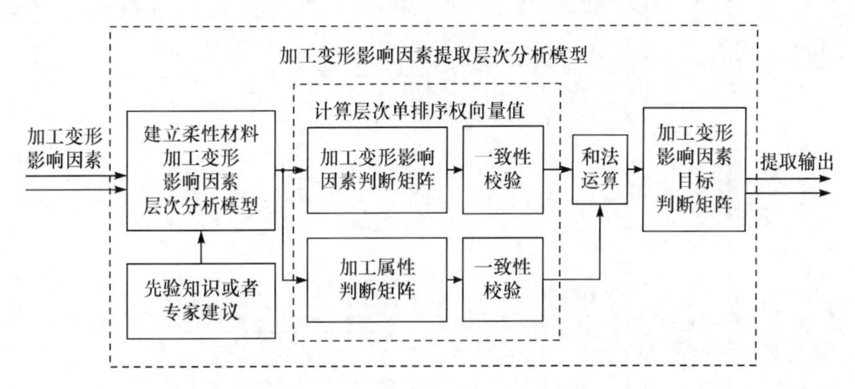

图 2-15　柔性材料加工变形影响因素提取层次分析方法框架

2.5.2　加工变形影响因素提取的层次模型设计

为了更好地描述提取模型，下面以柔性材料轨迹加工为例进行介绍。鉴于柔性材料轨迹加工变形的特点，柔性材料的弹性模量、加工材料尺寸等几何参数和材料参数可以预先确定，影响柔性材料加工的主要因素为在柔性材料上的作用力，而作用力又与受加工的主轴转速、进给深度、进给偏角、图元类型、图元夹角、加工步长、插补速度、加工方向角、柔性件装夹方式、柔性件装夹位置、插补方法，以及数控加工平台 x、y、z 轴的定位精度等影响因素有关，它们是影响柔性材料加工变形的主要因素。

根据图 2-15，结合先验知识，将上述柔性材料加工变形影响因素进行分组与标定，构建如图 2-16 所示的柔性材料加工变形影响因素提取层次分析模型结构。从左到右分为目标层、准则层、指标层，将“柔性材料加工变形影响因素重要度”作为层次分析模型的目标层，标记为 A；将加工属性即固定方式 B_1、加工条件 B_2、图元要求 B_3、机床精度 B_4 等构成准则层；将各个加工变形影响因素作为指标层中的元素，分别是隶属于固定方式 B_1 的柔性材料装夹方式 C_{11}、柔性材料装夹位置 C_{12}，隶属于加工条件 B_2 的主轴转速 C_{21}、进给深度 C_{22}、进给偏角 C_{23}、插补方法 C_{24}、插补速度 C_{25}、加工方向角 C_{26}、加工步长 C_{27}，隶属于图元要求 B_3 的图元类型

C_{31}、图元夹角 C_{32}，隶属于机床精度 B_4 的数控平台 x 轴定位精度 C_{41}、数控平台 y 轴定位精度 C_{42}、数控平台 z 轴定位精度 C_{43}。

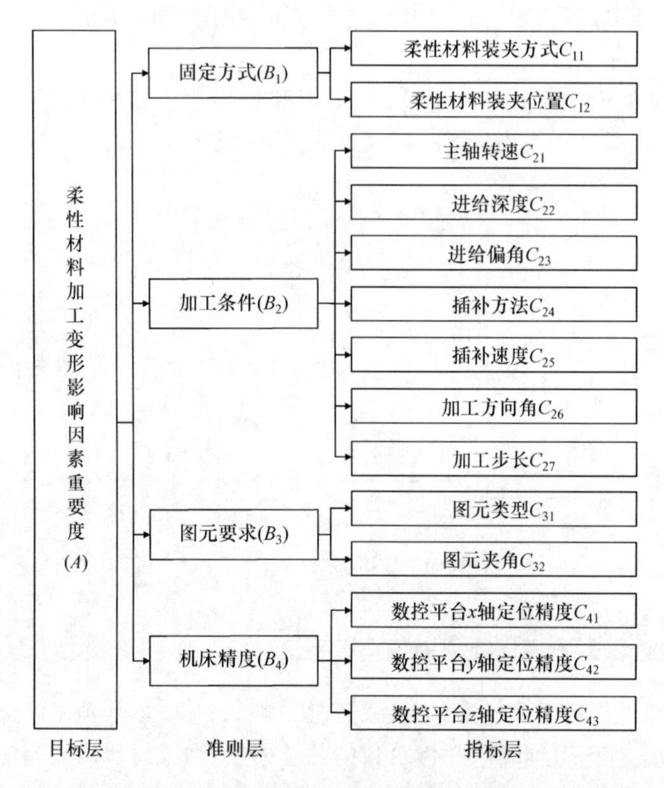

图 2-16 柔性材料加工变形影响因素提取层次分析模型结构

2.5.3 层次单排序和层次总排序权变量计算推导

以 $\boldsymbol{R}_m(m=1,2,3,4)$ 表示第 m 个加工属性的加工变形影响因素判断矩阵，b_{ij} 表示影响因素 C_{mi} 相对影响因素 C_{mj} 的相对重要度值。根据先验知识及层次分析法原理，定义柔性材料加工变形影响因素重要性标度值含义表(表 2-11)。在表 2-11 的基础上按式(2-21)逐个确定加工属性的加工变形影响因素判断矩阵 $\boldsymbol{R}_m$ 中 b_{ij} 的值：

$$\boldsymbol{R}_m=\begin{cases}\{b_{ij}\,|\,b_{ij}=C_{mi}:C_{mj};i,j=1,2,\cdots,n\}_{n\times n}\\ b_{ij}>0,\quad b_{ji}=1/b_{ij},\quad b_{ii}=1\end{cases}\tag{2-21}$$

表 2-11　柔性材料加工变形影响因素重要性标度值的含义

标度值	含义
1	表示2个加工变形影响因素相比，具有同等重要性
3	表示2个加工变形影响因素相比，前者比后者稍重要
5	表示2个加工变形影响因素相比，前者比后者明显重要
7	表示2个加工变形影响因素相比，前者比后者强烈重要
9	表示2个加工变形影响因素相比，前者比后者极端重要
2,4,6,8	表示2个加工变形影响因素相比，取上述判断的中间值
倒数	如果加工变形影响因素 i 与加工变形影响因素 j 的相对重要性比值为 k_{ij}，则加工变形影响因素 j 与加工变形影响因素 i 的相对重要性比值为 $k_{ji}=1/k_{ij}$

因此，通过两两比较得到的加工变形影响因素判断矩阵 $\boldsymbol{R}_m$ 的权向量 $\boldsymbol{X}_m=[x_{m1},x_{m2},\cdots,x_{mn}]$可由式(2-22)计算得到，即

$$x_{mn}=\frac{\sqrt[N]{\prod_{j=1}^{N}b_{nj}}}{\sum_{i=1}^{N}\left(\sqrt[N]{\prod_{j=1}^{N}b_{ij}}\right)} \tag{2-22}$$

再将 $\boldsymbol{X}_m$ 正规化，使之满足 $\sum_{n=1}^{N}x_{mn}=1$。

又以 $\boldsymbol{R}_p$ 表示准则层对于目标层的柔性材料加工属性判断矩阵，以 a_{ij} 表示 $\boldsymbol{R}_p$ 中加工属性 B_i 对于 B_j 的相对重要度值，参照表 2-11，逐个确定 $\boldsymbol{R}_p$ 中 a_{ij} 的值，如

$$\boldsymbol{R}_p=\{a_{ij}\,|\,a_{ij}=B_i:B_j;i,j=1,2,\cdots,n\}_{n\times n} \tag{2-23}$$

同样地，通过两两比较得到的加工属性判断矩阵 $\boldsymbol{R}_p$ 的权向量 $\boldsymbol{Y}=[y_1,y_2,\cdots,y_n]$可由式(2-24)计算得到，即

$$y_m=\frac{\sqrt[N]{\prod_{j=1}^{N}a_{mj}}}{\sum_{i=1}^{N}\left(\sqrt[N]{\prod_{j=1}^{N}a_{ij}}\right)} \tag{2-24}$$

将 $\boldsymbol{Y}$ 正规化，使之满足 $\sum_{i=1}^{N}y_i=1$。

至此，层次单排序权向量 $\boldsymbol{X}_m$、$\boldsymbol{Y}$ 分别由式(2-22)、式(2-24) 计算求得。进一步，

若将加工变形影响因素 C_{mm} 作为提取属性 P，C_{mm} 对目标层的影响程度值为 $w_{pi}=(i=1,2,\cdots,N)$，以单个影响因素 C_{mi} 和 C_{mj} 之间的相对重要度 b_{ij} 作为提取的依据，并按照式(2-25) 将 $\boldsymbol{X}_m$ 和 $\boldsymbol{Y}$ 代数合并：

$$w_{pi}=y_m x_{mn},\quad i=1,2,\cdots,N \tag{2-25}$$

从而求得加工变形影响因素 C_{mn} 的提取属性 P 对目标层 A 的影响程度向量：

$$\boldsymbol{W}_P=[w_{p1},w_{p2},\cdots,w_{pN}]$$

式中，$\sum_{i=1}^{N} w_{pi}=1, i=1,2,\cdots,N$。

影响程度向量 $\boldsymbol{W}_P$ 表征了每个加工变形影响因素的重要度值，根据重要度的大小，可以获得对柔性材料加工影响程度较大的影响因素。

此外，为了增加变形影响因素约简的灵活性，在此引入约简阈值 Q，根据 $\boldsymbol{W}_P$ 的分布特点，合理设置 Q 值，若 $w_{pi}<Q$，说明该加工变形影响因素能被约简，反之则不能。这样，可以确定柔性材料加工变形影响因素精简集 $\text{RC}_{\text{ahp}}=\{C_{p1},C_{p2},\cdots,C_{pn}\}$，$C_{pn}$ 为未约简的加工变形影响因素。

图 2-17 所示为本章提出的加工变形影响因素提取层次分析算法计算流程，具体如下。

(1) 初始化柔性材料加工变形影响因素精简集 RC_{ahp} 为空集，设定 C_{mn}、阈值 Q 以及变形影响因素的个数 N。

(2) 计算加工变形影响因素判断矩阵 $\boldsymbol{R}_m$ 和加工属性判断矩阵 $\boldsymbol{R}_p$，从而确定 $\boldsymbol{R}_m$ 的权向量 $\boldsymbol{X}_m$ 和 $\boldsymbol{R}_p$ 的权向量 $\boldsymbol{Y}$。

(3) 计算加工变形影响因素 C_{mn} 的提取属性 P 对加工目标的影响程度向量 $\boldsymbol{W}_P$。

(4) 逐个提取 $\boldsymbol{W}_P$ 中的 w_{pi}，若 $w_{pi}<Q$，将该加工变形影响因素约简，若 $i<N$，循环执行步骤(4)；否则，跳到下一步。

(5) 算法结束，由剩下的加工变形影响因素组成层次分析法的加工变形决策精简集 RC_{ahp}，并输出结果。

因此，柔性材料变形影响因素提取是建立在层次分析法的基础上，基于层次分析法进行加工变形影响因素的属性约简，可得到对变形影响重要度较高的变形影响量。

2.5.4 基于层次分析法的加工变形影响因素提取试验

1. 加工条件设置与数据采集

下面以柔性材料轨迹加工为例进行变形决策知识提取试验，验证上述提出的

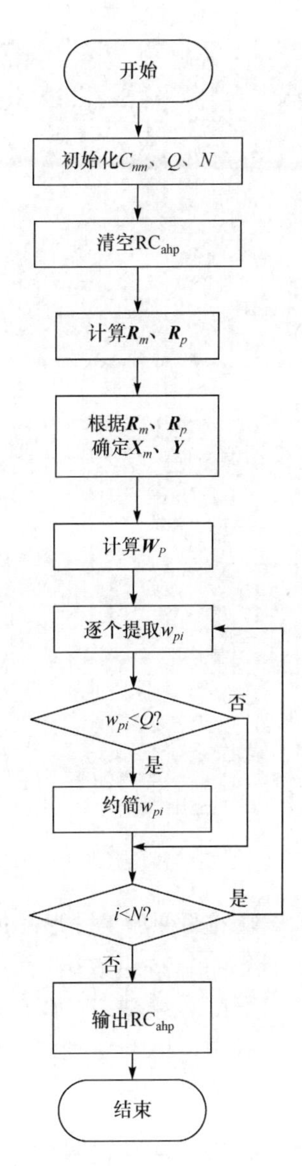

图 2-17　加工变形影响因素提取层次分析法算法计算流程

基于层次分析法的加工变形影响因素提取方法的有效性。

采用如图 2-18 所示的柔性材料轨迹加工实验平台进行试验。将由纺织织物和聚氨酯海绵柔性材料组成的柔性件固定在 x-y 数控载物台上，数控系统控制主轴(z 轴)和载物台在 x-y 平面相互协调运动，在工件上完成预定图形轨迹加工。

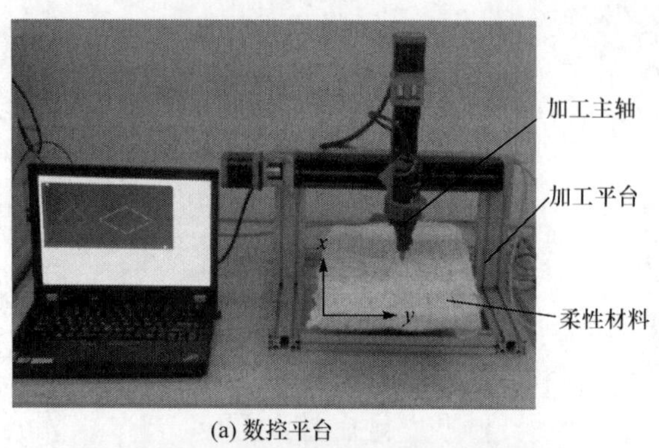

(a) 数控平台

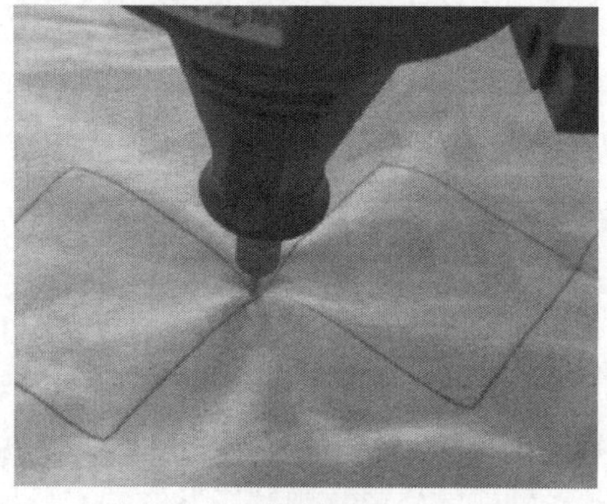

(b) 轨迹加工

图 2-18 柔性材料轨迹加工实验平台

表 2-12 列出了进行加工试验的两种加工图形的加工条件，表 2-13 为按照表 2-12 中的加工条件进行加工所获得的 48 组数据，表中主轴转速、进给深度、进给偏角、图元类型、图元夹角、加工步长、插补速度、加工方向角为根据加工图形而设置的加工参数，x 轴定位精度、y 轴定位精度、z 轴定位精度为加工实验平台各个轴的定位精度，夹角误差是加工后测量值。

表 2-12 加工条件设置

加工图形名称	加工图形 1	加工图形 2
主轴转速	高、中、低	高、中、低
进给深度/mm	1.5、3	1.5、3
进给偏角/(°)	1.8	1.8
图元类型	直线	直线
图元夹角/(°)	150、30	135、45

续表

加工图形名称	加工图形 1	加工图形 2
加工步长/mm	5、8	5、8
插补方法	逐点比较	数字积分
插补速度/(m/s)	0.04、0.06、0.08	0.04、0.06、0.08
加工方向角/(°)	165、15	157.5、22.5
柔性件装夹方式	集中、分散夹紧	集中、分散夹紧
柔性件装夹位置	上下两边	左右两边
x 轴定位精度/mm	0.045	0.045
y 轴定位精度/mm	0.042	0.042
z 轴定位精度/mm	0.06	0.06
测量值	夹角误差	夹角误差

表 2-13　加工数据

序号	主轴转速	进给深度/mm	进给偏角/(°)	图元类型	图元夹角/(°)	加工步长/mm	插补方法	插补速度/(m/s)	加工方向角/(°)	柔性件装夹方式	柔性件装夹位置	x 轴定位精度/mm	y 轴定位精度/mm	z 轴定位精度/mm	夹角误差/(°)(绝对值)
1	高	1.5	1.8	直线	30	5	逐点比较	0.04	165	集中夹紧	上下两边	0.045	0.042	0.06	1.2
2	中	1.5	1.8	直线	150	5	逐点比较	0.04	15	集中夹紧	上下两边	0.045	0.042	0.06	3.7
3	低	3	1.8	直线	30	5	逐点比较	0.04	165	集中夹紧	上下两边	0.045	0.042	0.06	1.5
4	高	3	1.8	直线	150	5	逐点比较	0.04	15	集中夹紧	上下两边	0.045	0.042	0.06	3.3
5	中	1.5	1.8	直线	30	5	逐点比较	0.06	165	集中夹紧	上下两边	0.045	0.042	0.06	1.7
6	低	1.5	1.8	直线	150	5	逐点比较	0.06	15	集中夹紧	上下两边	0.045	0.042	0.06	5.0
7	高	3	1.8	直线	30	5	逐点比较	0.06	165	集中夹紧	上下两边	0.045	0.042	0.06	2.1

续表

序号	主轴转速	进给深度/mm	进给偏角/(°)	图元类型	图元夹角/(°)	加工步长/mm	插补方法	插补速度/(m/s)	加工方向角/(°)	柔性件装夹方式	柔性件装夹位置	x轴定位精度/mm	y轴定位精度/mm	z轴定位精度/mm	夹角误差/(°)(绝对值)
8	中	3	1.8	直线	150	5	逐点比较	0.06	15	集中夹紧	上下两边	0.045	0.042	0.06	5.4
9	低	1.5	1.8	直线	30	5	逐点比较	0.08	165	集中夹紧	上下两边	0.045	0.042	0.06	2.3
10	高	1.5	1.8	直线	150	5	逐点比较	0.08	15	集中夹紧	上下两边	0.045	0.042	0.06	5.1
11	中	3	1.8	直线	30	5	逐点比较	0.08	165	集中夹紧	上下两边	0.045	0.042	0.06	2.6
12	低	3	1.8	直线	150	5	逐点比较	0.08	15	集中夹紧	上下两边	0.045	0.042	0.06	6.2
13	高	1.5	1.8	直线	30	8	逐点比较	0.04	165	分布夹紧	上下两边	0.045	0.042	0.06	2.3
14	中	1.5	1.8	直线	150	8	逐点比较	0.04	15	分布夹紧	上下两边	0.045	0.042	0.06	4.0
15	低	3	1.8	直线	30	8	逐点比较	0.04	165	分布夹紧	上下两边	0.045	0.042	0.06	2.6
16	高	3	1.8	直线	150	8	逐点比较	0.04	15	分布夹紧	上下两边	0.045	0.042	0.06	5.5
17	中	1.5	1.8	直线	30	8	逐点比较	0.06	165	分布夹紧	上下两边	0.045	0.042	0.06	2.4
18	低	1.5	1.8	直线	150	8	逐点比较	0.06	15	分布夹紧	上下两边	0.045	0.042	0.06	5.4
19	高	3	1.8	直线	30	8	逐点比较	0.06	165	分布夹紧	上下两边	0.045	0.042	0.06	2.6
20	中	3	1.8	直线	150	8	逐点比较	0.06	15	分布夹紧	上下两边	0.045	0.042	0.06	5.9
21	低	1.5	1.8	直线	30	8	逐点比较	0.08	165	分布夹紧	上下两边	0.045	0.042	0.06	2.7
22	高	1.5	1.8	直线	150	8	逐点比较	0.08	15	分布夹紧	上下两边	0.045	0.042	0.06	5.5

续表

序号	主轴转速	进给深度/mm	进给偏角/(°)	图元类型	图元夹角/(°)	加工步长/mm	插补方法	插补速度/(m/s)	加工方向角/(°)	柔性件装夹方式	柔性件装夹位置	x轴定位精度/mm	y轴定位精度/mm	z轴定位精度/mm	夹角误差/(°)(绝对值)
23	中	3	1.8	直线	30	8	逐点比较	0.08	165	分布夹紧	上下两边	0.045	0.042	0.06	2.9
24	低	3	1.8	直线	150	8	逐点比较	0.08	15	分布夹紧	上下两边	0.045	0.042	0.06	6.5
25	高	1.5	1.8	直线	45	5	数字积分	0.04	157.5	集中夹紧	左右两边	0.045	0.042	0.06	1.4
26	中	1.5	1.8	直线	135	5	数字积分	0.04	22.5	集中夹紧	左右两边	0.045	0.042	0.06	3.3
27	低	3	1.8	直线	45	5	数字积分	0.04	157.5	集中夹紧	左右两边	0.045	0.042	0.06	1.7
28	高	3	1.8	直线	135	5	数字积分	0.04	22.5	集中夹紧	左右两边	0.045	0.042	0.06	3.0
29	中	1.5	1.8	直线	45	5	数字积分	0.06	157.5	集中夹紧	左右两边	0.045	0.042	0.06	2.0
30	低	1.5	1.8	直线	135	5	数字积分	0.06	22.5	集中夹紧	左右两边	0.045	0.042	0.06	4.6
31	高	3	1.8	直线	45	5	数字积分	0.06	157.5	集中夹紧	左右两边	0.045	0.042	0.06	2.5
32	中	3	1.8	直线	135	5	数字积分	0.06	22.5	集中夹紧	左右两边	0.045	0.042	0.06	4.9
33	低	1.5	1.8	直线	45	5	数字积分	0.08	157.5	集中夹紧	左右两边	0.045	0.042	0.06	2.7
34	高	1.5	1.8	直线	135	5	数字积分	0.08	22.5	集中夹紧	左右两边	0.045	0.042	0.06	4.7
35	中	3	1.8	直线	45	5	数字积分	0.08	157.5	集中夹紧	左右两边	0.045	0.042	0.06	3.1
36	低	3	1.8	直线	135	5	数字积分	0.08	22.5	集中夹紧	左右两边	0.045	0.042	0.06	5.6

续表

序号	主轴转速	进给深度/mm	进给偏角/(°)	图元类型	图元夹角/(°)	加工步长/mm	插补方法	插补速度/(m/s)	加工方向角/(°)	柔性件装夹方式	柔性件装夹位置	x轴定位精度/mm	y轴定位精度/mm	z轴定位精度/mm	夹角误差/(°)(绝对值)
37	高	1.5	1.8	直线	45	8	数字积分	0.04	157.5	分布夹紧	左右两边	0.045	0.042	0.06	2.7
38	中	1.5	1.8	直线	135	8	数字积分	0.04	22.5	分布夹紧	左右两边	0.045	0.042	0.06	3.6
39	低	3	1.8	直线	45	8	数字积分	0.04	157.5	分布夹紧	左右两边	0.045	0.042	0.06	3.1
40	高	3	1.8	直线	135	8	数字积分	0.04	22.5	分布夹紧	左右两边	0.045	0.042	0.06	5.0
41	中	1.5	1.8	直线	45	8	数字积分	0.06	157.5	分布夹紧	左右两边	0.045	0.042	0.06	2.8
42	低	1.5	1.8	直线	135	8	数字积分	0.06	22.5	分布夹紧	左右两边	0.045	0.042	0.06	4.9
43	高	3	1.8	直线	45	8	数字积分	0.06	157.5	分布夹紧	左右两边	0.045	0.042	0.06	3.1
44	中	3	1.8	直线	135	8	数字积分	0.06	22.5	分布夹紧	左右两边	0.045	0.042	0.06	5.4
45	低	1.5	1.8	直线	45	8	数字积分	0.08	157.5	分布夹紧	左右两边	0.045	0.042	0.06	3.2
46	高	1.5	1.8	直线	135	8	数字积分	0.08	22.5	分布夹紧	左右两边	0.045	0.042	0.06	5.0
47	中	3	1.8	直线	45	8	数字积分	0.08	157.5	分布夹紧	左右两边	0.045	0.042	0.06	3.5
48	低	3	1.8	直线	135	8	数字积分	0.08	22.5	分布夹紧	左右两边	0.045	0.042	0.06	5.9

2. 基于层次分析法的加工变形影响因素提取

通过表 2-12 所示的加工条件类型构建加工变形影响因素集 C_{mn}（即目标层，$m=1,2,3,4;n=1,2,3$），设定阈值 Q 为 0.1，加工变形影响因素的个数 N 取 14，RC_{ahp}初始值为空值。又根据表 2-13 的加工数据观测并结合专家知识，参照表 2-11 的标度值含义，分别确定加工属性固定方式 $\boldsymbol{R}_1$、加工条件 $\boldsymbol{R}_2$、图元要求 $\boldsymbol{R}_3$、机床精度 $\boldsymbol{R}_4$ 的加工变形影响因素判断矩阵 $\boldsymbol{R}_m$ 中 b_{ij} 的值：

$$\boldsymbol{R}_1=\begin{bmatrix} b_{11} & b_{12} \\ b_{21} & b_{22} \end{bmatrix}=\begin{bmatrix} 1 & 4 \\ 1/4 & 1 \end{bmatrix}$$

$$\boldsymbol{R}_2=\begin{bmatrix} b_{11} & b_{12} & b_{13} & b_{14} & b_{15} & b_{16} & b_{17} \\ b_{21} & b_{22} & b_{23} & b_{24} & b_{25} & b_{26} & b_{27} \\ b_{31} & b_{32} & b_{33} & b_{34} & b_{35} & b_{36} & b_{37} \\ b_{41} & b_{42} & b_{43} & b_{44} & b_{45} & b_{46} & b_{47} \\ b_{51} & b_{52} & b_{53} & b_{54} & b_{55} & b_{56} & b_{57} \\ b_{61} & b_{62} & b_{63} & b_{64} & b_{65} & b_{66} & b_{67} \\ b_{71} & b_{72} & b_{73} & b_{74} & b_{75} & b_{76} & b_{77} \end{bmatrix}=\begin{bmatrix} 1 & 1/4 & 1 & 1 & 1/4 & 1 & 1/4 \\ 4 & 1 & 2 & 3 & 1 & 2 & 1/2 \\ 1 & 1/2 & 1 & 1 & 1/3 & 1 & 1/3 \\ 1 & 1/3 & 1 & 1 & 1/3 & 1 & 1/3 \\ 4 & 1 & 3 & 3 & 1 & 3 & 1 \\ 1 & 1/2 & 1 & 1 & 1/3 & 1 & 1/3 \\ 4 & 2 & 3 & 3 & 1 & 3 & 1 \end{bmatrix}$$

$$\boldsymbol{R}_3=\begin{bmatrix} b_{11} & b_{12} \\ b_{21} & b_{22} \end{bmatrix}=\begin{bmatrix} 1 & 1/3 \\ 3 & 1 \end{bmatrix}$$

$$\boldsymbol{R}_4=\begin{bmatrix} b_{11} & b_{12} & b_{13} \\ b_{21} & b_{22} & b_{23} \\ b_{31} & b_{32} & b_{33} \end{bmatrix}=\begin{bmatrix} 1 & 1 & 1 \\ 1 & 1 & 1 \\ 1 & 1 & 1 \end{bmatrix}$$

将上述矩阵中的两两加工变形影响因素的相对重要度值分别代入式(2-22)，计算固定方式 $\boldsymbol{R}_1$ 对应的权向量 $\boldsymbol{X}_1$：

$$x_{11}=\frac{\sqrt{b_{11}\times b_{12}}}{\sqrt{b_{11}\times b_{12}}+\sqrt{b_{21}\times b_{22}}}=\frac{\sqrt{1\times 4}}{\sqrt{1\times 4}+\sqrt{\frac{1}{4}\times 1}}=0.8$$

$$x_{12}=\frac{\sqrt{b_{21}\times b_{22}}}{\sqrt{b_{11}\times b_{12}}+\sqrt{b_{21}\times b_{22}}}=\frac{\sqrt{\frac{1}{4}\times 1}}{\sqrt{1\times 4}+\sqrt{\frac{1}{4}\times 1}}=0.2$$

即 $\boldsymbol{X}_1=[0.8,0.2]$。

计算加工条件 $\boldsymbol{R}_2$ 对应的权向量 $\boldsymbol{X}_2$：

$$\begin{aligned} x_{21} &= \frac{\sqrt[7]{\prod_{j=1}^{7} b_{1j}}}{\sum_{i=1}^{7}\left(\sqrt[7]{\prod_{j=1}^{7} b_{ij}}\right)} \\ &= \frac{\sqrt[7]{1\times\frac{1}{4}\times 1\times 1\times\frac{1}{4}\times 1\times\frac{1}{4}}}{\sum_{i=1}^{7}\left(\sqrt[7]{\prod_{j=1}^{7} b_{ij}}\right)}=0.0671 \end{aligned}$$

$$x_{22} = \frac{\sqrt[7]{\prod_{j=1}^{7} b_{2j}}}{\sum_{i=1}^{7}\left(\sqrt[7]{\prod_{j=1}^{7} b_{ij}}\right)} = \frac{\sqrt[7]{4 \times 1 \times 2 \times 3 \times 1 \times 2 \times \frac{1}{2}}}{\sum_{i=1}^{7}\left(\sqrt[7]{\prod_{j=1}^{7} b_{ij}}\right)} = 0.2429$$

$$x_{23} = \frac{\sqrt[7]{\prod_{j=1}^{7} b_{3j}}}{\sum_{i=1}^{7}\left(\sqrt[7]{\prod_{j=1}^{7} b_{ij}}\right)} = \frac{\sqrt[7]{1 \times \frac{1}{2} \times 1 \times 1 \times \frac{1}{3} \times 1 \times \frac{1}{3}}}{\sum_{i=1}^{7}\left(\sqrt[7]{\prod_{j=1}^{7} b_{ij}}\right)} = 0.0809$$

$$x_{24} = \frac{\sqrt[7]{\prod_{j=1}^{7} b_{4j}}}{\sum_{i=1}^{7}\left(\sqrt[7]{\prod_{j=1}^{7} b_{ij}}\right)} = \frac{\sqrt[7]{1 \times \frac{1}{3} \times 1 \times 1 \times \frac{1}{3} \times 1 \times \frac{1}{3}}}{\sum_{i=1}^{7}\left(\sqrt[7]{\prod_{j=1}^{7} b_{ij}}\right)} = 0.0752$$

$$x_{25} = \frac{\sqrt[7]{\prod_{j=1}^{7} b_{5j}}}{\sum_{i=1}^{7}\left(\sqrt[7]{\prod_{j=1}^{7} b_{ij}}\right)} = \frac{\sqrt[7]{4 \times 1 \times 3 \times 3 \times 1 \times 3 \times 1}}{\sum_{i=1}^{7}\left(\sqrt[7]{\prod_{j=1}^{7} b_{ij}}\right)} = 0.2350$$

$$x_{26}=\frac{\sqrt[7]{\prod_{j=1}^{7}b_{6j}}}{\sum_{i=1}^{7}\left(\sqrt[7]{\prod_{j=1}^{7}b_{ij}}\right)}=\frac{\sqrt[7]{1\times\frac{1}{2}\times1\times1\times\frac{1}{3}\times1\times\frac{1}{3}}}{\sum_{i=1}^{7}\left(\sqrt[7]{\prod_{j=1}^{7}b_{ij}}\right)}=0.0809$$

$$x_{27}=\frac{\sqrt[7]{\prod_{j=1}^{7}b_{7j}}}{\sum_{i=1}^{7}\left(\sqrt[7]{\prod_{j=1}^{7}b_{ij}}\right)}=\frac{\sqrt[7]{4\times2\times3\times3\times1\times3\times1}}{\sum_{i=1}^{7}\left(\sqrt[7]{\prod_{j=1}^{7}b_{ij}}\right)}=0.2180$$

即 $\boldsymbol{X}_2=[0.0671,0.2429,0.0809,0.0752,0.2350,0.0809,0.2180]$。

计算图元要求 $\boldsymbol{R}_3$ 对应的权向量 $\boldsymbol{X}_3$：

$$x_{31}=\frac{\sqrt{b_{11}\times b_{12}}}{\sqrt{b_{11}\times b_{12}}+\sqrt{b_{21}\times b_{22}}}=\frac{\sqrt{1\times\frac{1}{3}}}{\sqrt{1\times\frac{1}{3}}+\sqrt{3\times1}}=0.25$$

$$x_{32}=\frac{\sqrt{b_{21}\times b_{22}}}{\sqrt{b_{11}\times b_{12}}+\sqrt{b_{21}\times b_{22}}}=\frac{\sqrt{3\times1}}{\sqrt{1\times\frac{1}{3}}+\sqrt{3\times1}}=0.75$$

即权重 $\boldsymbol{X}_3=[0.25,0.75]$。

计算机床精度 $\boldsymbol{R}_4$ 对应的权向量 $\boldsymbol{X}_4$：

$$x_{41}=\frac{\sqrt[3]{\prod_{j=1}^{3}b_{1j}}}{\sum_{i=3}^{3}\left(\sqrt[3]{\prod_{j=1}^{3}b_{ij}}\right)}=\frac{\sqrt[3]{1\times1\times1}}{\sqrt[3]{1\times1\times1}+\sqrt[3]{1\times1\times1}+\sqrt[3]{1\times1\times1}}=0.3333$$

$$x_{42}=\frac{\sqrt[3]{\prod_{j=1}^{3}b_{2j}}}{\sum_{i=3}^{3}\left(\sqrt[3]{\prod_{j=1}^{3}b_{ij}}\right)}$$

$$=\frac{\sqrt[3]{1\times1\times1}}{\sqrt[3]{1\times1\times1}+\sqrt[3]{1\times1\times1}+\sqrt[3]{1\times1\times1}}=0.3333$$

$$x_{43}=\frac{\sqrt[3]{\prod_{j=1}^{3}b_{3j}}}{\sum_{i=3}^{3}\left(\sqrt[3]{\prod_{j=1}^{3}b_{ij}}\right)}$$

$$=\frac{\sqrt[3]{1\times1\times1}}{\sqrt[3]{1\times1\times1}+\sqrt[3]{1\times1\times1}+\sqrt[3]{1\times1\times1}}=0.3333$$

即权重 $\boldsymbol{X}_4=[0.3333,0.3333,0.3333]$。

至此，加工属性的权向量 $\boldsymbol{X}_m(m=1,2,3,4)$ 的计算结果为

$$\boldsymbol{X}_1=[0.8,0.2]$$
$$\boldsymbol{X}_2=[0.0671,0.2429,0.0809,0.0752,0.2350,0.0809,0.2180]$$
$$\boldsymbol{X}_3=[0.25,0.75]$$
$$\boldsymbol{X}_4=[0.3333,0.3333,0.3333]$$

同样地，参照表 2-11 的标度规则，逐个确定准则层对于目标层的判断矩阵 $\boldsymbol{R}_p$ 中 a_{ij} 的值：

$$\boldsymbol{R}_p=\begin{bmatrix}a_{11}&a_{12}&a_{13}&a_{14}\\a_{21}&a_{22}&a_{23}&a_{24}\\a_{31}&a_{32}&a_{33}&a_{34}\\a_{41}&a_{42}&a_{43}&a_{44}\end{bmatrix}=\begin{bmatrix}1&1/3&1&4\\3&1&3&6\\1&1/3&1&2\\1/4&1/6&1/2&1\end{bmatrix}$$

再将上述矩阵中两两加工属性的相对重要度值代入式(2-24)，计算 $\boldsymbol{R}_p$ 的权向量：

$$y_1=\frac{\sqrt[4]{\prod_{j=1}^{4}a_{1j}}}{\sum_{i=1}^{4}\left(\sqrt[4]{\prod_{j=1}^{4}a_{ij}}\right)}=\frac{\sqrt[4]{1\times\dfrac{1}{3}\times1\times4}}{\sum_{i=1}^{4}\left(\sqrt[4]{\prod_{j=1}^{4}a_{ij}}\right)}=0.2104$$

$$y_2=\frac{\sqrt[4]{\prod_{j=1}^{4}a_{2j}}}{\sum_{i=1}^{4}\left(\sqrt[4]{\prod_{j=1}^{4}a_{ij}}\right)}=\frac{\sqrt[4]{3\times1\times3\times6}}{\sum_{i=1}^{4}\left(\sqrt[4]{\prod_{j=1}^{4}a_{ij}}\right)}=0.5431$$

$$y_3=\frac{\sqrt[4]{\prod_{j=1}^{4}a_{3j}}}{\sum_{i=1}^{4}\left(\sqrt[4]{\prod_{j=1}^{4}a_{ij}}\right)}=\frac{\sqrt[4]{1\times\frac{1}{3}\times1\times2}}{\sum_{i=1}^{4}\left(\sqrt[4]{\prod_{j=1}^{4}a_{ij}}\right)}=0.1751$$

$$y_4=\frac{\sqrt[4]{\prod_{j=1}^{4}a_{4j}}}{\sum_{i=1}^{4}\left(\sqrt[4]{\prod_{j=1}^{4}a_{ij}}\right)}=\frac{\sqrt[4]{\frac{1}{4}\times\frac{1}{6}\times\frac{1}{2}\times1}}{\sum_{i=1}^{4}\left(\sqrt[4]{\prod_{j=1}^{4}a_{ij}}\right)}=0.0714$$

即权向量 $\boldsymbol{Y}=[0.2104,0.5431,0.1751,0.0714]$。

综合加工属性的加工变形影响因素判断矩阵 $\boldsymbol{R}_m$ 的权向量 $\boldsymbol{X}_m$、加工属性判断矩阵 $\boldsymbol{R}_p$ 的权向量 $\boldsymbol{Y}$，代入式(2-25)计算提取属性 P 对目标层 A 的影响程度向量 $\boldsymbol{W}_P$：

$$w_{p1}=y_1\times x_{11}=0.2104\times0.8000=0.1683$$

$$w_{p2}=y_1\times x_{12}=0.2104\times0.2000=0.0421$$

$$w_{p3}=y_2\times x_{21}=0.5431\times0.0671=0.0364$$

$$w_{p4}=y_2\times x_{22}=0.5431\times0.2429=0.1319$$

$$w_{p5}=y_2\times x_{23}=0.5431\times0.0809=0.0439$$

$$w_{p6}=y_2\times x_{24}=0.5431\times0.0752=0.0408$$

$$w_{p7}=y_2\times x_{25}=0.5431\times0.2350=0.1276$$

$$w_{p8}=y_2\times x_{26}=0.5431\times0.0809=0.0439$$

$$w_{p9}=y_2\times x_{27}=0.5431\times0.2180=0.1184$$

$$w_{p10}=y_3\times x_{31}=0.1751\times0.2500=0.0438$$

$$w_{p11}=y_3\times x_{32}=0.1751\times0.7500=0.1313$$

$$w_{p12}=y_4\times x_{41}=0.0714\times0.3333=0.0238$$

$$w_{p13}=y_4\times x_{42}=0.0714\times0.3333=0.0238$$

$$w_{p14}=y_4\times x_{43}=0.0714\times0.3333=0.0238$$

因此,加工变形影响因素的影响程度值 w_{pi} 的分布趋势如图 2-19 所示。

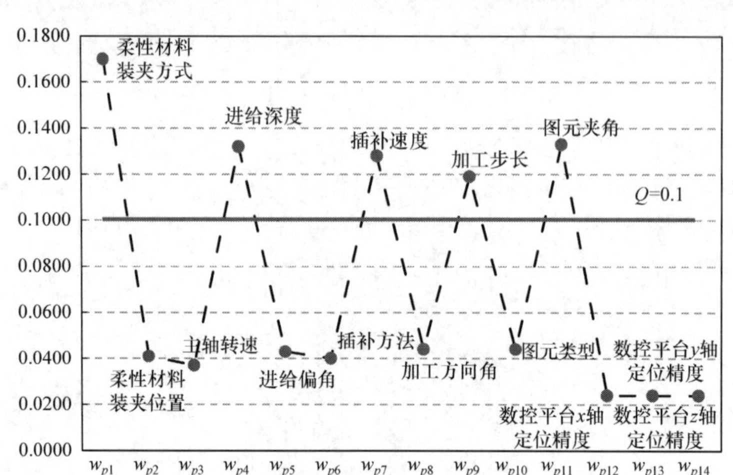

图 2-19 w_{pi} 分布趋势图

约简的目的是减少系统的输入参量,以提高计算速度和复杂度。结合 $\boldsymbol{W}_P$ 的分布特点,可以发现 w_{p1}、w_{p4}、w_{p7}、w_{p9}、w_{p11} 较其他因素明显偏大,且大于阈值 Q,求得加工变形决策精简集 $\mathrm{RC_{ahp}}$＝{柔性件装夹方式,进给深度,插补速度,加工步长,图元夹角}。

为了进行对比,分别用 Pawlak 约简方法、基于信息熵的约简方法提取求得加工变形决策知识精简集,用 Pawlak 约简方法提取加工变形决策精简集 $\mathrm{RC_P}$＝{柔性件夹紧方式,进给深度,插补速度,图元夹角,加工步长,插补方法},$\mathrm{RC_E}$＝{柔性件夹紧方式,进给深度,插补速度,进给偏角,加工步长,图元夹角}。可以看出,表 2-12 中的 14 个加工条件,由层次分析法提取得到 5 个对柔性材料轨迹加工变形影响重要度最高的因素,与 Pawlak 约简方法、基于信息熵的约简方法提取的影响因素一致,这说明层次分析法能有效提取出加工变形决策知识。

3. 加工变形影响因素提取方法的有效性验证

为了检验上述以层次分析法为基础进行加工变形影响因素知识提取的有效性,在此采用三层 BP 神经网络作为评价模型,将上面提取得到的变形影响因素作为神经网络模型的输入,夹角误差大小作为模型的输出(模型结构参数见表 2-14,同样与 Pawlak 约简方法、基于信息熵的约简方法进行比较)。

表 2-14　BP 神经网络模型的结构参数

提取方法	输入层节点数	隐含层		输出层节点数
		节点数	传递函数	
层次分析法	5	15	Sigmoid	1
Pawlak 约简方法	6	18	Sigmoid	1
基于信息熵的约简方法	6	18	Sigmoid	1

下面分别用层次分析法、Pawlak 约简方法、基于信息熵的约简方法提取后的变形影响因素作为输入量训练 BP 神经网络，训练样本为表 2-13 中的前 34 组数据，测试样本为表 2-13 中的后 14 组数据，统计层次分析法、Pawlak 约简方法、基于信息熵的约简方法的预测值相对误差 RE_{ahp}、RE_P、RE_E。图 2-20 为预测值相对误差对比图，可见 RE_{ahp}、RE_P、RE_E 分别为 10.42%、12.08%、11.51%。因此，RE_{ahp}的预测精度比 RE_P 提高了 13.74%，比 RE_E 提高了 9.47%。这在一定程度上说明，层次分析法相对于 Pawlak 约简方法、基于信息熵的约简方法能更容易地获得一个准确度高的加工变形影响因素精简集，更有效地减少了加工变形影响因素集的冗余性。

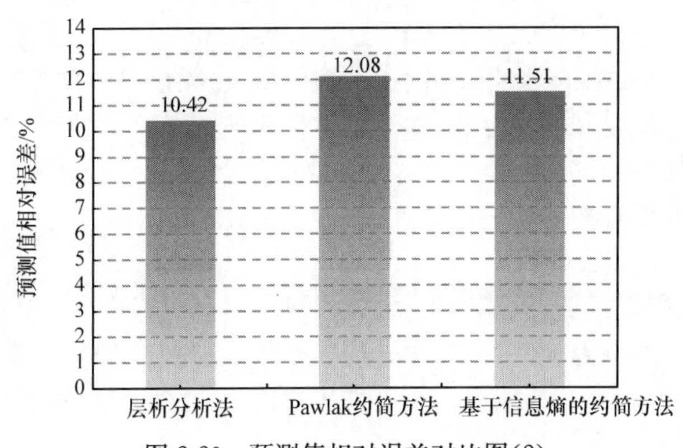

图 2-20　预测值相对误差对比图(2)

2.6 本章小结

本章介绍了柔性材料加工过程的变形力学分析，讨论柔性材料加工简化力学模型的有限元仿真及求解，得出柔性材料加工变形与作用力、作用点位置、柔性件材料结构参数等因素之间的关系；指出作用力变化又与进给深度、进给偏角、图元类型、图元夹角、加工步长、插补方法、插补速度、加工方向角、柔性件装夹方式和柔性件装夹位置等因素相关，影响柔性材料加工变形的因素相当复杂，若将众多的柔性材料加工变形影响因素作为后续预测模型的输入，将会形成极其复杂的系统结构,必须对柔性材料加工变形影响因素进行提取。

本章提出基于RS及信息熵约简方法的柔性材料加工变形决策知识提取方法。以柔性材料加工变形影响因素作为条件属性A,加工轨迹的变形程度作为决策属性D,构成加工变形决策表DDT;介绍了基于信息熵表示属性重要度的DDT约简算法,将互信息$I(P;D)$变化程度作为条件属性对决策属性重要性的评价指标,当$I(P;D)$变化越大时条件属性a对于决策属性D就越重要,具有较强的理解性、客观性、操作性,制订出DDT属性约简算法的计算流程,实现柔性材料加工变形决策知识的提取。

本章还开展了基于RS的提取加工变形决策知识的试验。在应用实例中,决策表中的13个条件属性,以基于信息熵的约简方法提取得到对柔性材料加工变形决策重要度最高的影响因素,与Pawlak约简方法、基于遗传算法的约简方法提取的影响因素一致,经基于信息熵的约简方法提取的预测值相对误差RE_E比Pawlak约简方法的RE_P、基于遗传算法的约简方法的RE_G分别小32.64%、21.45%;此外,基于信息熵的约简方法可通过灵活地设置阈值C_I,满足不同建模精度要求的需要,相对于Pawlak约简方法、基于遗传算法的约简方法,能更有效地减少决策表中的冗余属性,更容易获得一个准确度高的变形影响因素精简集。

本章将信息决策领域的层次分析法引入柔性材料加工变形决策知识的提取中,构建了柔性材料加工变形影响因素提取模型,由柔性材料加工变形影响因素重要度作为层次分析模型的目标层,加工属性构成准则层,各个加工变形影响因素作为指标层。以加工变形影响因素C_{mn}的提取属性P对目标层的影响程度向量$\boldsymbol{W}_P$表征每个加工变形影响因素的重要度值,若$\boldsymbol{W}_P$中元素的值越大,则其对应的加工变形影响因素的重要度越大。

另外,本章制订了加工变形影响因素提取层次分析算法计算流程,实现柔性材料轨迹加工变形影响因素的提取,并开展基于层次分析法的加工变形影响因素提取试验。在应用实例中,柔性材料轨迹加工中的14个变形影响因素,由层次分析法提取得到5个重要度最高的影响因素,与Pawlak约简方法、基于信息熵的约简方法提取的影响因素一致,经层次分析法提取的预测误差RE_{ahp}的精度比Pawlak约简方法、基于信息熵的约简方法分别提高了13.74%、9.47%。此外,层次分析法可通过灵活的阈值Q设置,满足不同建模精度要求的需要,相对于另外两种方法能更有效和方便地获得精简、准确度高的加工变形影响因素集。

参考文献

[1] 邓方安,刘三阳. 基于粗糙集理论的多准则决策分析[J]. 计算机科学,2002,29(7):84-86.
[2] 邓耀华,陈嘉源,刘夏丽,等. 柔性材料加工变形影响因素提取层次分析方法[J]. 机械工程学报,2016,52(11):161-169.

第3章　柔性材料加工变形补偿模糊神经网络建模

柔性材料加工变形影响因素具有复杂性及多样性等特点，第2章基于权重理论提取获得了对加工变形影响权重较高的因素，以减少后续加工变形补偿预测模型输入空间的维数。然而，柔性材料的加工过程还具有时变性、对变形补偿预测模型的实时性要求较高等问题，如何综合应用现有的建模方法，基于柔性材料加工的历史数据构建能满足实时性、准确性要求的加工变形补偿快速预测模型，将是本章主要阐述的内容。

3.1　柔性材料加工变形补偿预测建模原理

前面对加工过程多输入-多输出建模的分析指出，模糊神经网络建模方法非常适合于时变的、强耦合的动态过程建模，而模糊聚类方法对边界不规则的数据空间具有良好的划分性能，如果将模糊聚类方法、模糊神经网络有效地结合起来，对于柔性材料加工补偿预测将有可能取得较好的效果。下面从自适应模糊聚类方法(AFCM)[1]、T-S模糊神经网络(TSFNN)入手，讨论基于AFCM与TSFNN的柔性材料加工变形补偿预测建模方法[2]。

3.1.1　自适应模糊聚类方法数学基础

AFCM距离测度用马氏距离表示，通过求c个模糊聚类来划分最小化目标函数

$$\min\{J(X;\boldsymbol{U},V)\}=\sum_{i=1}^{c}\sum_{k=1}^{N}(u_{ik})^{\beta}\boldsymbol{D}_{ik\boldsymbol{M}_i}^{2} \tag{3-1}$$

得到数据点x_k的类别中心和模糊划分矩阵。式中，$X=\{x_1,x_2,\cdots,x_n\}$为n维输入数据集；$\boldsymbol{U}=[u_{ik}]$为X的模糊划分矩阵(u_{ik}为第k个样本关于第i类的隶属度，且$\sum_{i=1}^{c}u_{ik}=1,k=1,2,\cdots,N$)；$V=\{v_1,v_2,\cdots,v_c\}$为聚类中心集合，$v_i(i=1,2,\cdots,c)$为第$i$聚类中心；$\beta\in[1,\infty]$为聚类模糊程度加权指数(一般取2)；$\boldsymbol{D}_{ik\boldsymbol{M}_i}^{2}$为$n$维数据空间中点$x_k$到聚类中心$v_i$距离的平方内积范数，即

$$\boldsymbol{D}_{ik\boldsymbol{M}_i}^2 = \| x_k - v_i \|_{\boldsymbol{M}_i}^2 = (x_k - v_i)^{\mathrm{T}} \boldsymbol{M}_i (x_k - v_i) \tag{3-2}$$

式中，$\boldsymbol{M}_i = \det(\boldsymbol{F}_i)^{\frac{1}{n}} \boldsymbol{F}_i^{-1}$，$\boldsymbol{F}_i$ 为正定对称矩阵，通过协方差的估计对 $\boldsymbol{M}_i$ 进行调整，挖掘存在相关性数据集的有效信息，使样本集相互正交，从而识别数据集上不同的拓扑模式类：

$$\boldsymbol{F}_i = \frac{\sum_{k=1}^{N} (u_{ik})^{\beta} (x_k - v_i)(x_k - v_i)^{\mathrm{T}}}{\sum_{k=1}^{N} (u_{ik})^{\beta}} \tag{3-3}$$

采用 AFCM 可自适应调整输入数据(提取后的变形影响因素)空间聚类中心、半径及聚类数，实现 TSFNN 模型输入数据空间的划分，确定数据点 x_k 的初始隶属度函数，输出模糊规则适应度。

3.1.2　T-S 模糊神经网络数学基础

前面提到，T-S 模糊神经网络由如图 3-1 所示的前件网络和后件网络两部分组成。前件网络为四层模糊神经网络，是匹配 T-S 模糊规则的前提，对每条模糊规则产生一个相应的适应度。网络第一层为输入层，第二层为隶属度函数层，第三、四层计算模糊规则适应度(a_j 为第 j 条模糊规规则适应度) 及其归一化值($\bar{a}_j = a_j / \sum_{i=1}^{m} a_j$)，其输出$\{\bar{a}_1, \bar{a}_2, \cdots, \bar{a}_m\}$ 连接到后件网络。后件网络由多个并行子网络组成，每一个子网络(由四层组成，第一层第 0 个节点输入值 $x_0 = 1$，作用是提供模糊规则后件中的常数项) 用来产生模糊规则结论部分，通过神经网络产生输出$\{s_1, s_2, \cdots, s_r\}$，第 r 个子网络输出 s_r 为每条规则输出的加权平均，即 $s_r = \sum_{j=1}^{m} \bar{a}_j y_{rj}$，$s_r \in S$，$y_{rj}$ 为第 j 条模糊规则输出。

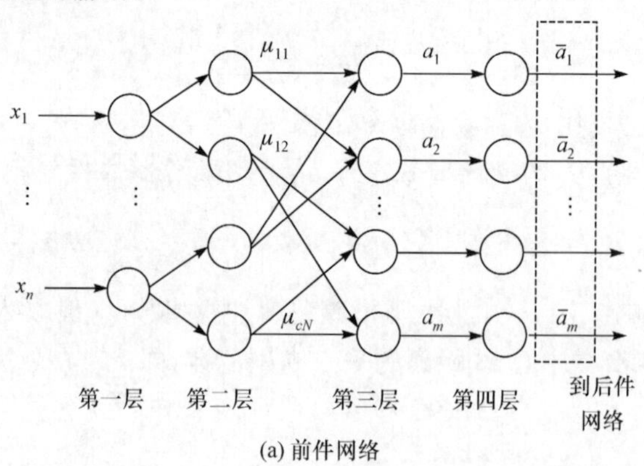

(a) 前件网络

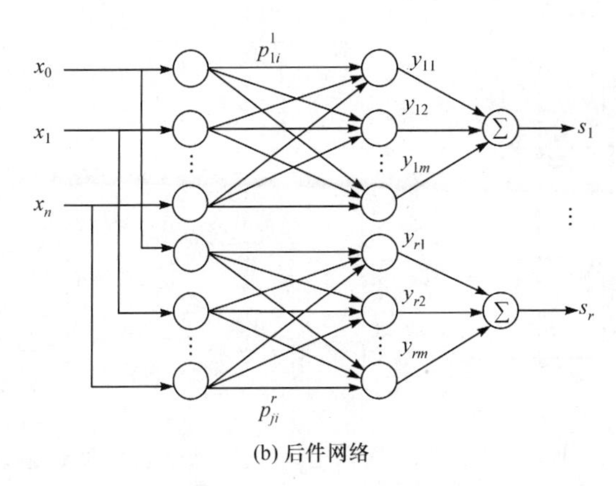

(b) 后件网络

图 3-1　T-S 模糊神经网络

T-S 系统模型中，前件网络的各层节点代表不同含义，第一层的每个节点代表一个输入，第二层的每个节点为一个隶属度函数(一般为高斯函数或铃形函数)，第三层的每个节点为每一条模糊规则的规则适应度(节点数与模糊规则数相同)，第四层为规则适应度的加权平均，其中第二层、第三层节点的参数初值可根据系统定性知识进行确定。

3.1.3　柔性材料加工变形补偿模糊预测模型

由于模糊神经网络(FNN)具有学习能力强、逼近非线性函数映射能力好的特点，T-S 推理模型(前件为语言变量，后件为输入变量的线性组合)又不需要去模糊化计算，显然 FNN 与 T-S 模型相结合(TSFNN)将有助于降低 FNN 建模与计算的复杂度；同时，标准 T-S 模糊神经网络模型对输入空间为线性划分，使输入空间难以优化，规则提取困难，系统结构必须事先加以指定，对于复杂非线性空间，要获得较好的辨识效果，规则数目会成倍增加，模型训练效率低，若引入模糊聚类方法(AFCM)进行 TSFNN 模型前件模型提取，则可自适应调整输入空间的聚类中心、半径及聚类数，完成输入空间的模糊等级划分，确定数据点隶属度函数与规则适应度，通过监督学习减少低质量样本的参与，提高模型的训练速度与逼近精度。基于此思路，本节提出如图 3-2 所示的基于 AFCM 与 TSFNN (简称 ATS-FNN)的柔性材料加工变形补偿预测建模框架，它集中了 AFCM、T-S 模糊推理模型和模糊神经网络建模方法的优点。

基于 AFCM 与 TSFNN，就是指柔性材料加工变形补偿预测建模框架中的 TSFNN 由前件网络和后件网络两部分组成，前件网络用于匹配 T-S 模糊规则的前提，后件网络用来产生模糊规则的结论部分，前、后件网络通过加权计算完成补偿输出 $S=\{s_1,s_2,\cdots,s_r\}$ 与变形影响量 $X=\{x_1,x_2,\cdots,x_n\}$ 之间的非线性建模。

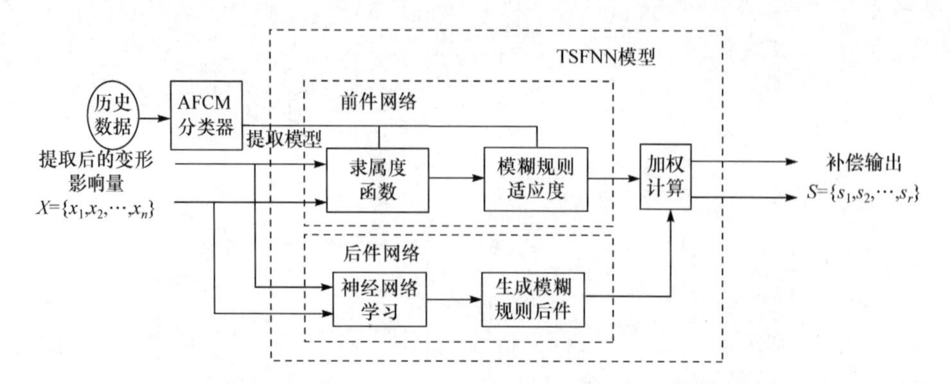

图 3-2　基于 ATS-FNN 的柔性材料加工变形补偿预测建模框架

考虑到典型 T-S 模糊神经网络的后件网络结构比较简单,若在标准后件网络中添加一层隐含层,将有助于全局逼近能力的提高。对标准 T-S 模糊神经网络进行扩展,得到的新型 TSFNN 模型结构如图 3-3 所示。

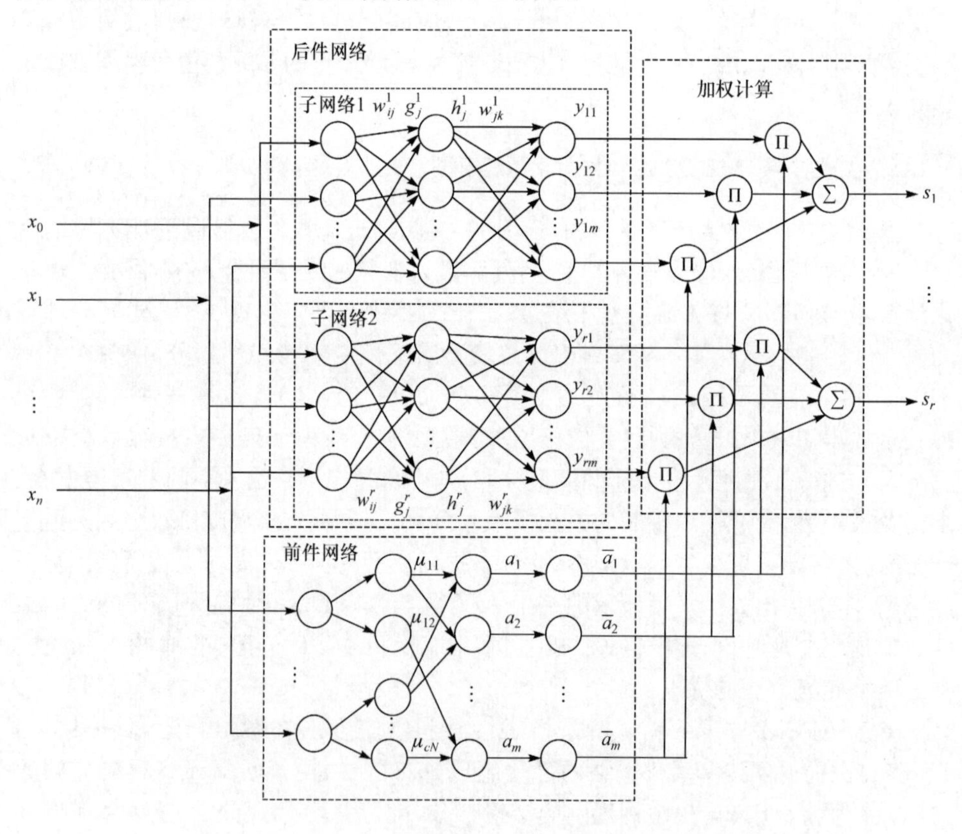

图 3-3　新型 TSFNN 模型结构图

3.2　基于 AFCM 与 TSFNN 的柔性材料加工变形补偿预测建模实现

前面介绍了基于 AFCM 与 TSFNN 的柔性材料加工变形补偿预测建模思路，下面详细分析具体的实现方法。

3.2.1　柔性材料加工变形补偿预测输入数据的 AFCM 划分

柔性材料加工变形补偿预测输入数据的 AFCM 划分主要是对输入数据(加工变形影响量等)[3]进行模糊等级划分，找出各类别的中心位置坐标、划分区域宽度，导入 TSFNN 前端用于提取输入量隶属度函数及模糊规则适应度。

基于 AFCM 的输入数据模糊划分主要是求解模糊划分矩阵、聚类中心。式(3-1) 的最小化目标函数是其模糊聚类依据，同时有 $\sum_{i=1}^{c} u_{ik} = 1(k=1,2,\cdots,N)$，那么式(3-1) 可用拉格朗日(Lagrange) 乘数法综合目标函数、约束条件，引入 Lagrange 乘子 λ 来构成新目标函数：

$$\min\{\bar{J}(X;\boldsymbol{U},V,\lambda)\} = \sum_{i=1}^{c}\sum_{k=1}^{N}(u_{ik})^{\beta}\boldsymbol{D}_{ik\boldsymbol{M}_i}^2 + \sum_{k=1}^{N}\lambda\left(\sum_{i=1}^{c}u_{ik} - 1\right) \tag{3-4}$$

$\bar{J}(X;\boldsymbol{U},V,\lambda)$取极值，必要条件为

$$\begin{cases} \dfrac{\partial \bar{J}}{\partial u_{ik}} = \beta(u_{ik})^{\beta-1}(\boldsymbol{D}_{ik\boldsymbol{M}_i})^2 + \lambda = 0 \\ \dfrac{\partial \bar{J}}{\partial v_i} = \sum_{k=1}^{N}(u_{ik})^{\beta}\dfrac{\partial}{\partial v_i}[(x_k - v_i)^{\mathrm{T}}\boldsymbol{M}_i(x_k - v_i)] = 0 \\ \dfrac{\partial \bar{J}}{\partial \lambda} = \sum_{i=1}^{c}u_{ik} - 1 = 0, \quad i=1,2,\cdots,c;k=1,2,\cdots,N \end{cases}$$

$$\Rightarrow \begin{cases} u_{ik} = \dfrac{1}{\sum_{j=1}^{c}\left(\dfrac{\boldsymbol{D}_{ik\boldsymbol{M}_i}}{\boldsymbol{D}_{jk\boldsymbol{M}_j}}\right)^{\frac{2}{\beta-1}}} \\ v_i = \dfrac{\sum_{k=1}^{N}(u_{ik})^{\beta}x_k}{\sum_{k=1}^{N}(u_{ik})^{\beta}} \end{cases}, \quad i=1,2,\cdots,c;k=1,2,\cdots,N \tag{3-5}$$

因此，在数据集 X、聚类类别数 c 和模糊加权幂指数 β 已知的情况下，式(3-5)是完成数据划分、求得最优模糊分类矩阵及聚类中心的计算公式。

基于 AFCM 的输入数据模糊划分流程如图 3-4 所示。设定聚类数目 c，模糊加权幂指数 $\beta>1$，算法终止允许误差 $\varepsilon>0$，在满足约束条件 $\sum_{i=1}^{c} u_{ik}=1(k=1,2,\cdots,N)$ 的情况下随机初始化模糊划分矩阵 $\boldsymbol{U}^{(0)}$，迭代次数 $t=1,2,\cdots$，重复以下步骤。

(1) 根据式(3-5)计算聚类中心 $v_i^{(t)}$：

$$v_i^{(t)}=\frac{\sum_{k=1}^{N}(u_{ik}^{(t-1)})^{\beta}x_k}{\sum_{k=1}^{N}(u_{ik}^{(t-1)})^{\beta}}$$

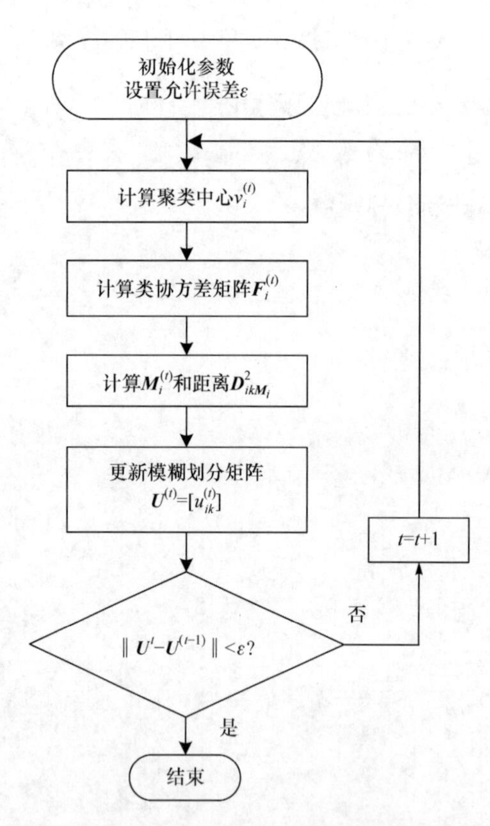

图 3-4　基于 AFCM 的输入数据模糊划分流程

(2) 根据式(3-3)计算类协方差矩阵：

$$\boldsymbol{F}_i^{(t)}=\frac{\sum_{k=1}^{N}(u_{ik}^{(t-1)})^r(x_k-v_i^{(t)})(x_k-v_i^{(t)})^{\mathrm{T}}}{\sum_{k=1}^{N}(u_{ik}^{(t-1)})^r}$$

(3) 计算距离：

$$\boldsymbol{M}_i^{(t)}=\det(\boldsymbol{F}_i^{(t)})^{\frac{1}{n}}(\boldsymbol{F}_i^{(t)})^{-1}$$

$$\boldsymbol{D}_{ik\boldsymbol{M}_i}^2=(x_k-v_i^{(t)})^{\mathrm{T}}\boldsymbol{M}_i(x_k-v_i^{(t)})$$

(4) 由式(3-5)更新模糊划分矩阵：

$$u_{ik}^{(t)}=\frac{1}{\sum_{j=1}^{c}\left(\frac{\boldsymbol{D}_{ik\boldsymbol{M}_i}}{\boldsymbol{D}_{jk\boldsymbol{M}_j}}\right)^{\frac{2}{r-1}}}$$

直到 $\|\boldsymbol{U}^{(t)}-\boldsymbol{U}^{(t-1)}\|<\varepsilon$ 则终止；反之，$t=t+1$，返回步骤(1)。

3.2.2　柔性材料加工变形补偿预测的 TSFNN 构建

TSFNN 模型的结构如图 3-5 所示。柔性材料加工变形补偿的 TSFNN 构建包括构造前件网络的隶属度函数、规则适应度，计算后件网络中的权值参数。

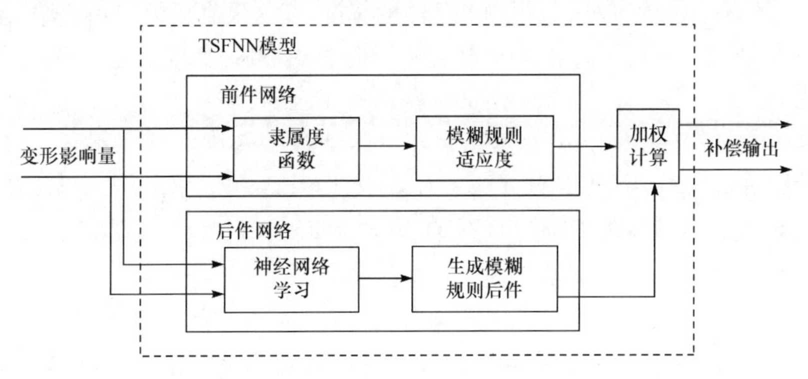

图 3-5　TSFNN 模型结构框图

1. 构造前件网络的隶属度函数和模糊规则适应度

设经 AFCM 划分后输入数据的模糊划分矩阵为 $\boldsymbol{U}=[u_{ik}]$，c 组模糊类别为 $G_i(1\leqslant i\leqslant c)$，则 G_i 的类别中心 v_{iq}、对应方差 σ_{iq}^2 为

$$
\begin{aligned}
v_{iq} &= \frac{\sum_{k=1}^{N} (u_{ik})^{\beta} q_k}{\sum_{k=1}^{N} (u_{ik})^{\beta}}, \quad i = 1,2,\cdots,c \\
\sigma_{iq}^2 &= \frac{\sum_{k=1}^{N} (u_{ik})^{\beta} (q_k - v_{iq})^2}{\sum_{k=1}^{N} (u_{ik})^{\beta}}
\end{aligned}
\tag{3-6}
$$

若输入数据空间划分要求较高的模糊聚类，每一类 G_i 中类别数据 q_k 与其对应聚类中心 $\boldsymbol{V}_i=[v_{i1},v_{i2},\cdots,v_{in+1}]^{\mathrm{T}}$ 的类别分量 $v_{in+1}(i=1,2,\cdots,c)$ 非常接近（方差 $\sigma_{iq}^2\approx 0$），可取与类别中心 v_{iq} 距离最小的类别数值 q_k 作为模糊类 G_i 的决策函数 $d_F(G_i)$，即

$$
d_F(G_i)=\{q_k \mid \min(|q_k-v_{iq}|)\}, \quad k=1,2,\cdots,l;i=1,2,\cdots,c \tag{3-7}
$$

相应 x_k 对 G_i 的隶属度函数 $\mathrm{Gu}_{ji}(x_{kj})$ 表示为

$$
\mathrm{Gu}_{ji}(x_{kj})=\exp\left(-\frac{|x_{kj}-v_{iq}|}{|v_{iq}-v_{iq}'|}\gamma\right), \quad i=1,2,\cdots,c;j=1,2,\cdots,n \tag{3-8}
$$

式中，$|v_{iq}-v_{iq}'|$ 为相应输入数据划分区域的宽度；v_{iq}' 为最靠近第 i 个聚类中心的聚类中心值；γ 为反映输入样本远离聚类中心时隶属度降低速度的系数，通常取为 $[2,4]$。

隶属度函数 $\mathrm{Gu}_{ji}(x_{kj})$ 的物理意义在于衡量输入样本 x_k 与模糊类 G_i 原型之间的相似关系，x_k 远离原型，表示 $\mathrm{Gu}_{ji}(x_{kj})$ 接近 0；x_k 靠近原型，表示 $\mathrm{Gu}_{ji}(x_{kj})$ 接近 1。这与协方差 $\boldsymbol{F}_i$（见式(3-3)）不同，协方差 $\boldsymbol{F}_i$ 的特征结构主要表达相应模糊类 G_i 的原型形状及方向信息。

对于每一个模糊类别 G_i 及其决策类别，R_i 表示其中某一决策规则（即 R_i：如果 $x_k\in G_i$，则 $d(x_k)=d_F(G_i)$，$i=1,2,\cdots,c$），若将多维模糊集合 G_i 投影到整个输入数据空间上，则决策规则 R_i' 表示为

$$
\begin{aligned}
R_i'\text{:}\quad & \text{如果 } x_1\in G_{i1},x_2\in G_{i2},\cdots,x_n\in G_{in} \\
& \text{那么 } d(x_k)= d_F(G_i), \quad i=1,2,\cdots,c
\end{aligned}
\tag{3-9}
$$

相应 x_k 对规则 R_i' 的适应度 Ga_i 为各分量隶属度 $\mathrm{Gu}_{ji}(x_{kj})(j=1,2,\cdots,n)$ 的乘积，即

$$\mathrm{Ga}_i = \prod_{j=1}^{n} \mathrm{Gu}_{ji}(x_{kj}), \quad i = 1,2,\cdots,c \tag{3-10}$$

式(3-8)、式(3-10)就是构造 TSFNN 的隶属度函数、规则适应度的计算公式。

σ_{iq}^2用来反映模糊划分质量，σ_{iq}^2越大，划分质量就较差，故可引入 E_σ 作为质量指标参数。计算模糊聚类数目为 c 时所有模糊划分类别的方差，若 $\sigma_{iq}^2 > E_\sigma$，$c=c+1$，重新进行模糊划分，只有当所有模糊划分类别的方差 $\sigma_{iq}^2 \leqslant E_\sigma$ 时，相应的模糊聚类才可用于 TSFNN 前件网络提取。

图 3-6 显示了构造 TSFNN 隶属度函数、模糊规则适应度的流程。

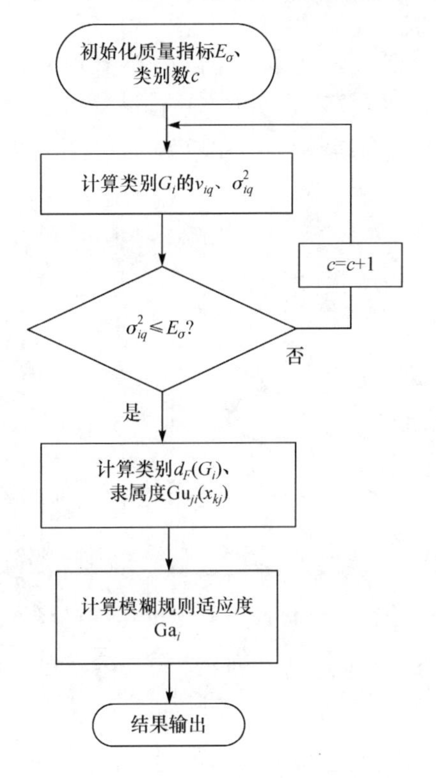

图 3-6　构造 TSFNN 隶属度函数、模糊规则适应度的流程

构造 TSFNN 隶属度函数、模糊规则适应度的主要过程如下。

(1) 在数据空间中调用 AFCM 算法，获得模糊类别 $G_i(i=1,2,\cdots,c)$。

(2) 由式(3-6)计算所有模糊划分类别的类别中心 v_{iq} 及对应方差σ_{iq}^2。

(3) 由质量指标参数 E_σ 选择优良划分的模糊类别。

(4) 由式(3-7)计算经过筛选的模糊类别决策函数 $d_F(G_i)$。

(5) 计算数据样本 x_k 相对于模糊类 G_i 的隶属度 $\mathrm{Gu}_{ji}(x_{kj})$。

(6) 根据式(3-9)生成模糊规则集，并由式(3-10)计算 x_k 的规则适应度 Ga_i。

可以看出，加上 AFCM 环节后，隶属度函数及模糊规则适应度可通过对加工历史数据进行模糊聚类来自动构造。引入模糊划分质量指标 E_σ，先令 c 为一较小的值，开始进行模糊划分，$\sigma_{iq}^2>E_\sigma$ 说明模糊划分质量较低；令 $c=c+1$，重新进行模糊划分，直到满足 $\sigma_{iq}^2\leqslant E_\sigma$，对应的模糊划分才可被接受用于构造隶属度函数。因此，TSFNN 前件网络隶属度函数的构造是在具有监督的模糊聚类下完成的，所构造的隶属度、模糊规则适应度计算公式更逼近于实际情况。

2. 计算 TSFNN 后件网络参数 $\boldsymbol{w}_{jk}^r$、$\boldsymbol{w}_{ij}^r$

在构造 TSFNN 前件网络隶属度函数、模糊规则适应度以后，还需计算 TSFNN 后件网络的 $\boldsymbol{w}_{jk}^r$、$\boldsymbol{w}_{ij}^r$ 参数。由于不是标准 T-S 模糊神经网络，需推导后件网络参数 $\boldsymbol{w}_{jk}^r$、$\boldsymbol{w}_{ij}^r$ 的计算公式。图 3-7 为图 3-3 所示 TSFNN 多层前馈神经网络的后件网络简化结构。

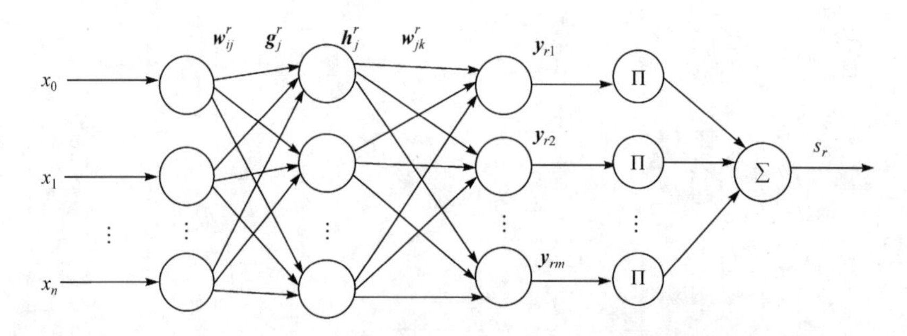

图 3-7　TSFNN 多层前馈神经网络的后件网络简化结构

$\boldsymbol{w}_{jk}^r$、$\boldsymbol{w}_{ij}^r$ 的计算公式是将基于最速下降法的后件神经网络学习算法，通过误差反传迭代运算得到的。图 3-7 中，后件网络的第一层直接将输入量传送到第二层，若节点激活函数为 $f_j(x)$，第一层第 i 个节点与第二层第 j 个节点之间的权值为 $\boldsymbol{w}_{ij}^r$，则第二层隐含层的输入为 $\boldsymbol{g}_j^r=\sum\limits_{i=0}^{n}\boldsymbol{w}_{ij}x_i$，输出为 $\boldsymbol{h}_j^r=f_j\left(\sum\limits_{i=0}^{n}\boldsymbol{w}_{ij}x_i\right)$；第二层第 j 个节点与第三层第 k 个节点之间的权值为 $\boldsymbol{w}_{jk}^r$，则第三层的输出为 $\boldsymbol{y}_{rj}=\boldsymbol{w}_{j1}^r\boldsymbol{h}_1^r+\boldsymbol{w}_{j2}^r\boldsymbol{h}_2^r+\cdots+\boldsymbol{w}_{jm}^r\boldsymbol{h}_j^r=\sum\limits_{k=1}^{m}\boldsymbol{w}_{jk}^r\boldsymbol{h}_j^r(r=1,2,\cdots,p;j=1,2,\cdots,m)$；第四层的输出是 $\boldsymbol{s}_r=\sum\limits_{j=1}^{m}\bar{\alpha}_j\boldsymbol{y}_{rj}(r=1,2,\cdots,p)$，为各规则后件的加权。设 $\boldsymbol{S}_r=[s_1,s_2,\cdots,s_r]^{\mathrm{T}}$、$\boldsymbol{S}_r'=[s_1',s_2',\cdots,s_r']^{\mathrm{T}}$ 分别为后件神经网络的实际输出、期望输出，那么作为误差代价函

数的网络输出的最小均方差 $\boldsymbol{E}_{\text{mse}}=\dfrac{1}{2}\sum_{r=1}^{p}(\boldsymbol{s}_r'-\boldsymbol{s}_r)^2$。

令 $\Delta\boldsymbol{E}_{\text{mse}}=\dfrac{\partial\boldsymbol{E}_{\text{mse}}}{\partial\boldsymbol{W}}$，$\boldsymbol{W}$ 代表节点间的连接权值，$u\in(0,1)$ 为算法学习速率，那么后件神经网络各层神经元全系数迭代方程为 $\boldsymbol{W}(t+1)=\boldsymbol{W}(t)-u\Delta\boldsymbol{E}_{\text{mse}}$。

由 $\boldsymbol{y}_{rj}=\sum_{k=1}^{m}\boldsymbol{w}_{jk}^r\boldsymbol{h}_j^r$，则 $\boldsymbol{w}_{jk}^r(t+1)=\boldsymbol{w}_{jk}^r(t)-u\dfrac{\partial\boldsymbol{E}_{\text{mse}}}{\partial\boldsymbol{w}_{jk}^r}=\boldsymbol{w}_{jk}^r(t)-u\left(\dfrac{\partial\boldsymbol{E}_{\text{mse}}}{\partial\boldsymbol{s}_r}\cdot\dfrac{\partial\boldsymbol{s}_r}{\partial\boldsymbol{y}_{rj}}\cdot\dfrac{\partial\boldsymbol{y}_{rj}}{\partial\boldsymbol{w}_{jk}^r}\right)$，可得

$$\boldsymbol{w}_{jk}^r(t+1)=\boldsymbol{w}_{jk}^r(t)+u(\boldsymbol{s}_r'-\boldsymbol{s}_r)\bar{a}_j\boldsymbol{h}_j^r \tag{3-11}$$

令第二层节点传递函数为 Sigmoid 函数，则

$$\begin{cases}\boldsymbol{w}_{ij}^r(t+1)=\boldsymbol{w}_{ij}^r(t)-u\dfrac{\partial\boldsymbol{E}_{\text{mse}}}{\partial\boldsymbol{w}_{ij}^r}=\boldsymbol{w}_{ij}^r(t)-u\left[-(\boldsymbol{s}_r'-\boldsymbol{s}_r)\cdot\bar{a}_j\cdot\dfrac{\partial\boldsymbol{y}_{rj}}{\partial\boldsymbol{w}_{ij}^r}\right]\\ \dfrac{\partial\boldsymbol{y}_{rj}}{\partial\boldsymbol{w}_{ij}^r}=\dfrac{\partial\boldsymbol{y}_{rj}}{\partial\boldsymbol{y}_{rj}}\cdot\dfrac{\partial\boldsymbol{y}_{rj}}{\partial\boldsymbol{h}_j^r}\cdot\dfrac{\partial\boldsymbol{h}_j^r}{\partial\boldsymbol{g}_j^r}\cdot\dfrac{\partial\boldsymbol{g}_j^r}{\partial\boldsymbol{w}_{ij}^r}\\ \dfrac{\partial\boldsymbol{y}_{rj}}{\partial\boldsymbol{h}_j^r}=\boldsymbol{w}_{jk}^r;\quad\dfrac{\partial\boldsymbol{h}_j^r}{\partial\boldsymbol{g}_j^r}=-\mathrm{e}^{-\sum_i\boldsymbol{w}_{ij}^r x_i}\left(\dfrac{1}{1+\mathrm{e}^{-\sum_i\boldsymbol{w}_{ij}^r x_i}}\right)^2;\quad\dfrac{\partial\boldsymbol{g}_j^r}{\partial\boldsymbol{w}_{ij}^r}=x_i\end{cases}$$

可得

$$\boldsymbol{w}_{ij}^r(t+1)=\boldsymbol{w}_{ij}^r(t)-u(\boldsymbol{s}_r'-\boldsymbol{s}_r)\bar{a}_j\boldsymbol{w}_{jk}^r\mathrm{e}^{-\sum_i\boldsymbol{w}_{ij}^r x_i}\left(\dfrac{1}{1+\mathrm{e}^{-\sum_i\boldsymbol{w}_{ij}^r x_i}}\right)^2 x_i \tag{3-12}$$

综合式(3-11)、式(3-12)，可以计算得到网络参数 $\boldsymbol{w}_{jk}^r$、$\boldsymbol{w}_{ij}^r$。

学习效率参数 u 对训练算法的收敛速度有较大影响。u 较大，算法收敛快，但收敛曲线容易产生振荡并陷入局部极小点。因此，样本训练过程中可采用 u 值随网络误差收敛情况逐步减小的变学习速率方案。

3.3　柔性材料加工变形补偿预测模型性能分析

前面讨论了基于 ATS-FNN 的柔性材料加工变形补偿预测建模方法，本节以柔性材料轨迹加工实测数据为例，对加工变形补偿预测 ATS-FNN 模型进行性能分析。分析计算的计算机采用 Intel 酷睿双核处理器，运行频率为 2.2GHz，内存为 2GB，操作系统为 Microsoft Windows XP Professional，软件平台为 MATLAB R2008a。

3.3.1　加工变形补偿预测模型构建

将图元夹角 x_1(°)、进给深度 x_2(mm)、插补速度 x_3(m/s)、柔性件装夹方式 x_4(用“1”表示集中夹紧，“2”表示分布夹紧)4 个加工轨迹变形影响量，作为 TSFNN 输入量，在 x、y 方向上的进给补偿量 s_1、s_2 作为 TSFNN 输出量，构建柔性材料加工变形补偿预测 ATS-FNN 模型，其主要内容包括：①构造前件网络隶属度函数 $\mathrm{Gu}_{ji}(x_{kj})$、模糊规则适应度 Ga_i；②计算后件网络参数 $\boldsymbol{w}_{jk}^1$、$\boldsymbol{w}_{jk}^2$、$\boldsymbol{w}_{ij}^1$、$\boldsymbol{w}_{ij}^2$。

选择 5 种厚度不同，长、宽为 150mm、100mm，材料为聚氨酯海绵(弹性模量 $E=0.2561\mathrm{MPa}$，泊松比 $\mu=0.25$)的柔性件，进行轨迹加工试验，加工图片如图 3-8 所示。轨迹夹角加工误差控制在±1.5%内，获得 240 组样本(类型说明见表 3-1)，作为柔性材料加工变形补偿预测模型 ATS-FNN 的试验数据。

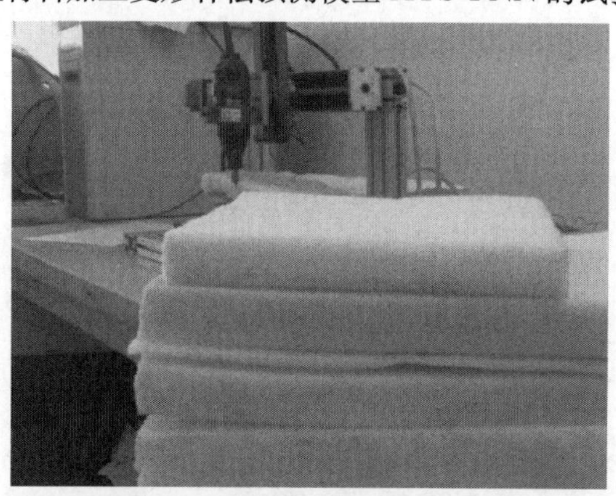

(a) 柔性加工件

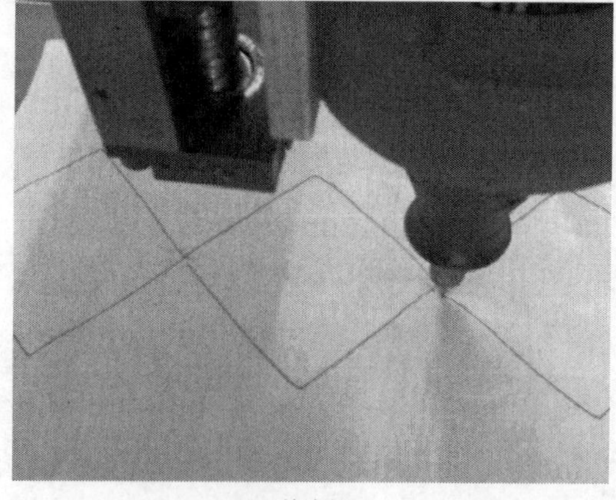

(b) 轨迹加工

图 3-8　柔性材料轨迹加工试验

表 3-1　采集样本类型说明表

工件厚度/mm	采集样本数/组			
	平行四边形（165°-15°-165°-15°）	平行四边形（150°-30°-150°-30°）	平行四边形（135°-45°-135°-45°）	平行四边形（120°-60°-120°-60°）
6	12	12	12	12
10	12	12	12	12
15	12	12	12	12
20	12	12	12	12
30	12	12	12	12
小计/组	60	60	60	60

取模糊划分参数 $\beta=2$、$\varepsilon=0.000001$、最大迭代数 $t_{\max}=400$，令 $c=2$、$E_\sigma=1.25$，开始采用 AFCM 对数据进行模糊划分，到 $c=10$ 时，所有模糊划分类别方差 $\sigma_{iq}^2 \leqslant E_\sigma$，模糊划分结束。表 3-2 为经 AFCM 数据划分后得到的 10 个类别中心 $\boldsymbol{V}_i$ $(i=1,2,\cdots,10)$ 及相应数据划分区域的宽度 R_{iq} $(R_{iq}=|v_{iq}-v_{iq}'|$，v_{iq}、v_{iq}' 为 $\boldsymbol{V}_i$ 类别分量，其中 v_{iq}' 是最靠近第 i 个聚类中心的聚类中心值)。

表 3-2　AFCM 数据划分得到的各类别中心位置坐标、划分区域宽度

G_i	中心位置坐标				划分区域宽度			
	v_{ix_1}	v_{ix_2}	v_{ix_3}	v_{ix_4}	R_{ix_1}	R_{ix_2}	R_{ix_3}	R_{ix_4}
G_1	165.0000	2.0598	0.0718	1.4005	15.0000	0.0002	0.1001	0.0107
G_2	37.4990	1.6500	0.1030	2.0000	0.0010	0.0000	0.0000	0.0078
G_3	37.5005	2.3750	0.0696	1.0000	0.0005	1.0000	0.7250	0.0256
G_4	45.0000	2.3500	0.0802	2.0000	7.5000	0.0000	0.7000	0.0151
G_5	150.0000	1.9597	0.0825	1.4007	15.0000	0.0002	0.1001	0.0107
G_6	120.0000	2.8593	0.0648	1.4013	15.0000	0.0002	0.3998	0.0149
G_7	37.5000	1.6500	0.0953	2.0000	0.0010	0.0000	0.0000	0.0078
G_8	15.0000	2.0000	0.0792	2.0000	22.4990	0.0000	0.3500	0.0238
G_9	135.0000	2.4595	0.0797	1.4011	15.0000	0.0002	0.3998	0.0149
G_{10}	52.5000	3.1000	0.0720	2.0000	7.5000	0.0000	0.7500	0.0082

在获取各类别中心、划分区域宽度值后，根据式(3-8)，取 $\gamma=2$，确定输入 $x_1 \sim x_4$ 的隶属度函数，如表 3-3 所示。

表 3-3 输入量 $x_1 \sim x_4$ 的隶属度函数

输入量 x_1		输入量 x_2	
节点序号	隶属度函数	节点序号	隶属度函数
1	$Gu_{11}(x_1)=\exp\left(-\frac{\lvert x_1-165.0000\rvert^2}{150.0000^2}\right)$	11	$Gu_{21}(x_2)=\exp\left(-\frac{\lvert x_2-2.0598\rvert^2}{2.0596^2}\right)$
2	$Gu_{12}(x_1)=\exp\left(-\frac{\lvert x_1-37.4990\rvert^2}{37.4980^2}\right)$	12	$Gu_{22}(x_2)=\exp\left(-\frac{\lvert x_2-1.6500\rvert^2}{1.6500^2}\right)$
3	$Gu_{13}(x_1)=\exp\left(-\frac{\lvert x_1-37.5005\rvert^2}{37.5000^2}\right)$	13	$Gu_{23}(x_2)=\exp\left(-\frac{\lvert x_2-2.3750\rvert^2}{1.3750^2}\right)$
4	$Gu_{14}(x_1)=\exp\left(-\frac{\lvert x_1-45.0000\rvert^2}{37.5000^2}\right)$	14	$Gu_{24}(x_2)=\exp\left(-\frac{\lvert x_2-2.3500\rvert^2}{2.3500^2}\right)$
5	$Gu_{15}(x_1)=\exp\left(-\frac{\lvert x_1-0.0718\rvert^2}{135.0000^2}\right)$	15	$Gu_{25}(x_2)=\exp\left(-\frac{\lvert x_2-0.0825\rvert^2}{1.9595^2}\right)$
6	$Gu_{16}(x_1)=\exp\left(-\frac{\lvert x_1-0.1030\rvert^2}{0.1030^2}\right)$	16	$Gu_{26}(x_2)=\exp\left(-\frac{\lvert x_2-2.8593\rvert^2}{2.8591^2}\right)$
7	$Gu_{17}(x_1)=\exp\left(-\frac{\lvert x_1-37.5000\rvert^2}{37.4990^2}\right)$	17	$Gu_{27}(x_2)=\exp\left(-\frac{\lvert x_2-1.6500\rvert^2}{1.6500^2}\right)$
8	$Gu_{18}(x_1)=\exp\left(-\frac{\lvert x_1-15.0000\rvert^2}{7.4990^2}\right)$	18	$Gu_{28}(x_2)=\exp\left(-\frac{\lvert x_2-2.0000\rvert^2}{2.0000^2}\right)$
9	$Gu_{19}(x_1)=\exp\left(-\frac{\lvert x_1-135.0000\rvert^2}{120.0000^2}\right)$	19	$Gu_{29}(x_2)=\exp\left(-\frac{\lvert x_2-2.4595\rvert^2}{2.4593^2}\right)$
10	$Gu_{110}(x_1)=\exp\left(-\frac{\lvert x_1-52.5000\rvert^2}{45.0000^2}\right)$	20	$Gu_{210}(x_2)=\exp\left(-\frac{\lvert x_2-3.1000\rvert^2}{3.1000^2}\right)$

续表

输入量 x_3		输入量 x_4	
节点序号	隶属度函数	节点序号	隶属度函数
21	$Gu_{31}(x_3)=\exp\left(-\frac{\lvert x_3-165.0000\rvert^2}{0.0283^2}\right)$	31	$Gu_{41}(x_4)=\exp\left(-\frac{\lvert x_4-1.4005\rvert^2}{1.3898^2}\right)$
22	$Gu_{32}(x_3)=\exp\left(-\frac{\lvert x_3-37.4990\rvert^2}{37.4980^2}\right)$	32	$Gu_{42}(x_4)=\exp\left(-\frac{\lvert x_4-2.0000\rvert^2}{1.9922^2}\right)$
23	$Gu_{33}(x_3)=\exp\left(-\frac{\lvert x_3-0.0696\rvert^2}{0.6554^2}\right)$	33	$Gu_{43}(x_4)=\exp\left(-\frac{\lvert x_4-1.0000\rvert^2}{0.9744^2}\right)$
24	$Gu_{34}(x_3)=\exp\left(-\frac{\lvert x_3-0.0802\rvert^2}{0.6198^2}\right)$	34	$Gu_{44}(x_4)=\exp\left(-\frac{\lvert x_4-2.0000\rvert^2}{1.9849^2}\right)$
25	$Gu_{35}(x_3)=\exp\left(-\frac{\lvert x_3-0.0825\rvert^2}{0.0176^2}\right)$	35	$Gu_{45}(x_4)=\exp\left(-\frac{\lvert x_4-1.4007\rvert^2}{1.3900^2}\right)$
26	$Gu_{36}(x_3)=\exp\left(-\frac{\lvert x_3-0.0648\rvert^2}{0.3350^2}\right)$	36	$Gu_{46}(x_4)=\exp\left(-\frac{\lvert x_4-1.4013\rvert^2}{1.3864^2}\right)$
27	$Gu_{37}(x_3)=\exp\left(-\frac{\lvert x_3-0.0953\rvert^2}{0.0953^2}\right)$	37	$Gu_{47}(x_4)=\exp\left(-\frac{\lvert x_4-2.0000\rvert^2}{1.9922^2}\right)$
28	$Gu_{38}(x_3)=\exp\left(-\frac{\lvert x_3-0.0792\rvert^2}{0.2708^2}\right)$	38	$Gu_{48}(x_4)=\exp\left(-\frac{\lvert x_4-2.0000\rvert^2}{1.9762^2}\right)$
29	$Gu_{39}(x_3)=\exp\left(-\frac{\lvert x_3-0.0797\rvert^2}{0.3201^2}\right)$	39	$Gu_{49}(x_4)=\exp\left(-\frac{\lvert x_4-1.4011\rvert^2}{1.3862^2}\right)$
30	$Gu_{310}(x_3)=\exp\left(-\frac{\lvert x_3-0.0720\rvert^2}{0.6780^2}\right)$	40	$Gu_{410}(x_4)=\exp\left(-\frac{\lvert x_4-2.0000\rvert^2}{1.9918^2}\right)$

结合表 3-3,并根据式(3-10),求得模糊规则适应度公式为

$$
\begin{aligned}
\mathrm{Ga}_1 &= \mathrm{Gu}_{11}(x_1)\times \mathrm{Gu}_{21}(x_2)\times \mathrm{Gu}_{31}(x_3)\times \mathrm{Gu}_{41}(x_4)\\
&= \exp\left(-\frac{|x_1-165.0000|^2}{150.0000^2}\right)\times \exp\left(-\frac{|x_2-2.0598|^2}{2.0596^2}\right)\\
&\quad \times \exp\left(-\frac{|x_3-165.0000|^2}{0.0283^2}\right)\times \exp\left(-\frac{|x_4-1.4005|^2}{1.3898^2}\right)
\end{aligned}
$$

$$
\begin{aligned}
\mathrm{Ga}_2 &= \mathrm{Gu}_{12}(x_1)\times \mathrm{Gu}_{22}(x_2)\times \mathrm{Gu}_{32}(x_3)\times \mathrm{Gu}_{42}(x_4)\\
&= \exp\left(-\frac{|x_1-37.4990|^2}{37.4980^2}\right)\times \exp\left(-\frac{|x_2-1.6500|^2}{1.6500^2}\right)\\
&\quad \times \exp\left(-\frac{|x_3-37.4990|^2}{37.4980^2}\right)\times \exp\left(-\frac{|x_4-2.0000|^2}{1.9922^2}\right)
\end{aligned}
$$

$$
\begin{aligned}
\mathrm{Ga}_3 &= \mathrm{Gu}_{13}(x_1)\times \mathrm{Gu}_{23}(x_2)\times \mathrm{Gu}_{33}(x_3)\times \mathrm{Gu}_{43}(x_4)\\
&= \exp\left(-\frac{|x_1-37.5005|^2}{37.5000^2}\right)\times \exp\left(-\frac{|x_2-2.3750|^2}{1.3750^2}\right)\\
&\quad \times \exp\left(-\frac{|x_3-0.0696|^2}{0.6554^2}\right)\times \exp\left(-\frac{|x_4-1.0000|^2}{0.9744^2}\right)
\end{aligned}
$$

$$
\begin{aligned}
\mathrm{Ga}_4 &= \mathrm{Gu}_{14}(x_1)\times \mathrm{Gu}_{24}(x_2)\times \mathrm{Gu}_{34}(x_3)\times \mathrm{Gu}_{44}(x_4)\\
&= \exp\left(-\frac{|x_1-45.0000|^2}{37.5000^2}\right)\times \exp\left(-\frac{|x_2-2.3500|^2}{2.3500^2}\right)\\
&\quad \times \exp\left(-\frac{|x_3-0.0802|^2}{0.6198^2}\right)\times \exp\left(-\frac{|x_4-2.0000|^2}{1.9849^2}\right)
\end{aligned}
$$

$$
\begin{aligned}
\mathrm{Ga}_5 &= \mathrm{Gu}_{15}(x_1)\times \mathrm{Gu}_{25}(x_2)\times \mathrm{Gu}_{35}(x_3)\times \mathrm{Gu}_{45}(x_4)\\
&= \exp\left(-\frac{|x_1-0.0718|^2}{135.0000^2}\right)\times \exp\left(-\frac{|x_2-0.0825|^2}{1.9595^2}\right)\\
&\quad \times \exp\left(-\frac{|x_3-0.0825|^2}{0.0176^2}\right)\times \exp\left(-\frac{|x_4-1.4007|^2}{1.3900^2}\right)
\end{aligned}
$$

$$
\begin{aligned}
\mathrm{Ga}_6 &= \mathrm{Gu}_{16}(x_1)\times \mathrm{Gu}_{26}(x_2)\times \mathrm{Gu}_{36}(x_3)\times \mathrm{Gu}_{46}(x_4)\\
&= \exp\left(-\frac{|x_1-0.1030|^2}{0.1030^2}\right)\times \exp\left(-\frac{|x_2-2.8593|^2}{2.8591^2}\right)
\end{aligned}
$$

$$\times \exp\left(-\frac{|x_3-0.0648|^2}{0.3350^2}\right)\times \exp\left(-\frac{|x_4-1.4013|^2}{1.3864^2}\right)$$

$$\mathrm{Ga}_7=\mathrm{Gu}_{17}(x_1)\times \mathrm{Gu}_{27}(x_2)\times \mathrm{Gu}_{37}(x_3)\times \mathrm{Gu}_{47}(x_4)$$

$$=\exp\left(-\frac{|x_1-37.5000|^2}{37.4990^2}\right)\times \exp\left(-\frac{|x_2-1.6500|^2}{1.6500^2}\right)$$

$$\times \exp\left(-\frac{|x_3-0.0953|^2}{0.0953^2}\right)\times \exp\left(-\frac{|x_4-2.0000|^2}{1.9922^2}\right)$$

$$\mathrm{Ga}_8=\mathrm{Gu}_{18}(x_1)\times \mathrm{Gu}_{28}(x_2)\times \mathrm{Gu}_{38}(x_3)\times \mathrm{Gu}_{48}(x_4)$$

$$=\exp\left(-\frac{|x_1-15.0000|^2}{7.4990^2}\right)\times \exp\left(-\frac{|x_2-2.0000|^2}{2.0000^2}\right)$$

$$\times \exp\left(-\frac{|x_3-0.0792|^2}{0.2708^2}\right)\times \exp\left(-\frac{|x_4-2.0000|^2}{1.9762^2}\right)$$

$$\mathrm{Ga}_9=\mathrm{Gu}_{19}(x_1)\times \mathrm{Gu}_{29}(x_2)\times \mathrm{Gu}_{39}(x_3)\times \mathrm{Gu}_{49}(x_4)$$

$$=\exp\left(-\frac{|x_1-135.0000|^2}{120.0000^2}\right)\times \exp\left(-\frac{|x_2-2.4595|^2}{2.4593^2}\right)$$

$$\times \exp\left(-\frac{|x_3-0.0797|^2}{0.3201^2}\right)\times \exp\left(-\frac{|x_4-1.4011|^2}{1.3862^2}\right)$$

$$\mathrm{Ga}_{10}=\mathrm{Gu}_{110}(x_1)\times \mathrm{Gu}_{210}(x_2)\times \mathrm{Gu}_{310}(x_3)\times \mathrm{Gu}_{410}(x_4)$$

$$=\exp\left(-\frac{|x_1-52.5000|^2}{45.0000^2}\right)\times \exp\left(-\frac{|x_2-3.1000|^2}{3.1000^2}\right)$$

$$\times \exp\left(-\frac{|x_3-0.0720|^2}{0.6780^2}\right)\times \exp\left(-\frac{|x_4-2.0000|^2}{1.9918^2}\right)$$

进一步可确定前件网络第一层到第四层的节点数分别为 4、40、10、10。由 Hecht-Nielsen 方法可知，TSFNN 后件网络两个子网络的第二层节点数 $L(2)=2\times L(1)+1=11$，第三层节点数即 $L(3)=10$（与前件网络第三层节点数相同）。表 3-4 显示了 TSFNN 前件网络、后件网络各层神经元节点数的汇总。

表 3-4　多输入-多输出前后件网络各层神经元数

网络层级	第一层	第二层	第三层	第四层
前件网络	4	40	10	10
后件网络	5	11	10	2

从 240 组样本中选择 208 组样本用于 TSFNN 后件网络训练，另外 32 组样本用于准确度检验。学习效率的初始值 $u=0.55$，按 $\Delta u=0.05$ 逐步减小，最小期望误差 $e_{\min}=0.005$，训练步数 $\mathrm{Step}_{\mathrm{train}}=500$，求得后件网络参数 $\boldsymbol{w}_{jk}^{1}$、$\boldsymbol{w}_{jk}^{2}$、$\boldsymbol{w}_{ij}^{1}$、$\boldsymbol{w}_{ij}^{2}$ 为

$$\boldsymbol{w}_{jk}^{1}=\begin{bmatrix} -0.3125 & -0.0957 & 0.4550 & 0.3356 & -0.0431 & 0.0670 & 0.5794 & 0.1857 & -0.1321 & -0.3929 & -0.0890 \\ -0.2343 & 0.0454 & 0.4255 & 0.1735 & 0.0632 & 0.0843 & 0.9028 & -0.1824 & -0.0280 & 0.3339 & 0.1524 \\ -0.1345 & 0.2601 & -0.0875 & 0.2570 & 0.3668 & 0.3369 & 0.0801 & -0.0960 & 0.4174 & -0.0115 & 0.0264 \\ 0.1124 & -0.1470 & -0.0916 & 0.1173 & 0.1710 & 0.6903 & 0.6443 & -0.2842 & 0.3212 & 0.4474 & 0.0941 \\ 0.0050 & 0.1091 & 0.1706 & 0.2992 & 0.4841 & -0.0772 & 0.1673 & -0.1453 & 0.5058 & 0.1255 & 0.0086 \\ 0.3537 & 0.2246 & -0.0429 & 0.3557 & 0.0659 & 0.3468 & -0.1490 & -0.3481 & 0.3942 & 0.0049 & 0.1025 \\ 0.2615 & 0.5885 & -0.2285 & 0.1314 & 0.4788 & 0.1484 & -0.0717 & 0.2612 & 0.3121 & 0.2897 & -0.4012 \\ 0.2962 & 0.0988 & 0.3704 & -0.4044 & -0.0055 & 0.4330 & 0.0230 & -0.0734 & 0.4326 & -0.2434 & 0.0104 \\ 0.4472 & -0.0298 & -0.1793 & -0.1139 & 0.3745 & 0.3354 & 0.3254 & -0.3216 & 0.4556 & -0.0309 & 0.0992 \\ 0.4282 & 0.2644 & 0.0357 & -0.0389 & 0.3223 & -0.2643 & 0.4210 & -0.1507 & 0.5858 & 0.1955 & -0.0351 \end{bmatrix}$$

$$
\boldsymbol{w}_{jk}^{2}=\begin{bmatrix}
0.5880 & -0.0607 & 0.4705 & 0.0316 & -0.0830 & -0.2270 & 0.0706 & 0.2211 & -0.0598 & 0.0555 & -0.0172 \\
0.1999 & 0.4739 & 0.3284 & 0.7020 & 0.2976 & -0.3126 & 0.2034 & -0.1831 & 0.1774 & 0.3160 & 0.2362 \\
-0.0213 & 0.2272 & 0.9161 & 0.2998 & -0.1693 & -0.0561 & 0.3150 & 0.1204 & 0.0556 & -0.0355 & 0.1373 \\
0.6468 & 0.4255 & 0.1061 & 0.7286 & 0.4303 & 0.1641 & 0.0806 & -0.5026 & -0.0995 & 0.0922 & 0.1110 \\
0.4173 & 0.1700 & 0.4005 & 0.4853 & -0.1374 & 0.1585 & 0.5314 & 0.1368 & -0.1618 & -0.2592 & 0.1546 \\
0.3468 & 0.1870 & 0.2389 & 0.2113 & -0.4489 & -0.1315 & 0.5840 & -0.1184 & 0.2190 & -0.2985 & 0.0604 \\
0.4310 & 0.5409 & 0.1784 & -0.0269 & 0.4194 & -0.2452 & -0.2080 & -0.0659 & 0.7062 & -0.3962 & 0.0552 \\
0.1070 & 0.1599 & -0.1682 & 0.6528 & -0.0779 & -0.1524 & 0.1944 & 0.1112 & 0.0160 & -0.4784 & -0.2554 \\
0.2392 & -0.3482 & -0.1231 & 0.1274 & 0.3321 & -0.3624 & -0.1133 & 0.0257 & 0.2168 & -0.2933 & 0.2699 \\
0.4149 & 0.3632 & 0.0219 & 0.5288 & -0.0963 & -0.2558 & 0.3784 & -0.1307 & 0.5649 & -0.2617 & 0.4090
\end{bmatrix}
$$

$$
\boldsymbol{w}_{ij}^{1}=\begin{bmatrix}
-0.0395 & 0.8385 & 0.7108 & 0.3857 \\
0.5250 & 0.2850 & 0.7809 & 0.3794 \\
0.6109 & 0.1369 & 0.1657 & 0.5493 \\
0.4566 & 0.6928 & 0.5220 & 0.3692 \\
0.3441 & 0.5230 & 0.4977 & 0.4928 \\
0.5884 & 0.5083 & 0.4825 & 0.4383 \\
0.6254 & 0.6837 & 0.8475 & 0.6770 \\
0.4218 & 0.9879 & -0.0056 & 0.0476 \\
0.5996 & 0.3709 & 0.2768 & 0.9368 \\
0.2982 & 1.3512 & -0.5137 & -1.1175 \\
-0.1808 & 1.0631 & 0.6358 & -0.9310
\end{bmatrix}
$$

$$
w_{ij}^2 = \begin{bmatrix}
0.9637 & 0.0689 & 0.7072 & 0.2828 \\
-0.4993 & 1.3544 & -1.0627 & -1.0788 \\
0.2536 & 0.1617 & 0.8223 & 0.9368 \\
0.7773 & 0.1499 & 0.7620 & 0.6671 \\
0.6775 & 0.7475 & 0.0382 & 0.8506 \\
0.5162 & 1.5871 & 0.4567 & 0.0952 \\
0.7534 & 0.5066 & 0.3355 & 0.9308 \\
-0.0908 & 0.9941 & 0.3813 & 0.6295 \\
0.6717 & 0.1603 & 0.3879 & 0.5664 \\
0.2242 & 1.7480 & 0.3613 & 0.3862 \\
-0.6101 & 1.1671 & -0.7069 & -0.6300
\end{bmatrix}
$$

3.3.2 预测模型的性能分析

建模速度与预测准确度是评价预测网络性能的重要指标，本节将 ATS-FNN 模型的性能指标与标准 T-S 模糊神经网络预测模型(简称 STS-FNN)进行比较。

1. 建模速度

从 240 组样本中选择 208 组样本用于 STS-FNN、ATS-FNN 模型的训练。表 3-5为重复测试 11 次所得到的 STS-FNN、ATS-FNN 两种模型的平均建模时间比较。

表 3-5 STS-FNN、ATS-FNN 模型的平均建模时间比较

模型	平均建模时间/s	
	AFCM 时间	神经网络训练时间
STS-FNN	—	113.79
ATS-FNN	11.84	42.39

可以看出，STS-FNN、ATS-FNN 的平均建模时间 $t_{\mathrm{MSTS\text{-}FNN}}$、$t_{\mathrm{MATS\text{-}FNN}}$ 分别为 113.79s 和 54.23s，ATS-FNN 的平均建模时间比 STS-FNN 的平均建模时间减少 52.34%，ATS-FNN 的 AFCM 有助于提高建模速度。

2. 预测准确度

用表 3-1 的后 32 组检验样本检验 STS-FNN、ATS-FNN 两种模型的预测准确度。表 3-6 显示了 STS-FNN、ATS-FNN 模型预测结果的比较，图 3-9 则显示了 STS-FNN、ATS-FNN 模型的预测偏差 Δs_1、Δs_2 的对比曲线。

表 3-6　STS-FNN、ATS-FNN 模型预测结果比较表

样本号	模型输入				模型输出设定值/mm		预测结果/mm							
							STS-FNN				ATS-FNN			
	x_1 /(°)	x_2 /mm	x_3 /(m/s)	x_4	s_1	s_2	s_1	Δs_1	s_2	Δs_2	s_1	Δs_1	s_2	Δs_2
1	135	4	0.041	1	−1.03	−2.01	−1.06	−0.03	−2.06	−0.05	−1.02	0.01	−2.04	−0.03
2	45	4	0.041	1	2.70	−3.72	2.71	0.01	−3.75	−0.03	2.73	0.03	−3.72	0.00
3	135	4	0.041	1	1.07	2.03	1.07	0.00	2.02	−0.01	1.09	0.02	2.05	0.02
4	45	4	0.041	1	−2.72	3.70	−2.75	−0.03	3.73	0.03	−2.75	−0.03	3.74	0.04
5	15	3.3	0.057	2	−3.03	4.01	−3.06	−0.03	4.03	0.02	−3.05	−0.02	4.03	0.02
6	30	3.3	0.057	2	−3.04	4.03	−3.12	−0.08	4.07	0.04	−3.06	−0.02	4.01	−0.02
7	150	3.3	0.057	2	1.03	2.00	1.10	0.07	2.05	0.05	1.04	0.01	2.05	0.05
8	165	3.3	0.057	2	1.02	2.02	1.03	0.01	2.07	0.05	1.05	0.03	2.04	0.02
9	15	3.3	0.068	2	3.01	−4.04	3.00	−0.01	−4.13	−0.09	3.07	0.06	−4.09	−0.05
10	30	3.3	0.068	2	3.01	−4.06	3.13	0.12	−4.08	−0.02	3.04	0.03	−4.07	−0.01
11	150	3.3	0.068	2	−1.04	−2.01	−1.05	−0.01	−2.04	−0.03	−1.06	−0.02	−2.01	−0.00
12	165	3.3	0.068	2	−1.01	−2.04	−1.04	−0.03	−2.11	−0.07	−1.05	−0.04	−2.02	0.02
13	135	3.3	0.069	2	−1.09	−2.04	−1.06	0.03	−2.07	−0.03	−1.12	−0.03	−2.02	0.02
14	45	3.3	0.069	2	2.74	−3.73	2.77	0.03	−3.73	0.00	2.78	0.04	−3.76	−0.03
15	15	3.3	0.069	2	−3.08	4.04	−3.13	−0.05	4.07	0.03	−3.10	−0.02	4.06	0.02
16	30	3.3	0.069	2	−3.05	4.07	−3.10	−0.05	4.04	−0.03	−3.07	−0.02	4.05	−0.02
17	135	2.9	0.055	1	1.01	2.07	1.08	0.07	2.08	0.01	1.05	0.04	2.08	0.01
18	150	2.9	0.055	1	1.05	2.03	1.09	0.04	2.12	0.09	1.09	0.04	2.09	0.06
19	165	2.9	0.055	1	1.07	2.03	1.08	0.01	2.02	−0.01	1.07	0.00	2.02	−0.01
20	15	2.9	0.055	1	3.05	−4.09	3.08	0.03	−4.05	0.04	3.07	0.02	−4.11	−0.02
21	30	2.9	0.061	1	3.02	−4.09	3.13	0.11	−4.07	0.02	3.04	0.02	−4.06	0.03
22	150	2.9	0.061	1	−1.07	−2.05	−1.13	−0.06	−2.11	−0.06	−1.05	0.02	−2.04	0.01
23	165	2.9	0.061	1	−1.05	−2.09	−1.07	−0.02	−2.07	0.02	−1.10	−0.05	−2.07	0.02
24	45	2.9	0.061	1	−2.77	3.76	−2.75	0.02	3.79	0.03	−2.73	0.04	3.78	0.02
25	15	2.9	0.071	1	−3.17	4.10	−3.20	−0.03	4.12	0.02	−3.19	−0.02	4.12	0.02
26	30	2.9	0.071	1	−3.13	4.11	−3.12	0.01	4.13	0.02	−3.16	−0.03	4.13	0.02
27	45	2.9	0.071	1	−2.84	3.73	−2.87	−0.03	3.76	0.03	−2.85	−0.01	3.78	0.05
28	135	2.9	0.071	1	1.13	2.17	1.13	0.00	2.14	−0.03	1.13	0.00	2.14	−0.03
29	60	2.3	0.075	2	1.09	2.19	1.07	−0.02	2.17	−0.02	1.13	0.04	2.17	−0.02

续表

样本号	模型输入				模型输出设定值/mm		预测结果/mm							
							STS-FNN				ATS-FNN			
	x_1 /(°)	x_2 /mm	x_3 /(m/s)	x_4	s_1	s_2	s_1	Δs_1	s_2	Δs_2	s_1	Δs_1	s_2	Δs_2
30	120	2.3	0.075	2	1.16	2.08	1.16	0.00	2.12	0.04	1.19	0.03	2.09	0.01
31	60	2.3	0.075	2	3.12	−4.23	3.10	−0.02	−4.27	−0.04	3.11	−0.01	−4.25	−0.02
32	120	2.3	0.075	2	−1.14	−2.15	−1.15	−0.01	−2.13	0.02	−1.13	0.01	−2.17	−0.02
预测均方差/mm					—		0.0452		0.0402		0.0287		0.0268	

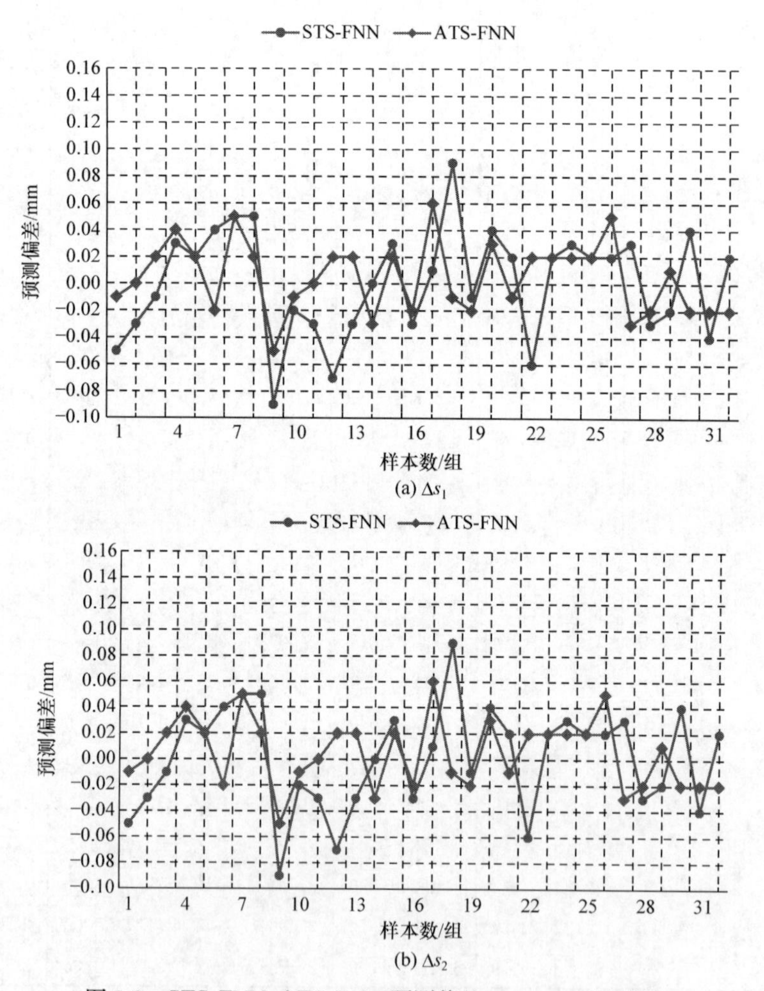

图 3-9　STS-FNN、ATS-FNN 预测偏差 Δs_1、Δs_2 对比曲线

可以看出，STS-FNN、ATS-FNN 对 s_1 预测的均方差值分别为 $MSE_{s_1\text{-STS-FNN}}=0.0452mm$、$MSE_{s_1\text{-ATS-FNN}}=0.0287mm$，STS-FNN、ATS-FNN 对 s_2 预测的均方差值分别为 $MSE_{s_2\text{-STS-FNN}}=0.0402mm$、$MSE_{s_2\text{-ATS-FNN}}=0.0268mm$。ATS-FNN 的 $MSE_{s_1\text{-ATS-FNN}}$、$MSE_{s_2\text{-ATS-FNN}}$ 分别比 STS-FNN 的 $MSE_{s_1\text{-STS-FNN}}$、$MSE_{s_2\text{-STS-FNN}}$ 减少 36.50%、33.33%。

从性能比较可以得出，在 ATS-FNN 建模过程中，TSFNN 通过AFCM 预先优化输入空间，确定前件网络隶属度函数，精简前件网络模糊规则数，有助于节省计算过程模糊推理时间，提高模型训练速度；ATS-FNN 模型增加 STS-FNN 后件网络增加隐含层，进一步提高了模型预测精度及全局逼近能力。

3.4　加工试验

在完成 STS-FNN、ATS-FNN 模型的初始化后，本节选择第 1 章给出的加工轨迹夹角误差 f_a、直线度误差 f_l、图元最小加工时间 t_p 三项指标作为加工性能测试指标，以图 3-10 为预加工轨迹，柔性件材料为聚氨酯海绵（弹性模量 $E=0.2561MPa$，泊松比 $\mu=0.25$），长、宽、厚度为 150mm、100mm、15mm，分别进行无预补偿和基于 STS-FNN、ATS-FNN 模型预补偿的加工试验。图中，MD 为加工轨迹。

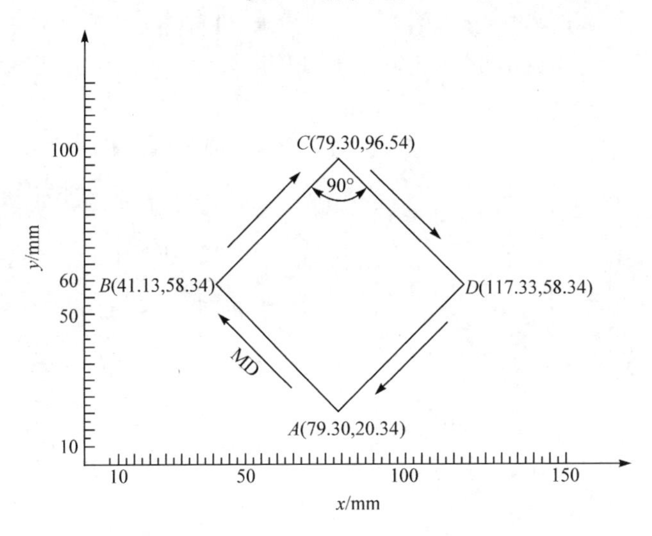

图 3-10　加工轨迹几何尺寸

加工前由如图 3-11 所示的自制三轴数控平台控制器完成加工轨迹插补脉冲的初步计算，同时在计算机中利用初始化后的 STS-FNN、ATS-FNN 模型预测图 3-10 中加工轨迹坐标点 A、B、C、D 的位置补偿值，分别下载到控制器完成轨迹插补脉冲修正。

图 3-11　自制三轴数控平台控制器

1. 加工误差 f_a、f_l

以 A 点为加工起点，按顺时针方向连续加工 14 次，分别获得由 STS-FNN、ATS-FNN 预补偿和无预补偿情况下的加工轨迹样本，去掉无预补偿加工中的 3 组加工轨迹起点、终点不闭合样本，各选 11 组样本用来测量加工轨迹夹角、直线度误差。

图 3-12 显示了无预补偿加工及 STS-FNN、ATS-FNN 预补偿的夹角误差 $f_{a\text{-NC}}$、$f_{a\text{-STS-FNN}}$、$f_{a\text{-ATS-FNN}}$ 和直线度误差 $f_{l\text{-NC}}$、$f_{l\text{-STS-FNN}}$、$f_{l\text{-ATS-FNN}}$ 的对比曲线。

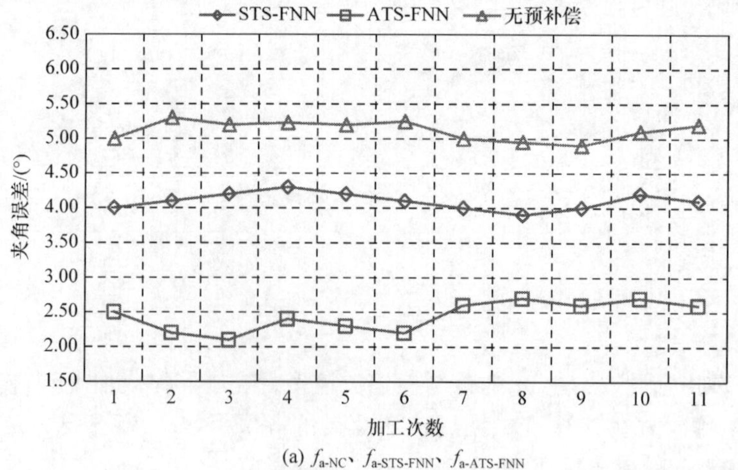

(a) $f_{a\text{-NC}}$、$f_{a\text{-STS-FNN}}$、$f_{a\text{-ATS-FNN}}$

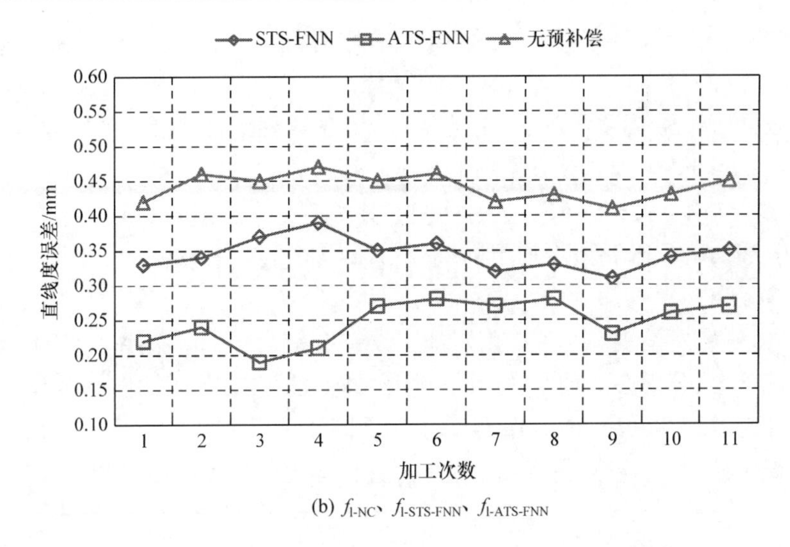

(b) $f_{\text{l-NC}}$、$f_{\text{l-STS-FNN}}$、$f_{\text{l-ATS-FNN}}$

图 3-12　STS-FNN、ATS-FNN 预补偿加工误差对比曲线

进一步计算可知，无预补偿加工及 STS-FNN、ATS-FNN 预补偿下的加工轨迹夹角误差的平均值分别为 $f'_{\text{a-NC}}=5.09°$、$f'_{\text{a-STS-FNN}}=4.06°$、$f'_{\text{a-ATS-FNN}}=2.42°$；直线度误差平均值分别为 $f'_{\text{l-NC}}=0.44\text{mm}$ 、$f'_{\text{l-STS-FNN}}=0.34\text{mm}$、$f'_{\text{l-ATS-FNN}}=0.25\text{mm}$。

2. 图元最小加工时间指标 t_{p}

下面分别测试无预补偿加工及 STS-FNN、ATS-FNN 预补偿下完成一次轨迹加工所用的时间，共测试 11 次，结果如图 3-13 所示。可以得到 STS-FNN、ATS-

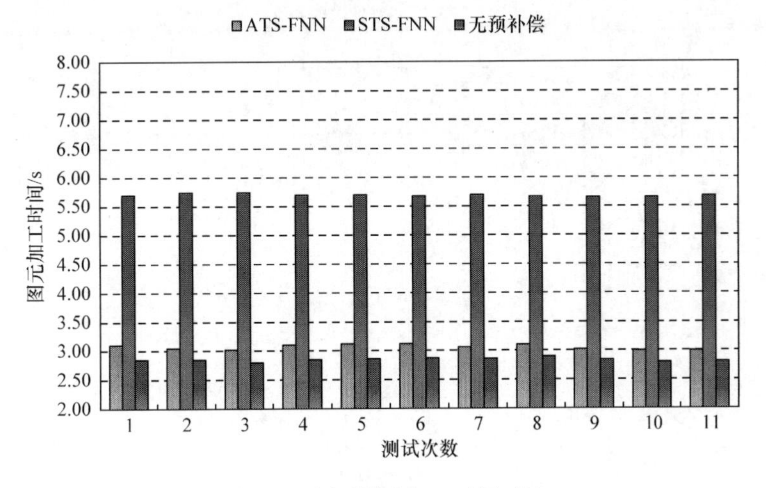

图 3-13　图元最小加工时间对比

FNN 预补偿及无预补偿下图元的加工平均时间 $t_{p\text{-}NC}$、$t_{p\text{-}STS\text{-}FNN}$、$t_{p\text{-}ATS\text{-}FNN}$ 分别为 2.86s、5.66s、3.05s。

比较加工试验结果可知，在厚度为 15mm 的柔性工件上加工如图 3-10 所示的轨迹，经 ATS-FNN 模型预补偿后的加工轨迹夹角误差 $f'_{a\text{-}ATS\text{-}FNN}$ 分别比 $f'_{a\text{-}STS\text{-}FNN}$、$f'_{a\text{-}NC}$ 减少 40.39%、52.46%，直线度误差 $f'_{l\text{-}ATS\text{-}FNN}$ 分别比 $f'_{l\text{-}STS\text{-}FNN}$、$f'_{l\text{-}NC}$ 减少 26.47%、43.18%，图元最小加工时间 $t_{p\text{-}ATS\text{-}FNN}$ 比 $t_{p\text{-}STS\text{-}FNN}$ 减少 46.11%，比 $t_{p\text{-}NC}$ 增加 6.64%。

此外，试验还发现柔性件厚度对加工误差有较大影响。采用 ATS-FNN 模型进行预测补偿，分别在五种厚度不同的柔性件上进行加工（柔性件材料特性和加工轨迹形状与上述相同）。图 3-14 显示了在不同厚度柔性件上加工的夹角误差 f_a、直线度误差 f_l 的曲线，可见 f_a、f_l 随着柔性件厚度的增加而增大。

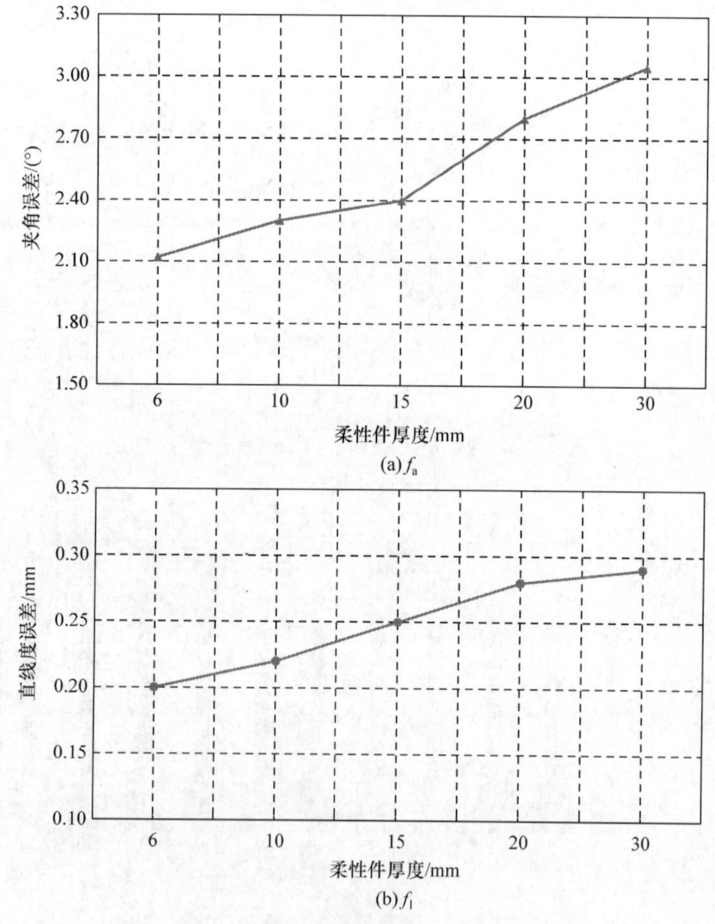

(a) f_a

(b) f_l

图 3-14　不同厚度柔性材料加工的 f_a、f_l 曲线

显然，进一步提高 ATS-FNN 模型预补偿的加工精度、计算快速性，以及补偿模型的自适应调节能力，具有一定的实际意义。

3.5　本章小结

本章对柔性材料进行了加工变形补偿模糊神经网络的建模，通过自适应模糊聚类等原理进行柔性材料加工变形补偿预测，并对该模型进行性能分析检测。具体内容如下。

(1) 提出柔性材料加工变形补偿预测 ATS-FNN 建模方法。该方法由自适应模糊聚类方法(AFCM)、T-S 模糊神经网络(TSFNN)建模方法有效结合，TSFNN 具有学习能力强、逼近非线性函数映射能力好的特点，其前件网络引入模糊聚类方法(AFCM)完成输入空间模糊等级划分、隶属度函数提取、规则适应度计算，实现 TSFNN 模型前件网络结构辨识；TSFNN 后件网络比标准 T-S 模型增加了隐含层，进一步提高模型的全局逼近性能。柔性材料加工变形补偿预测 ATS-FNN 建模方法集中了 AFCM、TSFNN 建模方法的各种优点。

(2) 介绍基于 AFCM 的 TSFNN 模型构建方法。利用 AFCM 进行 TSFNN 前件模型结构构造，充分利用 AFCM 的特性自适应调整输入空间的聚类中心、半径及聚类数，完成输入空间模糊等级划分，减少冗余规则数，降低模型训练收敛时间，从历史加工数据中获取前件网络模糊隶属度函数、模糊规则适应度；后件神经网络学习算法采用最速下降法，通过误差反传迭代运算，可较快地计算获得后件网络连接权值的参数 $\boldsymbol{w}_{jk}^{r}$、$\boldsymbol{w}_{ij}^{r}$。

(3) 开展柔性材料加工变形补偿预测模型性能测试试验。将图元夹角 x_1、进给深度 x_2、插补速度 x_3、柔性件装夹方式 x_4 作为 TSFNN 输入量，将 x、y 方向上的进给补偿量 s_1、s_2 作为 TSFNN 输出量。利用实际加工数据构造 TSFNN 前件网络隶属度函数 $\mathrm{Gu}_{ji}(x_{kj})$、模糊规则适应度 Ga_i，计算后件网络参数 $\boldsymbol{w}_{jk}^{1}$、$\boldsymbol{w}_{jk}^{2}$、$\boldsymbol{w}_{ij}^{1}$、$\boldsymbol{w}_{ij}^{2}$。性能测试结果表明，ATS-FNN 模型的建模时间比 STS-FNN 模型减少 52.34%，ATS-FNN 模型的预测误差 MSE 比 STS-FNN 模型减少 36.50%、33.33%。

(4) 开展柔性材料加工变形补偿预测模型加工试验，相对于 STS-FNN 模型，ATS-FNN 模型具有建模速度快、预测准确度高等特点。经 ATS-FNN 模型预补偿后的加工轨迹夹角误差、直线度误差分别比 STS-FNN 模型预补偿、无补偿加工减少 40.39%、52.46%及 26.47%、43.18%；ATS-FNN 模型的图元最小加工时间比 STS-FNN 减少 46.11%，比无补偿加工增加 6.64%。此外，还发现柔性件厚度对加工误差有较大影响，可进一步提高 ATS-FNN 模型预补偿的加工精度、计算快速性，以及补偿模型的自适应调节能力。

参 考 文 献

[1] 邱望仁，刘晓东，张振宇. 基于 AFS 拓扑和 AFCM 的模糊聚类分析[J]. 模糊系统与数学，2010，24(4)：101-107.

[2] Deng Y H，Chen S C，Chen J Y，et al. Deformation-compensated modeling of flexible material processing based on T-S fuzzy neural network and fuzzy clustering[J]. Journal of Vibroengineering，2014，16(3)：1455-1463.

[3] 马雅丽，李阳阳. 机床导轨形位误差不确定性对加工误差的影响[J]. 组合机床与自动化加工技术，2018，(3)：65-70.

第4章　基于机器视觉的柔性材料加工轨迹提取方法

在第3章中讨论了柔性材料加工变形补偿预测ATS-FNN建模的方法，利用ATS-FNN进行预测补偿后的加工精度得到较大的提高。由于柔性材料轨迹加工过程中材料的柔软性、厚度不均及加工图形多样等因素的影响，加工轨迹图像的边缘易出现模糊，轨迹轮廓的角点提取精度难于提高。

本章主要基于柔性材料轨迹轮廓特征分析，对传统的用于复杂几何形状轮廓边缘提取的Snake模型进行改进，将图像目标区域的灰度积分作为区域能量加入传统的Snake模型，构建一种将边缘与区域信息相结合的主动轮廓提取R-S模型，利用欧拉迭代法求解得到加工轨迹图像轮廓曲线的计算式，通过判断轮廓曲线的协方差矩阵的局部极值大小实现角点的检测。本章介绍的轨迹提取方法将作为第5章柔性材料加工变形闭环控制系统设计中机器视觉测量的理论基础。

4.1　柔性材料加工轨迹测量指标与轨迹图像提取方法概述

前面已经提到，柔性材料轨迹加工是指在由多层平面柔性材料自由叠加而成的混合物料上进行各种复杂图形加工，使其表面呈现凹凸不平立体图案的过程。加工轨迹夹角(直线-直线式夹角、直线-圆弧式夹角、圆弧-圆弧式夹角)是柔性材料加工轨迹形状特征的主要表现形式。然而，由于柔性材料轨迹加工受材料的柔软性、厚度不均、刀具速度和进给方向变化快等因素的影响，加工轨迹图案边缘模糊、角点形状各异，加工轨迹图像角点特征信息提取成为柔性材料加工视觉测量方法研究的热点与难点。

图4-1所示为加工轨迹夹角误差测量原理。当完成轨迹某个拐角区域的加工时，由主控制系统向机器视觉测量嵌入式模块发出命令，采集加工轨迹图像信息，在线完成加工图像预处理、轮廓提取、轨迹夹角误差计算等过程。图中，f_{a} 分为直线-直线式误差 $f_{\mathrm{a\text{-}l\text{-}l}}$、圆弧-圆弧式误差 $f_{\mathrm{a\text{-}c\text{-}c}}$、直线-圆弧式误差 $f_{\mathrm{a\text{-}l\text{-}c}}$三种类型。

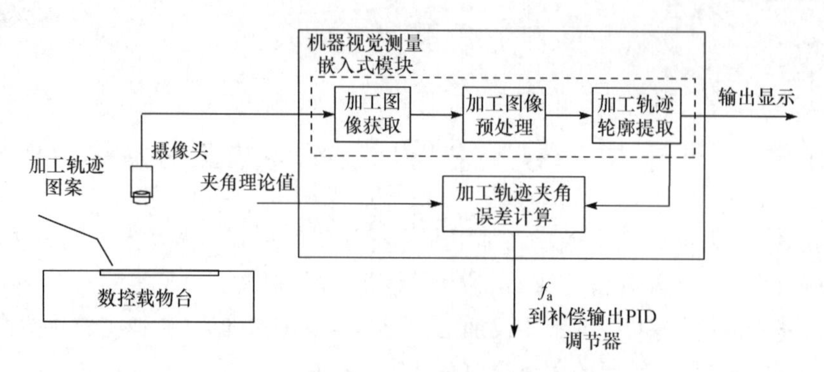

图 4-1 加工轨迹夹角误差测量原理

4.2 基于主动轮廓模型的柔性材料加工轨迹提取方法

早在十年前，国外学者 Pal 和 King 就开展了模糊形状复杂边缘提取方面的研究，他们将模糊理论引入边缘检测，由于图像边缘梯度的模糊性，该方法能得到较好的边缘检测效果。随后，对于模糊图形边缘提取的研究成为热点，其中以基于 Snake 模型开展的几何形状多样性的轮廓边缘提取的研究最有代表性。例如，Jang[1] 利用 Snake 模型的内部能量将邻域点之间的位移偏差最小化，用外部能量防止轮廓突然弯曲的方法提取嘴唇轮廓。Kabolizade 等[2] 针对航拍建筑物轮廓的提取，研究了基于 Snake 模型的彩色航空影像的光探测和测距数据方法。Vard 等[3] 针对复杂背景下小物体的检测，研究了基于自相关能量函数的 Snake 模型。结合本书作者关于柔性材料加工轨迹测量方法的研究可知，柔性材料加工轨迹夹角区域一般具有狭长凹陷区域，且噪声较高，采用现有的 Snake 模型无法获得正确的轮廓以及轮廓的角点信息。因此，本节提出一种将边缘与区域信息相结合的主动轮廓提取模型(region Snake，R-S)用于轨迹轮廓的提取，并在此基础上介绍采用协方差矩阵进行轮廓角点判断的方法。

4.2.1 柔性材料加工轨迹主动轮廓 R-S 提取的数学模型

Snake 模型的基本思想是将目标轮廓提取问题转化为一定条件下在图像中寻找能量泛函最小的封闭曲线问题。R-S 模型是将图像目标区域的灰度积分作为区域能量加入 Snake 模型，通过变换算子，把目标图像区域信息转化为区域力，通过力平衡方程把区域信息引入主动轮廓提取模型，构建集合边缘与区域信息的主动轮廓模型。

若二维图像大小为 $a\times b$，用 x、y 表示柔性材料加工轨迹二维图像坐标，$I(x,y)$

表示柔性材料加工轨迹图像，s 为加工轨迹二维图像轮廓曲线上的归一化弧长，如图 4-2 所示，黑色实线 R(实际加工轨迹的目标区域)为 $I(x,y)$轮廓曲线 $v(s)$围绕区域，那么包含区域 R 的图像为

$$I_R(x,y)=\begin{cases} I(x,y), & (x,y)\in R \\ 0, & (x,y)\notin R \end{cases},\quad v(s)=(x(s),y(s)),s\in[0,1]$$

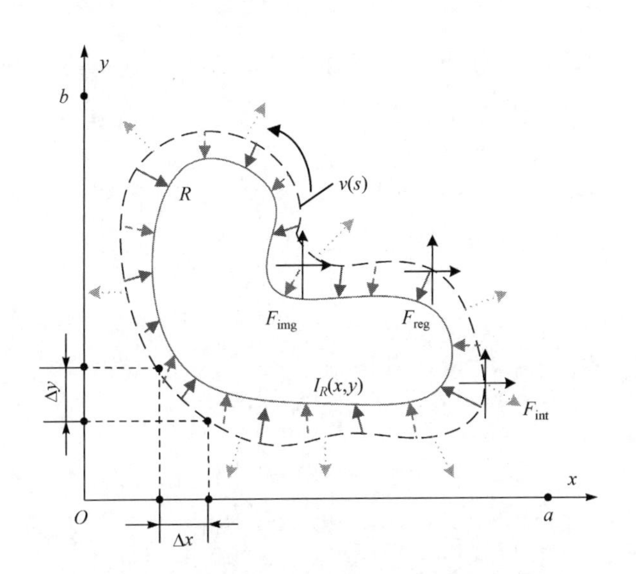

图 4-2　柔性材料加工轨迹轮廓曲线能量表示图

若沿轮廓曲线 $v(s)$运动，当 $v(s)$位于区域 R 外部时，区域力 F_{reg}引导轮廓曲线向内收缩收敛到目标区域的边界，当区域 R 在 $v(s)$的左侧时，为轮廓曲线的正方向。

用 Δx、Δy 表示 $v(s)$节点(x,y)与其前一相邻节点间沿着 x 和 y 方向上的变化量，引入符号函数 sgn，定义图像变换算子 $H(I_R(x,y))$：

$$H(I_R(x,y))=\begin{cases} -\mathrm{sgn}(\Delta x)I_R(b-x,y), & \mathrm{sgn}(\Delta y)<0 \\ -\mathrm{sgn}(\Delta y)I_R(x,a-y), & \mathrm{sgn}(\Delta x)\geqslant 0 \\ \mathrm{sgn}(\Delta x)I_R(x,y), & \mathrm{sgn}(\Delta y)\geqslant 0 \\ \mathrm{sgn}(\Delta y)I_R(x,y), & \mathrm{sgn}(\Delta x)<0 \end{cases} \tag{4-1}$$

图像变换算子 H 决定了轮廓曲线 $v(s)$收敛的速度和方向，当初始轮廓曲线位于区域外部时，算子 H 产生指向轮廓曲线内侧的引导力，引导轮廓曲线向内收缩演化到目标区域的边界；当初始轮廓曲线位于区域内部时，算子 H 产生指向轮廓曲线外侧的引导力，引导轮廓曲线向外膨胀演化到目标区域的边界。若用 E_{int}、

E_{img}、E_{reg}、k_3 及 k_4 分别表示 $v(s)$的内部能量、$I_R(x,y)$图像势能、$I_R(x,y)$区域能量及其相应权值，那么初步定义轮廓曲线的总能量 E_{Snake}：

$$E_{Snake}=\int_0^1[E_{int}(v(s))+k_3E_{img}(v(s))]ds+k_4E_{reg} \tag{4-2}$$

式中，$E_{int}=\frac{1}{2}\left[k_1\left|\frac{\partial v(s)}{\partial s}\right|^2+k_2\left|\frac{\partial^2 v(s)}{\partial s^2}\right|^2\right]$；$E_{reg}=\iint_R H(I_R(x,y))dxdy$；$E_{img}=-|\nabla(G_\sigma * I)|^2$；$\nabla$为梯度运算；$G_\sigma$ 为标准差为 σ 的高斯函数；$*$为卷积运算。

又根据格林公式 $\iint_D\left(\frac{\partial Q}{\partial x}-\frac{\partial P}{\partial y}\right)dxdy=\oint_L Pdx+Qdy$ 关于平面区域D上的二重积分可以转化为其边界曲线L上的曲线积分的原理，可将 $I_R(x,y)$ 区域能量 E_{reg} 的区域积分转化为曲线积分，即用 $\hat{N}_R(x,y)=-\int_0^y H(I_R(x,t))dt$ 表示力在x 轴方向上的分力，$\hat{M}_R(x,y)=\int_0^x H(I_R(t,y))dt$ 表示力在 y 轴方向上的分力，则

$$P=\frac{1}{2}\hat{N}_R(x,y),\quad Q=\frac{1}{2}\hat{M}_R(x,y)$$

$$\Rightarrow\quad \frac{\partial P}{\partial y}=-\frac{1}{2}H(I_R(x,y)),\quad \frac{\partial Q}{\partial x}=\frac{1}{2}H(I_R(x,y))$$

$$E_{reg}=\iint_R H(I_R(x,y))dxdy$$

$$\Rightarrow\quad E_{reg}=\iint_R\left(\frac{1}{2}H(I_R(x,y))-\left(-\frac{1}{2}H(I_R(x,y))\right)\right)dxdy$$

$$\Rightarrow\quad E_{reg}=\iint_R\left(\frac{\partial Q}{\partial x}-\frac{\partial P}{\partial y}\right)dxdy=\frac{1}{2}\oint\hat{N}_R(x,y)dx+\hat{M}_R(x,y)dy$$

因此，总能量 E_{Snake} 可进一步表示为

$$\begin{aligned}E'_{Snake}=&\int_0^1\left[\frac{1}{2}\left(k_1\left|\frac{\partial v(s)}{\partial s}\right|^2+k_2\left|\frac{\partial^2 v(s)}{\partial s^2}\right|^2\right)v(s)+k_3E_{img}(v(s))\right]ds\\&+\frac{1}{2}k_4\oint\hat{N}_R(x,y)dx+\hat{M}_R(x,y)dy\end{aligned} \tag{4-3}$$

可见式(4-3)将轮廓总能量 E_{Snake} 转化为力在轮廓上运动的做功问题，根据Snake模型的基本思想，目标轮廓的提取问题可以转化为求能量 E'_{Snake}泛函的最小值问题，即通过求解 E'_{Snake}泛函的欧拉方程来实现轮廓的提取。

文献[4] 提到，对于含有自变函数高阶导数的泛函 $Q[y(x)]=\int_a^b F(x,y,$

$y',\cdots,y^{(n)})\mathrm{d}x$ 的欧拉方程，其表达式为 $F_y - \frac{\mathrm{d}}{\mathrm{d}x}(F_{y'}) + \frac{\mathrm{d}^2}{\mathrm{d}x^2}(F_{y''}) - \cdots + (-1)^n \frac{\mathrm{d}^n}{\mathrm{d}x^n}(F_{y^{(n)}}) = 0$。

基于上述思想及原理，对式(4-3)做进一步推导，得到能量 E'_{Snake} 泛函的欧拉方程为

$$k_1 \frac{\mathrm{d}}{\mathrm{d}s}\left(\frac{\mathrm{d}v(s)}{\mathrm{d}s}\right)+k_2 \frac{\mathrm{d}^2}{\mathrm{d}s^2}\left(\frac{\mathrm{d}^2 v(s)}{\mathrm{d}s^2}\right)+k_3 \nabla E_{\mathrm{img}}+k_4(\hat{N}_R(x,y),\hat{M}_R(x,y))=0 \tag{4-4}$$

进一步，用 F_{int} 表示 $k_1 \frac{\mathrm{d}}{\mathrm{d}s}\left(\frac{\mathrm{d}v(s)}{\mathrm{d}s}\right)+k_2 \frac{\mathrm{d}^2}{\mathrm{d}s^2}\left(\frac{\mathrm{d}^2 v(s)}{\mathrm{d}s^2}\right)$，用 F_{ext} 表示 $k_3 \nabla E_{\mathrm{img}}$，用 F_{reg} 表示 $k_4(\hat{N}_R(x,y),\hat{M}_R(x,y))$，从而得到式(4-5)所示的轮廓曲线 $v(s)$ 的力平衡方程：

$$F_{\mathrm{int}}+F_{\mathrm{img}}+F_{\mathrm{reg}}=0 \tag{4-5}$$

至此，目标轮廓的提取就是对能量 E'_{Snake} 泛函的欧拉方程进行数值求解，使图像轮廓曲线在内力和外力的共同作用下演化达到力平衡状态，完成轮廓曲线能量泛函最小化的过程，4.2.2 节将拟通过有限差分法计算 F_{int}、F_{img}、F_{reg}，并在此基础上得到轮廓曲线上的点以及曲线上角点的计算公式。

4.2.2　基于有限差分法的柔性材料加工轨迹轮廓曲线提取

4.2.1 节已经证明了轮廓曲线 $v(s)$ 的弯曲特性内力 F_{int}、图像势能引起的图像力 F_{img}、区域能量作用在 $v(s)$ 上的区域力 F_{reg} 是轮廓提取的计算依据，下面将采用有限差分法离散化 $v(s)$ 力平衡方程，求得轮廓曲线点的计算公式，在此基础上利用轮廓曲线上点的协方差矩阵对轮廓曲线是否具有角点进行判断。

1. 柔性材料加工轨迹轮廓曲线点的求解

为了便于数学求解，用 $v_{ss}(s)$、$v_{ssss}(s)$ 分别表示 $v(s)$ 对弧长 s 的二阶和四阶导数，即 $F_{\mathrm{int}}=k_1 \frac{\mathrm{d}}{\mathrm{d}s}\left(\frac{\mathrm{d}v(s)}{\mathrm{d}s}\right)+k_2 \frac{\mathrm{d}^2}{\mathrm{d}s^2}\left(\frac{\mathrm{d}^2 v(s)}{\mathrm{d}s^2}\right)=k_1 v_{ss}(s)+k_2 v_{ssss}(s)$，那么式(4-4)所示的图像轮廓曲线力平衡方程更新后为

$$k_1 v_{ss}(s)+k_2 v_{ssss}(s)+k_3 \nabla E_{\mathrm{img}}+k_4(\hat{N}_R(x,y),\hat{M}_R(x,y))=0 \tag{4-6}$$

因为数字图像上的点是离散的，所以用来求解欧拉方程的算法也必须在离散域里定义。下面采用有限差分法对式(4-6)所示的图像轮廓曲线力平衡方程进行

离散化。

(1) 用 h 表示相邻节点的间距,n 表示 $v(s)$ 上的节点个数,$v(s)$的离散化点序列为

$$v_i=(x_i,y_i)=(x(ih),y(ih)),\quad i=0,1,\cdots,n$$

(2) 将离散轮廓曲线 $v_i=(x_i,y_i)$沿 x 轴、y 轴两个方向上的图像力分别离散化为

$$f_x(i)=\frac{\partial E_{\text{img}}}{\partial x_i},\quad f_y(i)=\frac{\partial E_{\text{img}}}{\partial y_i}$$

(3) 用 Δx_i、Δy_i 表示 $v(s)$节点(x_i,y_i)与其前一相邻节点间沿着 x 方向和 y 方向上的变化量,区域力在 x 轴、y 轴两个方向上的分力 $\hat{M}_R(x_i,y_i)$和 $\hat{N}_R(x_i,y_i)$离散化为

$$\begin{aligned}\hat{M}_R(x_i,y_i)&=\int_0^{x_i}H(I_R(t,y_i))\mathrm{d}t\\&=\int_0^{x_i}I_R(t,y_i)\mathrm{d}t=\sum_{r_{xi}}I_R(r_{xi},y_i)\end{aligned}\tag{4-7}$$

$$\begin{aligned}\hat{N}_R(x_i,y_i)&=-\int_0^{y_i}H(I_R(x_i,t))\mathrm{d}t\\&=\int_{k-y_i}^{k}I_R(x_i,k)\mathrm{d}k=-\sum_{r_{yi}}I_R(x_i,r_{yi})\end{aligned}\tag{4-8}$$

式中,$r_{xi}=\{x\mid(x,y_i)\in R\}$,$r_{yi}=\{y\mid(x_i,y)\in R\}$。

(4) 把式(4-6)中的导数项用曲线节点上函数值的差商代替完成离散化,即

$$k_1v_{ss}(s)=k_1(v_i-v_{i-1})-k_1(v_{i+1}-v_i)$$

$$k_2v_{ssss}(s)=k_2(v_{i-2}-2v_{i-1}+v_i)-2k_2(v_{i-1}-2v_i+v_{i+1})+k_2(v_i-2v_{i+1}+v_{i+2})$$

联合步骤(1)、(2)、(3)、(4)建立以节点上的值为未知数的代数方程组:

$$\begin{aligned}&k_1(v_i-v_{i-1})-k_1(v_{i+1}-v_i)+k_2(v_{i-2}-2v_{i-1}+v_i)-2k_2(v_{i-1}-2v_i+v_{i+1})\\&+k_2(v_i-2v_{i+1}+v_{i+2})+k_3(f_x(i),f_y(i))+k_4(\hat{N}_R(x_i,y_i),\hat{M}_R(x_i,y_i))=0\end{aligned}\tag{4-9}$$

又 $v_i=(x_i,y_i)$,代入式(4-9)得

$$\begin{aligned}&k_1[(x_i,y_i)-(x_{i-1},y_{i-1})]-k_1[(x_{i+1},y_{i+1})-(x_i,y_i)]\\&+k_2[(x_{i-2},y_{i-2})-2(x_{i-1},y_{i-1})]\\&+k_2(x_i,y_i)-2k_2[(x_{i-1},y_{i-1})-2(x_i,y_i)+(x_{i+1},y_{i+1})]\\&+k_2[(x_i,y_i)-2(x_{i+1},y_{i+1})]\\&+k_2(x_{i+2},y_{i+2})+k_3(f_x(i),f_y(i))+k_4(\hat{N}_R(x_i,y_i),\hat{M}_R(x_i,y_i))=0\end{aligned}\tag{4-10}$$

观察式(4-10)，令 $a=2k_1+6k_2$、$b=-k_1-4k_2$、$c=k_2$，整理得到关于向量 $\boldsymbol{X}$ 的系数矩阵：

$$\boldsymbol{A}=\begin{bmatrix} a & b & c & 0 & \cdots & 0 & 0 \\ b & a & b & c & \cdots & 0 & 0 \\ c & b & a & b & \cdots & 0 & 0 \\ \vdots & \vdots & \vdots & & \vdots & \vdots & \vdots \\ 0 & 0 & 0 & \cdots & a & b & c \\ 0 & 0 & 0 & \cdots & b & a & b \\ 0 & 0 & 0 & \cdots & c & b & a \end{bmatrix}$$

因此，式(4-10)中关于向量 $\boldsymbol{X}$ 的方程组的矩阵表达式表示如下：

$$\begin{bmatrix} a & b & c & 0 & \cdots & 0 & 0 \\ b & a & b & c & \cdots & 0 & 0 \\ c & b & a & b & \cdots & 0 & 0 \\ \vdots & \vdots & \vdots & & \vdots & \vdots & \vdots \\ 0 & 0 & 0 & \cdots & a & b & c \\ 0 & 0 & 0 & \cdots & b & a & b \\ 0 & 0 & 0 & \cdots & c & b & a \end{bmatrix}\times\begin{bmatrix} x_1 \\ x_2 \\ x_3 \\ \vdots \\ x_{n-2} \\ x_{n-1} \\ x_n \end{bmatrix}+k_3\times\begin{bmatrix} f_x(1) \\ f_x(2) \\ f_x(3) \\ \vdots \\ f_x(n-2) \\ f_x(n-1) \\ f_x(n) \end{bmatrix}$$

$$+k_4\times\begin{bmatrix} \hat{N}_R(x_1,y_1) \\ \hat{N}_R(x_2,y_2) \\ \hat{N}_R(x_3,y_3) \\ \vdots \\ \hat{N}_R(x_{n-2},y_{n-2}) \\ \hat{N}_R(x_{n-2},y_{n-2}) \\ \hat{N}_R(x_n,y_n) \end{bmatrix}=\begin{bmatrix} 0 \\ 0 \\ 0 \\ \vdots \\ 0 \\ 0 \\ 0 \end{bmatrix} \tag{4-11}$$

进一步简化为

$$\boldsymbol{AX}+k_3 f_x(\boldsymbol{X},\boldsymbol{Y})+k_4\hat{N}_R(\boldsymbol{X},\boldsymbol{Y})=0 \tag{4-12}$$

再用同样的方式推导式(4-10)中关于向量 $\boldsymbol{Y}$ 的方程组的矩阵表达式为

$$\boldsymbol{AY}+k_3 f_y(\boldsymbol{X},\boldsymbol{Y})+k_4\hat{M}_R(\boldsymbol{X},\boldsymbol{Y})=0 \tag{4-13}$$

综合式(4-12)和式(4-13)，式(4-9)的矩阵表示为

$$\begin{cases} \boldsymbol{AX}+k_3 f_x(\boldsymbol{X},\boldsymbol{Y})+k_4\hat{N}_R(\boldsymbol{X},\boldsymbol{Y})=0 \\ \boldsymbol{AY}+k_3 f_y(\boldsymbol{X},\boldsymbol{Y})+k_4\hat{M}_R(\boldsymbol{X},\boldsymbol{Y})=0 \end{cases} \tag{4-14}$$

若将图像轮廓形变曲线 $v(s)$ 看成时间 t 的函数 $v(s,t)$，即 $\boldsymbol{X}$、$\boldsymbol{Y}$ 是时间的函数，对于方程(4-14)，可以在方程中引入导数项构建微分方程，利用欧拉迭代法求解所构建的微分方程，则可以求解到原方程中 $\boldsymbol{X}$ 和 $\boldsymbol{Y}$ 的解。假设外力在一个时间步长 γ 内为常值，方程(4-14)中的 $\boldsymbol{X}$、$\boldsymbol{Y}$ 对时间的导数分别表示为 $\dot{\boldsymbol{X}}$、$\dot{\boldsymbol{Y}}$，那么当导数项 $\dot{\boldsymbol{X}}$、$\dot{\boldsymbol{Y}}$ 为零时，所求到的 $\boldsymbol{X}$ 和 $\boldsymbol{Y}$ 就是式(4-14)的解，根据这个思路，式(4-14)可以转变为

$$\begin{cases}\boldsymbol{A}X_t+k_3f_x(X_t,Y_t)+k_4\hat{N}_R(X_t,Y_t)+\dot{\boldsymbol{X}}=0\\\boldsymbol{A}Y_t+k_3f_y(X_t,Y_t)+k_4\hat{M}_R(X_t,Y_t)+\dot{\boldsymbol{Y}}=0\end{cases}$$

$$\Rightarrow\begin{cases}\boldsymbol{A}X_t+k_3f_x(X_t,Y_t)+k_4\hat{N}_R(X_t,Y_t)=-\dot{\boldsymbol{X}}\\\boldsymbol{A}Y_t+k_3f_y(X_t,Y_t)+k_4\hat{M}_R(X_t,Y_t)=-\dot{\boldsymbol{Y}}\end{cases}$$

使用后向欧拉法进行微分方程求解，那么有

$$\begin{cases}\boldsymbol{A}X_t+k_3f_x(X_{t-1},Y_{t-1})+k_4\hat{N}_R(X_{t-1},Y_{t-1})=-\gamma(X_t-X_{t-1})\\\boldsymbol{A}Y_t+k_3f_y(X_{t-1},Y_{t-1})+k_4\hat{M}_R(X_{t-1},Y_{t-1})=-\gamma(Y_t-Y_{t-1})\end{cases}$$

最后求解得到加工轨迹图像轮廓曲线的计算式：

$$\begin{cases}X_t=(\boldsymbol{A}+\gamma I)^{-1}[\gamma X_{t-1}-k_3f_x(X_{t-1},Y_{t-1})]-k_4\ (\boldsymbol{A}+\gamma I)^{-1}\hat{N}_R(X_{t-1},Y_{t-1})\\Y_t=(\boldsymbol{A}+\gamma I)^{-1}[\gamma Y_{t-1}-k_3f_y(X_{t-1},Y_{t-1})]-k_4\ (\boldsymbol{A}+\gamma I)^{-1}\hat{M}_R(X_{t-1},Y_{t-1})\end{cases}\tag{4-15}$$

至此，已经推导出基于 R-S 的柔性材料加工轨迹轮廓曲线提取方程，其实现过程就是，原始加工图像经过高斯函数卷积后得到外力场 E_{img}，设置用于曲线演化的初始轮廓，按照式(4-15)进行计算，在规定时间内对初始轮廓进行有限次迭代，最终得到目标轮廓。

2. 柔性材料加工轨迹轮廓曲线角点判断方法

4.2.1 节已经给出了加工轨迹图像轮廓曲线的提取方法，但要实现加工轮廓几何量的测量，如夹角、曲率等，还需要提取轮廓曲线中包含其他特征的信息，尤其是轮廓曲线上的角点，当轮廓曲线具有一定大小的夹角时，夹角附近的轮廓点(即角点)的曲率较高，可见只要找到角点就可方便地拟合出夹角的两边。

由于轮廓曲线的几何特征可以采用所提取的轮廓曲线的协方差矩阵来反映，即 $\boldsymbol{C}(I'_t)$，$I'_t=(X_t,Y_t)$，则以 I'_t 为中心，相邻点 I'_{t-s} 和点 I'_{t+s} 之间的图像轮廓支撑域 $N_s(I'_t)=\{I'_j\mid t-s\leqslant j\leqslant t+s\}$，那么点 I'_t 与相邻点的协方差矩阵 $\boldsymbol{C}(I'_t)$ 为

$$\boldsymbol{C}(I'_t)=\begin{bmatrix}c_{11}&c_{12}\\c_{21}&c_{22}\end{bmatrix}\tag{4-16}$$

式中，$\boldsymbol{C}(I'_t)$ 中各向量的值计算如下：

$$c_{11}=\frac{1}{2s+1}\sum_{j=t-s}^{t+s}x_j^2-\bar{x}_t^2$$

$$c_{22}=\frac{1}{2s+1}\sum_{j=t-s}^{t+s}y_j^2-\bar{y}_t^2$$

$$c_{12}=c_{21}=\frac{1}{2s+1}\sum_{j=t-s}^{t+s}x_jy_j-\bar{x}_t\,\bar{y}_t$$

$$\bar{x}_t=\frac{1}{2s+1}\sum_{j=t-s}^{t+s}x_j$$

$$\bar{y}_t=\frac{1}{2s+1}\sum_{j=t-s}^{t+s}y_j$$

因此，有协方差矩阵 $\boldsymbol{C}(I'_t)$ 的行列式 $\det(\boldsymbol{C}(I'_t))=c_{11}c_{22}-c_{12}^2$，若 $\det(\boldsymbol{C}(I'_t))\geqslant 0$，可利用高斯函数对协方差矩阵 $\boldsymbol{C}(I'_t)$ 中的各个向量进行加权[4]，将 $\boldsymbol{C}(I'_t)$ 转化为如下矩阵方程：

$$\begin{aligned}\boldsymbol{C}(v)&=\begin{bmatrix}c_{11}(v) & c_{12}(v)\\ c_{21}(v) & c_{22}(v)\end{bmatrix}\\&=\begin{bmatrix}\langle x^2\rangle-\langle x\rangle^2 & \langle xy\rangle-\langle x\rangle\langle y\rangle\\ \langle xy\rangle-\langle x\rangle\langle y\rangle & \langle y^2\rangle-\langle y\rangle^2\end{bmatrix}\end{aligned}\tag{4-17}$$

同样地，$\det(\boldsymbol{C}(I'_t))=c_{11}c_{22}-c_{12}c_{21}$ 转化为

$$\det(\boldsymbol{C}(v))=c_{11}(v)c_{22}(v)-c_{12}^2(v)\tag{4-18}$$

至此已经得到用于协方差矩阵 $\boldsymbol{C}(I'_t)$ 计算的行列式 $\det(\boldsymbol{C}(v))$，计算 $\det(\boldsymbol{C}(v))$ 的局部极值，用其最大特征值对应的特征向量表示轮廓曲线切线方向和法线方向的变化率，从而判断轮廓曲线是否具有角点。

综合式(4-17)、式(4-18)，$\det(\boldsymbol{C}(v))$ 取局部极值时的特征值 λ_1、λ_2 为

$$\begin{cases}\lambda_1=\dfrac{1}{2}(c_{11}(v)+c_{22}(v))+\dfrac{1}{2}\sqrt{(c_{11}(v)-c_{22}(v))^2+4c_{12}^2(v)}\\[2ex] \lambda_2=\dfrac{1}{2}(c_{11}(v)+c_{22}(v))-\dfrac{1}{2}\sqrt{(c_{11}(v)-c_{22}(v))^2+4c_{12}^2(v)}\end{cases}\tag{4-19}$$

再用 $\boldsymbol{P}_1$、$\boldsymbol{P}_2$ 表示其最大特征值所对应的特征向量，即点 I'_t 处的切线方向和法线方向，并满足等式 $\boldsymbol{C}(v)\boldsymbol{P}_i=\lambda_i\boldsymbol{P}_i$，最终得到

$$\begin{cases} \boldsymbol{P}_1=[P_{1x} \quad P_{1y}]^{\mathrm{T}}=\left[\dfrac{c_{12}(v)}{\sqrt{(\lambda_1-c_{11}(v))^2+c_{12}(v)^2}} \quad \dfrac{\lambda_1-c_{11}(v)}{\sqrt{(\lambda_1-c_{11}(v))^2+c_{12}(v)^2}}\right]^{\mathrm{T}} \\ \boldsymbol{P}_2=[P_{2x} \quad P_{2y}]^{\mathrm{T}}=\left[\dfrac{c_{12}(v)}{\sqrt{(\lambda_2-c_{11}(v))^2+c_{12}(v)^2}} \quad \dfrac{\lambda_2-c_{11}(v)}{\sqrt{(\lambda_2-c_{11}(v))^2+c_{12}(v)^2}}\right]^{\mathrm{T}} \end{cases} \tag{4-20}$$

式(4-20)中 $\boldsymbol{P}_1$、$\boldsymbol{P}_2$ 为初始角点的位置信息，如果其值大于预先设定的阈值，则认为它是一个有效的角点，反之则舍弃之。可见，柔性材料加工轨迹轮廓曲线角点的判断是建立在基于有限差分法离散化力平衡方程提取轮廓曲线的基础上，可利用协方差矩阵的极值来判断轮廓曲线上的点是否为角点。图 4-3 给出了柔性材料加工轨迹轮廓曲线角点判断算法的流程。

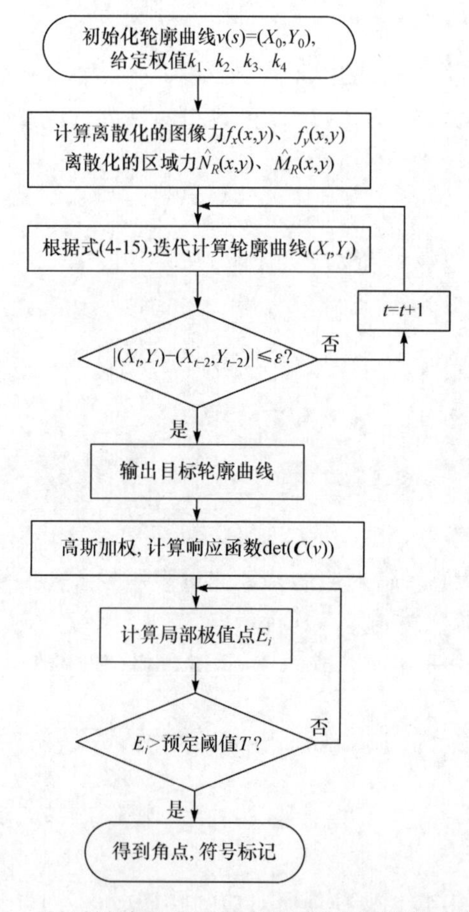

图 4-3 柔性材料加工轨迹轮廓曲线角点判断算法的流程

4.3 试验测试

为了验证本章理论算法的有效性,采用如图 4-4 所示的数控机床进行柔性皮料(长、宽分别为 500mm、200mm,材料为山羊革,皮面厚度为 1.4mm,柔软度为 9.25)切割加工,选择图 4-5 中的三种几何图形进行切割试验,采集加工轨迹图像,开展加工轮廓轨迹与角点提取方法的验证试验。

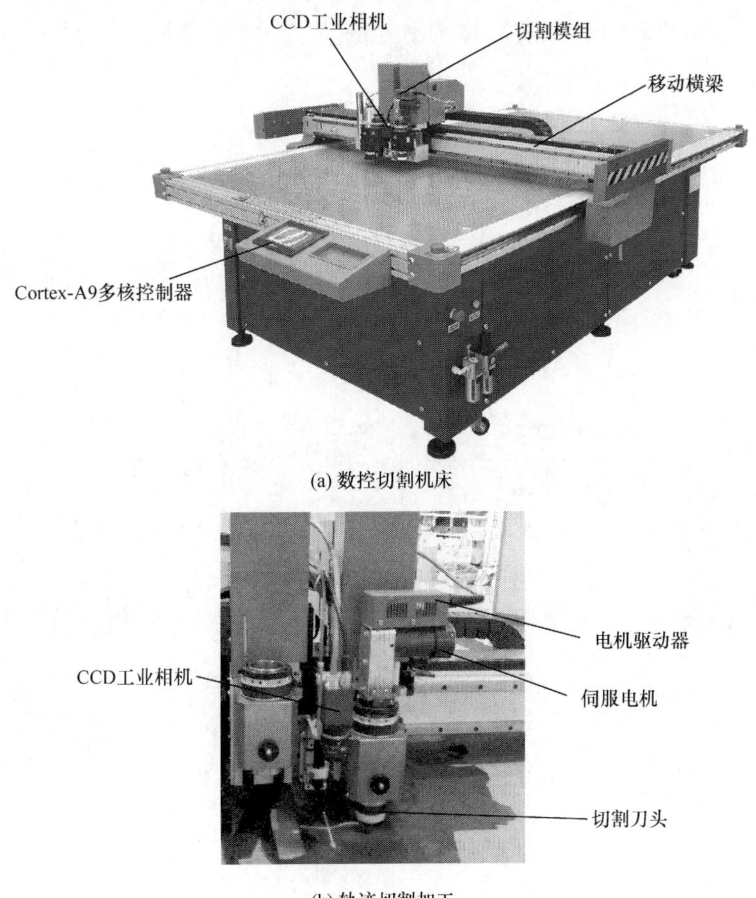

(a) 数控切割机床

(b) 轨迹切割加工

图 4-4　实验设备图

1. 加工轮廓曲线提取过程与结果分析

为了便于讨论,下面以如图 4-5 所示的具有“圆弧-圆弧式夹角”几何特征的图形 C 为例描述加工轮廓曲线的提取过程以及提取的效果分析。仿真系统环境为

Windows 7、MATLAB 7.0，目标图像大小为 300 像素×300 像素。按照图 4-3 所示的计算流程，$k_1=0.05$、$k_2=0.5$、$k_3=4$、$k_4=0.1$，步长参数 $\gamma=1$，迭代终止条件为

$$|(X_t,Y_t)-(X_{t-2},Y_{t-2})|\leqslant\varepsilon$$

$$\varepsilon=\sum_{i=0}^{300}|((x_i)_k,(y_i)_k)-((x_i)_{k-2},(y_i)_{k-2})|/301$$

式中，X_t 表示轮廓曲线上离散化的节点在 x 方向构成的集合$[x_1,x_2,\cdots,x_{n-1},x_{300}]^{\mathrm{T}}$，$Y_t$ 表示轮廓曲线上离散化的节点在 y 方向构成的集合$[y_1,y_2,\cdots,y_{n-1},y_{300}]^{\mathrm{T}}$。

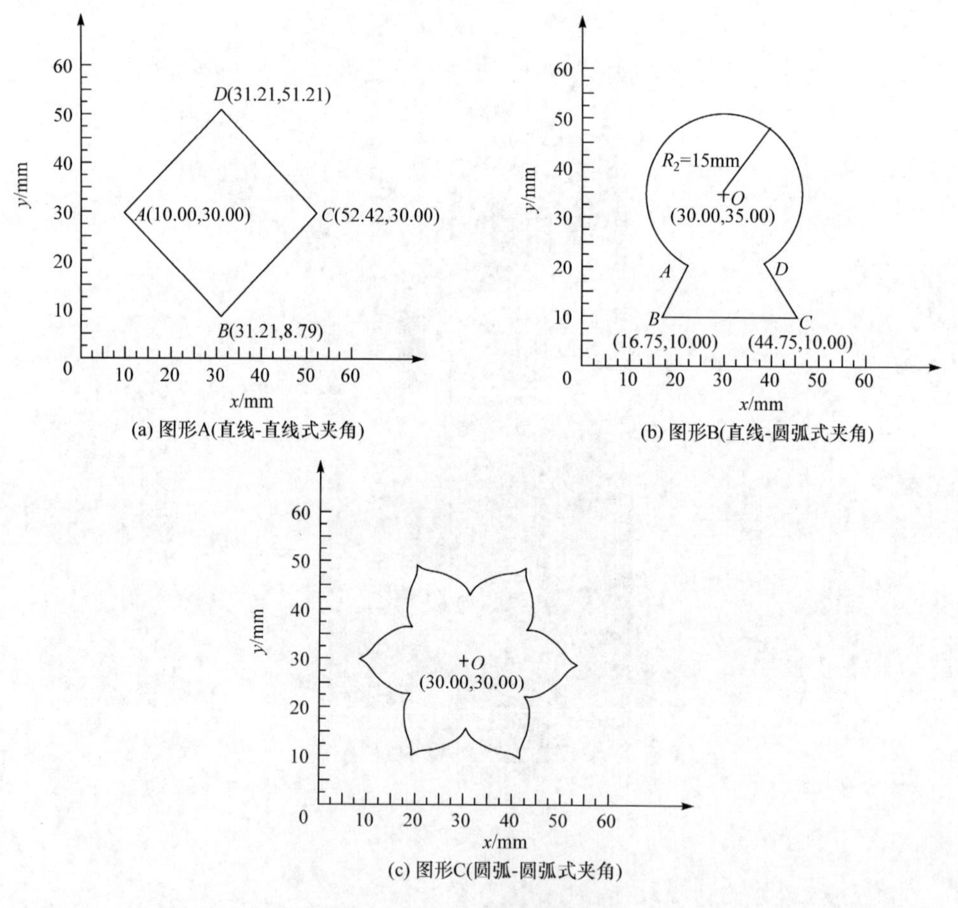

图 4-5　加工轨迹几何图案

根据式(4-15)，加工轨迹轮廓提取迭代计算如下：

$$\begin{cases} X_1 = (\mathbf{A} + \gamma I)^{-1}[\gamma X_0 - k_3 f_x(X_0, Y_0)] - k_4 (\mathbf{A} + \gamma I)^{-1} \hat{N}_R(X_0, Y_0) \\ Y_1 = (\mathbf{A} + \gamma I)^{-1}[\gamma Y_0 - k_3 f_y(X_0, Y_0)] - k_4 (\mathbf{A} + \gamma I)^{-1} \hat{M}_R(X_0, Y_0) \end{cases}$$

$$\begin{cases} X_2 = (\mathbf{A} + \gamma I)^{-1}[\gamma X_1 - k_3 f_x(X_1, Y_1)] - k_4 (\mathbf{A} + \gamma I)^{-1} \hat{N}_R(X_1, Y_1) \\ Y_2 = (\mathbf{A} + \gamma I)^{-1}[\gamma Y_1 - k_3 f_y(X_1, Y_1)] - k_4 (\mathbf{A} + \gamma I)^{-1} \hat{M}_R(X_1, Y_1) \end{cases}$$

$$\vdots$$

$$\begin{cases} X_{t-1} = (\mathbf{A} + \gamma I)^{-1}[\gamma X_{t-2} - k_3 f_x(X_{t-2}, Y_{t-2})] - k_4 (\mathbf{A} + \gamma I)^{-1} \hat{N}_R(X_{t-2}, Y_{t-2}) \\ Y_{t-1} = (\mathbf{A} + \gamma I)^{-1}[\gamma Y_{t-2} - k_3 f_y(X_{t-2}, Y_{t-2})] - k_4 (\mathbf{A} + \gamma I)^{-1} \hat{M}_R(X_{t-2}, Y_{t-2}) \end{cases}$$

$$\begin{cases} X_t = (\mathbf{A} + \gamma I)^{-1}[\gamma X_{t-1} - k_3 f_x(X_{t-1}, Y_{t-1})] - k_4 (\mathbf{A} + \gamma I)^{-1} \hat{N}_R(X_{t-1}, Y_{t-1}) \\ Y_t = (\mathbf{A} + \gamma I)^{-1}[\gamma Y_{t-1} - k_3 f_y(X_{t-1}, Y_{t-1})] - k_4 (\mathbf{A} + \gamma I)^{-1} \hat{M}_R(X_{t-1}, Y_{t-1}) \end{cases}$$

图 4-6 给出了加工轨迹轮廓提取的仿真过程，其中图 4-6(a)为初始采集加工图像，图 4-6(b)是经过高斯函数卷积后求得的图像力场图，图 4-6(c)为设置用于曲线演化的初始轮廓，图 4-6(d)为轮廓曲线演化过程图。

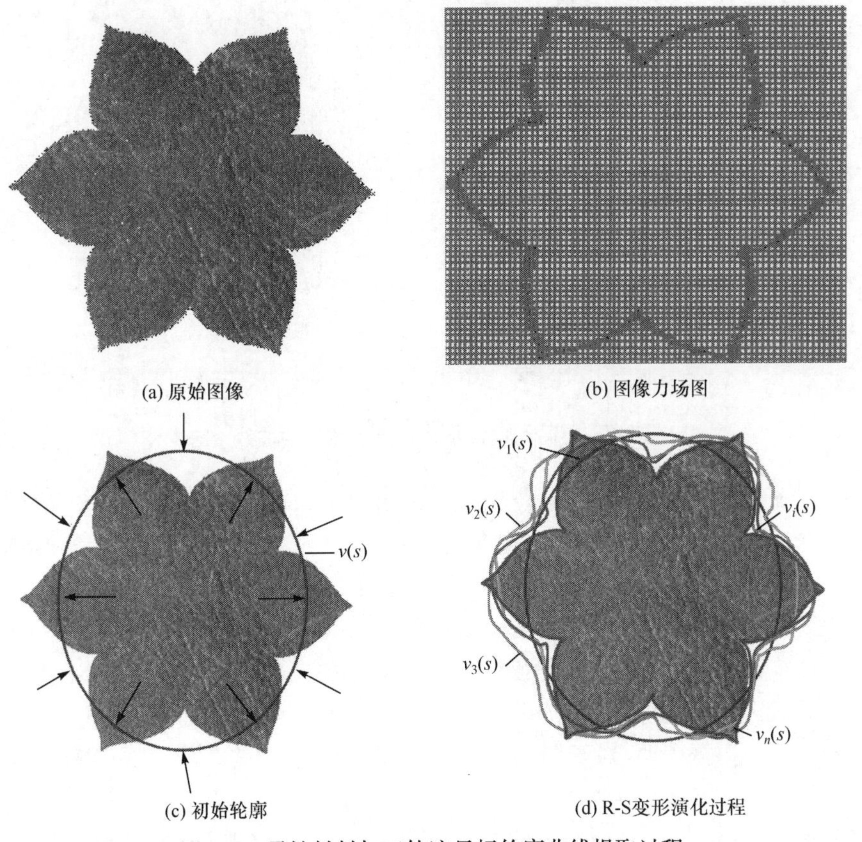

图 4-6　柔性材料加工轨迹目标轮廓曲线提取过程

图 4-7 给出了在不同的迭代步数下具体轮廓的曲线形态。

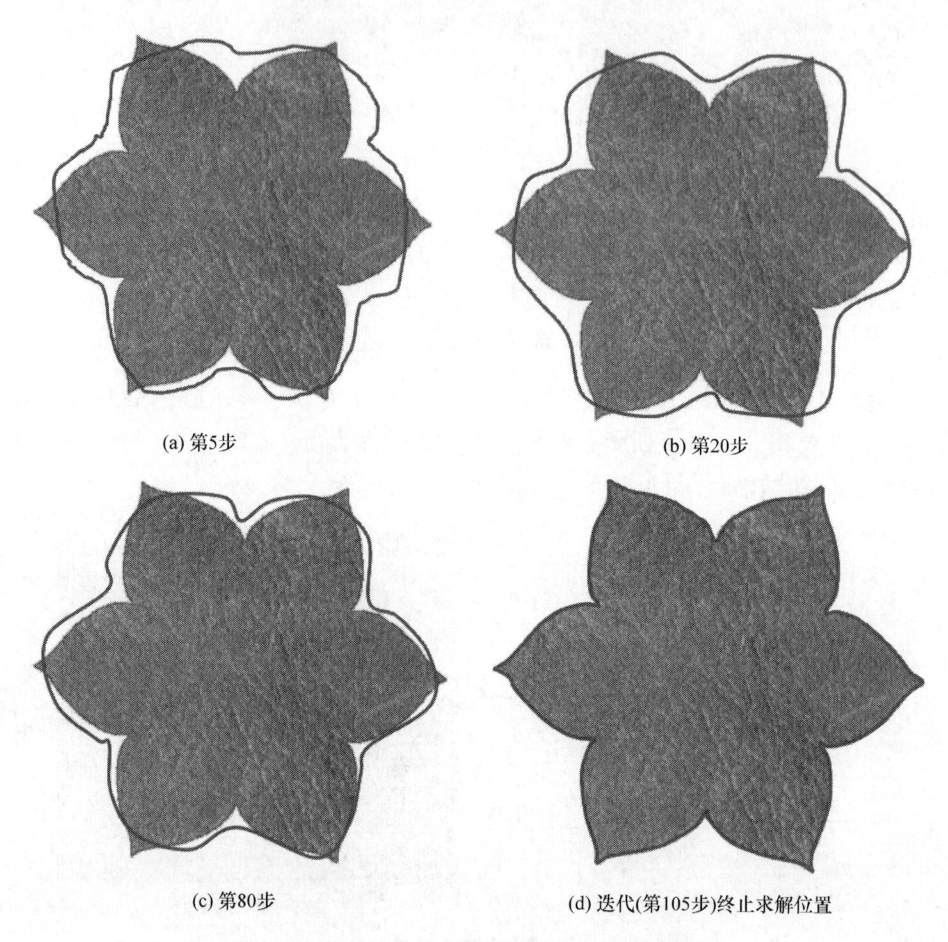

图 4-7　不同的迭代步数下具体轮廓的曲线形态

由图 4-7 所示的结果可知，位于目标轮廓内部的初始轮廓线边缘向外膨胀，位于目标轮廓外部的初始轮廓线边缘向内收缩，逐步演化，最终得到目标轮廓曲线。由图 4-7(d)可见，目标轮廓曲线提取完整、正确。

进一步，分别选择图 4-5 中三种图形的 20 组加工样本进行轮廓提取试验，并计算每一组样本中所提取的轮廓误差，即所提取的轮廓曲线内侧图像区域的面积与整幅图像面积的比值，统计结果如图 4-8 所示。

图 4-8 的数据表明，对于图形 A，比值的均方误差为 0.32%；对于图形 B，比值的均方误差为 0.26%；对于图形 C，比值的均方误差为 0.29%。可见三种图形的比值的均方误差小于 0.35%，说明本章提出的 R-S 模型用于上述柔性材料加工轨

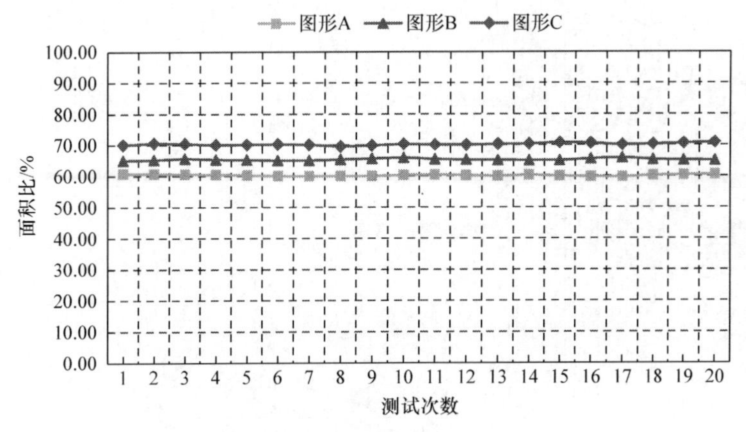

图 4-8　轮廓提取误差统计图

迹轮廓的提取，计算准确度高，算法稳定性好。

2. 加工轮廓曲线角点检测试验

根据图 4-3 所示的算法流程图，角点检测的步骤如下：

(1) 采用 R-S 轮廓提取方法提取加工轨迹图像的边缘。

(2) 初始化参数阈值 T。

(3) 利用高斯函数平滑边缘轮廓。

(4) 根据式(4-18)计算响应函数。

(5) 筛选出 $\det(\boldsymbol{C}(v))$ 的局部极值大于预先设定的阈值 T 的点，并放入角点集合中。

以图形 C 加工轨迹轮廓曲线为例，从轮廓曲线坐标来考虑轮廓的几何结构特征，分别以轮廓曲线上各点为中心，构造局部轮廓支撑域(图 4-9)，建立二阶矩阵 $\boldsymbol{C}(I_t')$，在导入轮廓提取过程中获得轨迹数据，求解式(4-18) 给出的角点响应函数 $\det(\boldsymbol{C}(v))=c_{11}(v)c_{22}(v)-c_{12}^2(v)$ 的局部极值，并逐个与阈值 T 进行比较，若大于阈值 T 则认为是一个角点。

取阈值 $T=0.5$，按照图 4-3 所示的算法流程搜索得到图 4-10(a) 中图形 C 加工轨迹图像的指定区域角点，其中在左边圆弧区域找到 3 个，在右边圆弧区域找到 2 个，结果见图 4-10(b)。进一步测量圆弧 R_1、R_2 的夹角大小，在圆弧 R_1、R_2 各取 12 个拟合点，搜索长度为 20 个像素，搜索方向为向外，最终拟合得到圆 P_1、P_2。结合式(5-2)提到的圆弧-圆弧夹角计算式，计算得到圆弧图元 R_1、R_2 的夹角为 50.26°，如图 4-10(c)所示。

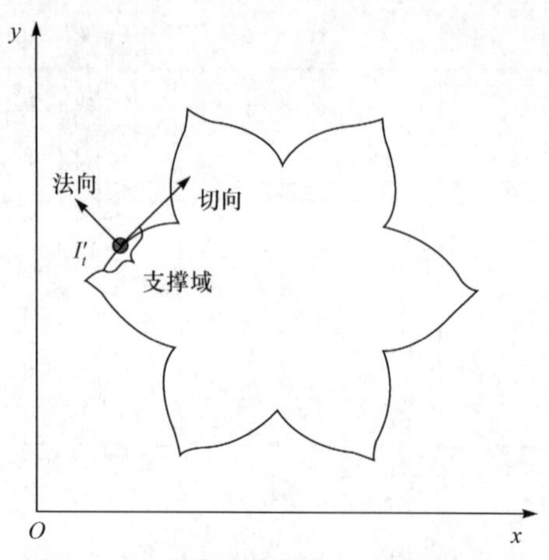

图 4-9　图形 C 轮廓曲线以及局部支撑域

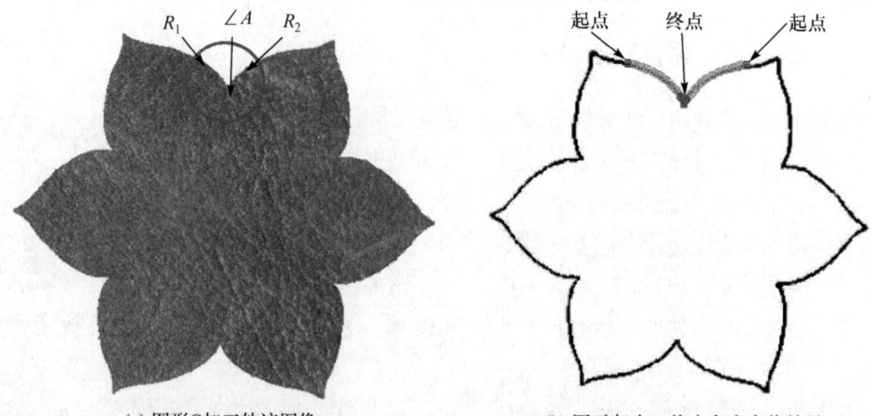

(a) 图形C加工轨迹图像　　(b) 图元起点、终点角点定位结果

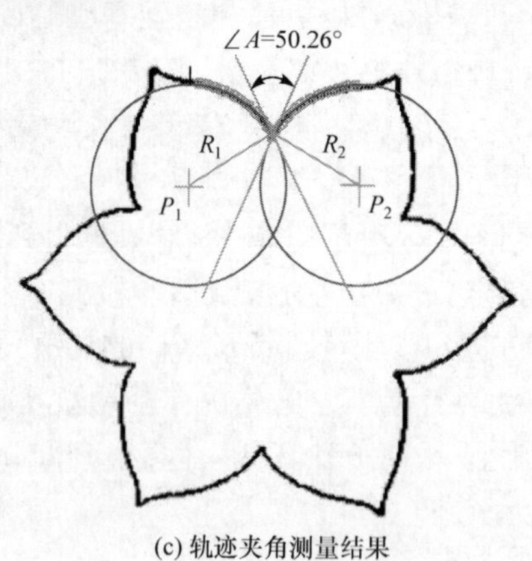

(c) 轨迹夹角测量结果

图 4-10　角点检测及夹角测量过程

进一步对三种图形的20组加工样本的轮廓曲线进行角点检测试验，当测试每一组样本时，阈值 T 为0.1～0.5，并按照0.05递增，统计20组检测样本在不同阈值 T 下的角点检测率(角点检测率＝正确角点数/(正确角点数＋漏检角点数＋错误角点数))，获得图4-11所示的图形A、图形B和图形C的角点检测结果。

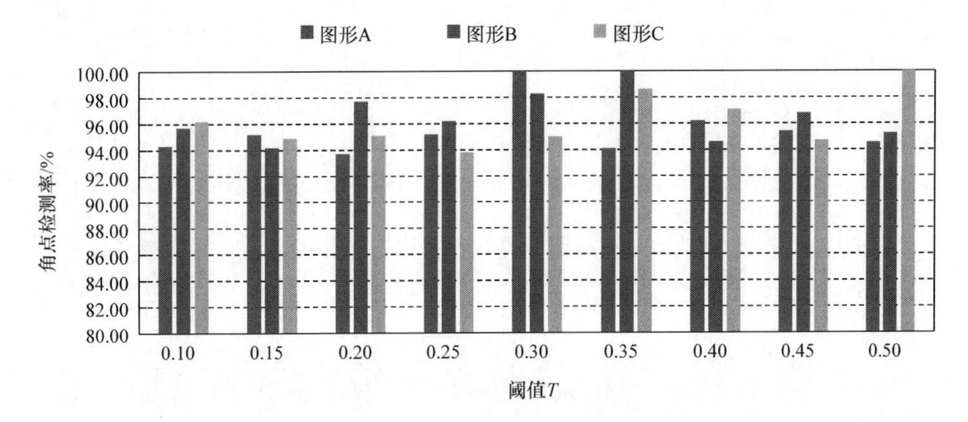

图4-11　角点检测率统计图

图4-11为角点检测率统计图。由图4-11可以发现，当 $T=[0.1,0.5]$ 时，三种加工图形的20组样本的角点检测率均大于90%，进一步分析，当 $T=0.30$、$T=0.35$、$T=0.5$ 时，本章提出的算法能够检测出图形A、图形B、图形C中所有的角点(图4-12)，说明本章提出的算法非常适用于柔性材料加工轨迹轮廓的角点检测。

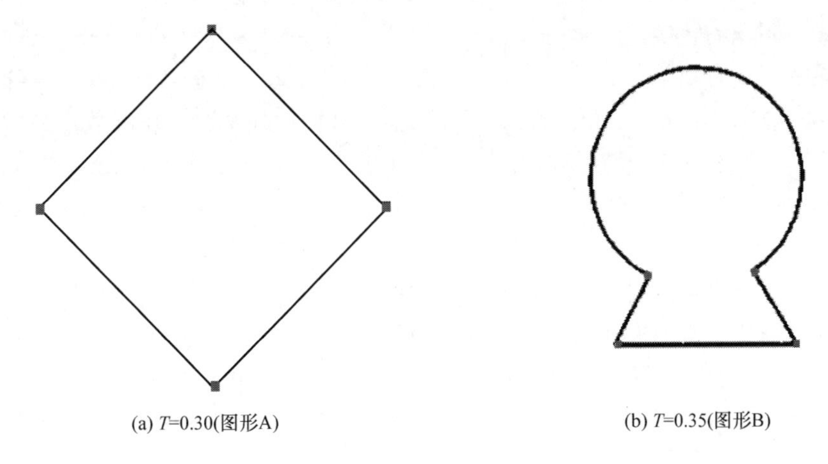

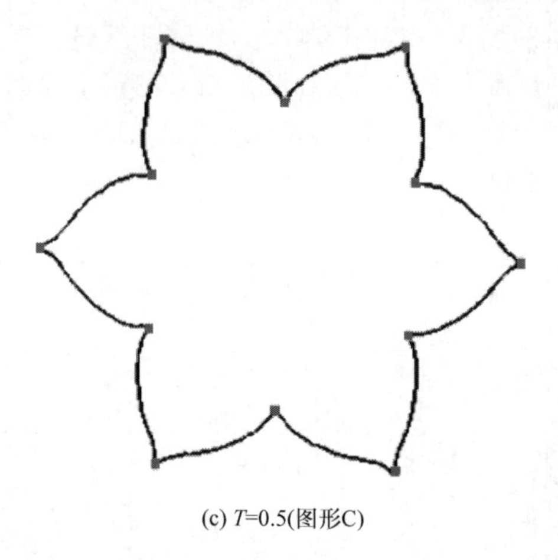

(c) T=0.5(图形C)

图 4-12　三种图形的角点检测结果

4.4　本章小结

本章在分析柔性材料加工轨迹轮廓特点之后，首先将图像目标区域的灰度积分作为区域能量加入传统 Snake 模型，用 E_{int}、E_{img}、E_{reg}、k_3 及 k_4 分别表示柔性材料加工轨迹轮廓曲线 $v(s)$的内部能量、图像势能、区域能量及其相应的权值，定义轮廓曲线初步总能量为 E_{Snake}；根据格林公式，把图像的区域能量 E_{reg} 的区域积分转化为曲线积分，获得轮廓曲线的最终总能量 E'_{Snake}，再通过求解 E'_{Snake}泛函的欧拉方程，得到轮廓曲线 $v(s)$的力平衡方程，实现了轮廓总能量转化为力在轮廓上运动的做功问题的转换。

然后利用有限差分法对 $v(s)$的力平衡方程中的每一项进行离散化，得到用矩阵表示的 $v(s)$的离散化力平衡方程。把 $\boldsymbol{X}$、$\boldsymbol{Y}$ 看作时间的函数，在离散化的力平衡方程中引入导数项 $\dot{\boldsymbol{X}}$、$\dot{\boldsymbol{Y}}$ 构建微分方程，利用欧拉迭代法进行求解，获得加工轨迹图像轮廓曲线的计算式 X_t、Y_t。在此基础上，给出了以轮廓曲线的协方差矩阵 $\det(\boldsymbol{C}(v))=c_{11}(v)c_{22}(v)-c_{12}^2(v)$的局部极值作为轮廓曲线角点判断算法。

最后制订出柔性材料加工轨迹轮廓曲线角点判断算法的流程，开展加工轨迹轮廓提取与角点检测方法的验证试验。对具有直线-直线式、直线-圆弧式、圆弧-圆弧式夹角的轮廓特征的图形轮廓进行提取，结果表明，测试样本的目标轮廓曲线提取完整、正确；对于三种不同形状特征的图形，所提取的轮廓曲线的均方误差都小于 0.35%，角点检测率均大于 90%，证明本章提出的 R-S 模型用于上述柔性材料加工轨迹轮廓的提取，计算准确度高，算法稳定性好。本章介绍的轨迹提取方法可为带视觉测量反馈的柔性材料加工变形闭环控制系统设计提供理论基础。

参 考 文 献

[1] Jang K S. Lip contour extraction based on active shape model and snakes[J]. International Journal of Computer Science & Network Security,2007,(10):148-153.

[2] Kabolizade M, Ebadi H, Ahmadi S. An improved snake model for automatic extraction of buildings from urban aerial images and LiDAR data[J]. Computers Environment & Urban Systems,2010,34(5):435-441.

[3] Vard A,Jamshidi K,Movahhedinia N. Small object detection in cluttered image using a correlation based active contour model[J]. Pattern Recognition Letters,2012,33(5):543-553.

[4] 老大中. 论完全泛函的变分问题[J]. 北京理工大学学报,2006,26(8):749-752.

第 5 章 柔性材料加工变形补偿嵌入式多核协同控制技术

前面提到利用 ATS-FNN 进行预测补偿后的加工精度得到较大提高,但在加工件厚度、进给速度、加工轨迹图案复杂性等加工条件变化的情况下,加工误差明显增大。本章将在 ATS-FNN 开环控制及视觉测量方法的基础上,介绍带反馈的柔性材料加工变形补偿 ATS-FNN 控制器的实现方法,在 ATS-FNN 模型中加入加工轨迹误差测量反馈,以提高控制模型的自调整性能。考虑到加工控制的快速性、准确性等要求,以高性能现场可编程门阵列 FPGA 为核心处理芯片,包括加工轨迹误差测量、加工图像正交变换、TSFNN 计算 IP 核设计等关键技术,开展加工变形补偿核心算法 IP 核试验,验证了带反馈柔性材料加工变形补偿 ATS-FNN 控制器的有效性,为 ATS-FNN 控制器在后续柔性材料加工的实际应用奠定基础。

5.1 带反馈的柔性件加工变形补偿闭环控制方法

基于视觉测量方法可得到加工轨迹轮廓上的点坐标,该方法具有测量速度快、精度及自动化程度高等特点,本节将机器视觉测量反馈与 ATS-FNN 变形补偿预测模型相结合,进一步探讨带反馈的柔性材料加工变形补偿多核控制方法。

5.1.1 基于视觉测量反馈的柔性材料加工变形补偿控制系统框架

图 5-1 所示为带视觉测量反馈的柔性材料加工变形补偿 ATS-FNN 控制系统框架。预加工轨迹经 ATS-FNN 模型预补偿后,由数控平台进行轨迹加工,加工

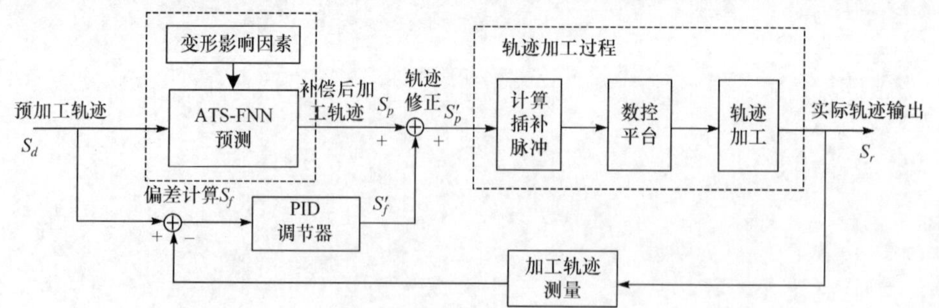

图 5-1 带视觉测量反馈的柔性材料加工变形补偿 ATS-FNN 控制系统框架

过程中通过机器视觉测得加工轨迹的几何尺寸,反馈到输入端,计算轨迹加工偏差,该偏差经PID调节后对加工轨迹进行修正,再进行下一次加工。

变形补偿控制器既要ATS-FNN进行预测计算,又要进行加工轨迹图像获取、预处理、轮廓提取、误差计算等,计算量大,采用单核处理器[1]难以实现带视觉测量反馈的柔性材料加工变形补偿控制。考虑到ATS-FNN预测、加工轨迹误差测量计算相对独立,模糊神经网络、图像处理算法又可通过硬件并行实现,故以Xilinx高性能现场可编程门阵列FPGA为核心处理芯片,设计柔性材料加工变形补偿控制多核控制器,基于嵌入式复杂算法硬件求解,通过片上多个处理器核并行计算以减少ATS-FNN预测计算、加工轨迹图像测量的执行时间,实现硬件可重构。

5.1.2　柔性材料加工变形补偿ATS-FNN控制器的硬件实现原理

结合FPGA硬件开发系统及加工变形补偿控制器通用化、智能化和可重构要求,设计图5-2所示的柔性材料加工变形补偿ATS-FNN控制器硬件架构。

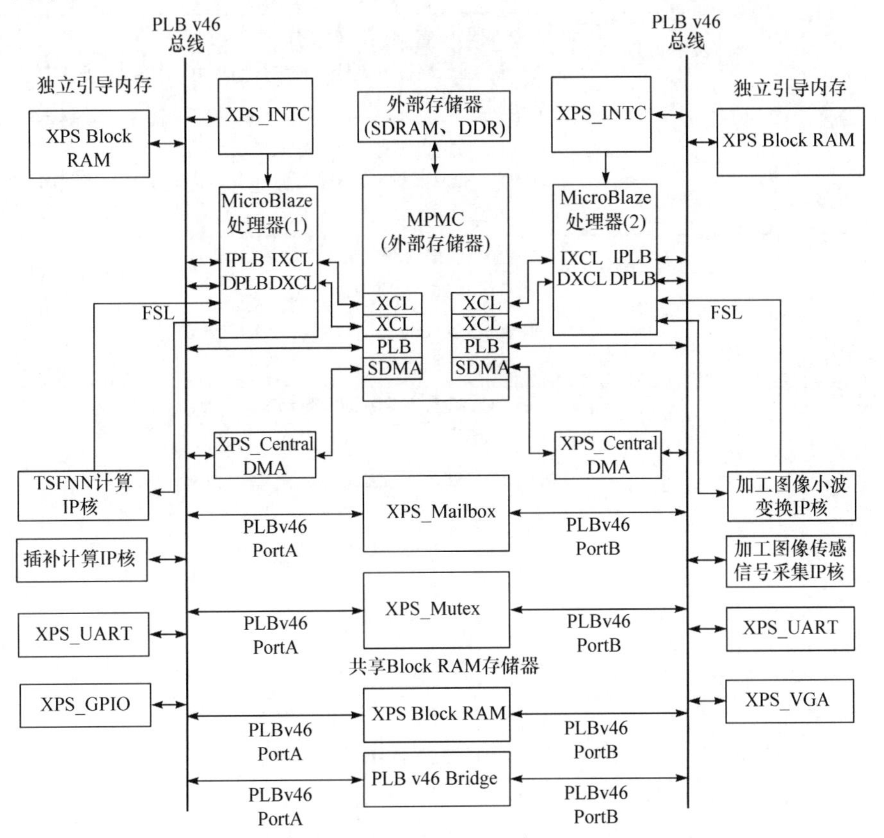

图5-2　柔性材料加工变形补偿ATS-FNN控制器硬件架构

多核控制器以 Xilinx FPGA 为核心，在芯片内部构建一个灵活、高性能的多核片上系统。内部由两个 32 位 MicroBlaze 微处理器软核、4 个用户自定义独立计算 IP 核、6 个 Xilinx EDK 标准 IP 核组成(表 5-1 为多核控制器片上资源规划表)，每个 IP 核直接实现各自任务，与 MicroBlaze 微处理器核协同工作。两个 MicroBlaze 微处理器之间通过 XPS_Mailbox IP 核(应用从一个或多个发送者传输信息到一个接收者的方案)同步，接在两个总线上的端口均为双向，各自都有一个中断接口，当其中一端处理器向消息邮箱(Mailbox)写数据时，另一端就会产生一个中断，通知另一方 Mailbox 中已被写入数据。XPS_Mailbox IP 核采用 PLB 总线接口，Mailbox 长度为 4K，数据宽度为 32 位，读、写函数分别为 XMbox_ReadBlocking()和 XMbox_WriteBlocking()。下面讨论控制器主要片上设备的工作机制。

表 5-1 多核控制器片上资源规划表

设备名称		功能描述	总线接入
处理器	MicroBlaze 处理器(1)	主处理器，负责柔性件轨迹加工控制、加工轨迹测量、轨迹偏差计算及与各用户 IP 核协同计算	PLBv46、XCL、FSL
	MicroBlaze 处理器(2)	从处理器，负责图像采集、图像正交变换 IP 核控制，数据交互；协同主处理器完成加工轨迹轨迹测量	PLBv46、XCL、FSL
用户自定义 IP 核	TSFNN 计算 IP 核	模糊神经网络 TSFNN 硬件计算，结果送入 MicroBlaze 处理器(1)	PLBv46、FSL
	插补计算 IP 核	加工轨迹数控插补脉冲计算，结果送入 MicroBlaze 处理器(1)	PLBv46
	图像采集 IP 核	加工轨迹图像采集，并由 MicroBlaze 处理器(2)控制	PLBv46
	图像正交变换 IP 核	图像滤波处理及小波变换，并由 MicroBlaze 处理器(2)控制	PLBv46、FSL
Xilinx EDK 标准 IP 核	XPS_GPIO	数字输入-输出端口控制 IP 核，接入 MicroBlaze 处理器(1)	PLBv46
	XPS_UART	串行通信接口控制 IP 核	PLBv46
	XPS_Mutex	处理器之间共享数据互斥 IP 核	PLBv46
	XPS_Mailbox	处理器之间同步通信邮箱 IP 核	PLBv46
	XPS_Central DMA	DMA(直接内存访问)控制 IP 核	PLBv46、SDMA
	XPS_INTC	中断控制 IP 核	PLBv46
	XPS_VGA	外接 VGA 设备(加工图像显示)	PLBv46

续表

	设备名称	功能描述	总线接入
存储器	多端口存储控制器 MPMC	外扩 SDRAM，DDR 的存取控制	PLBv46、XCL、SDMA
	XPS Block RAM	FPGA 片内 RAM	PLBv46
其他	PLB v46 Bridge	两条 PLBv46 总线之间桥接	PLBv46

1. 片内微处理器软核 MicroBlaze 的工作机制

MicroBlaze 处理器是针对 Xilinx FPGA 器件而优化的 32 位微处理器，支持 CoreConnect 总线标准，具有较好的兼容性、重复利用性。多核控制器内嵌双处理器即 MicroBlaze 处理器(1)、MicroBlaze 处理器(2)，通过本地处理器总线(processor local bus，PLB)连接，并由 XPS_Mailbox、XPS_Mutex 进行协同计算，其中从处理器 MicroBlaze 处理器(2)负责图像传感信号采集 IP 核、图像处理 IP 核的控制；主处理器 MicroBlaze 处理器(1)负责 TSFNN 计算 IP 核、插补计算 IP 核、柔性材料加工过程的控制，以及与从处理器协同完成加工轨迹测量等任务[2]。

多核控制器的软核内部采用 RISC(精简指令集)架构、哈佛结构的 32 位指令、数据总线，包含 32 个通用寄存器 R0～R31、2 个特殊寄存器程序指针(PC)、1 个算术逻辑单元(arithmetic and logic unit，ALU)、1 个移位单元、浮点单元(float point unit，FPU)、两级中断响应单元、高速缓存及内存管理单元(memory management unit，MMU)。

2. MicroBlaze 处理器与标准 IP 核的 PLB/XCL 总线接入

图 5-3 为 MicroBlaze 处理器与用户自定义、GPIO、中断控制器、串行通信 IP

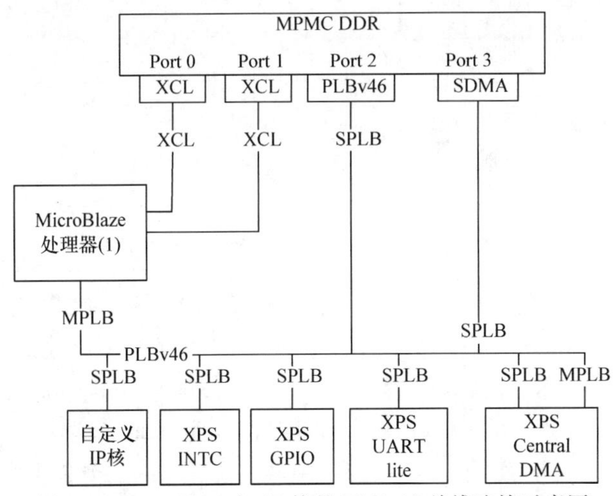

图 5-3 MicroBlaze 与 IP 核的 PLBv46 总线连接示意图

核的PLBv46 总线连接示意图。图中,多端口外部内存控制器(multi-port external memory controller,MPMC)最多有 8 个相互独立、可配置的总线端口,根据设计要求,4 个端口被设置为 XCL 端口,2 个为 PLBv46 端口,1 个 DMA(直接内存访问)端口 SDMA(图 5-4)。

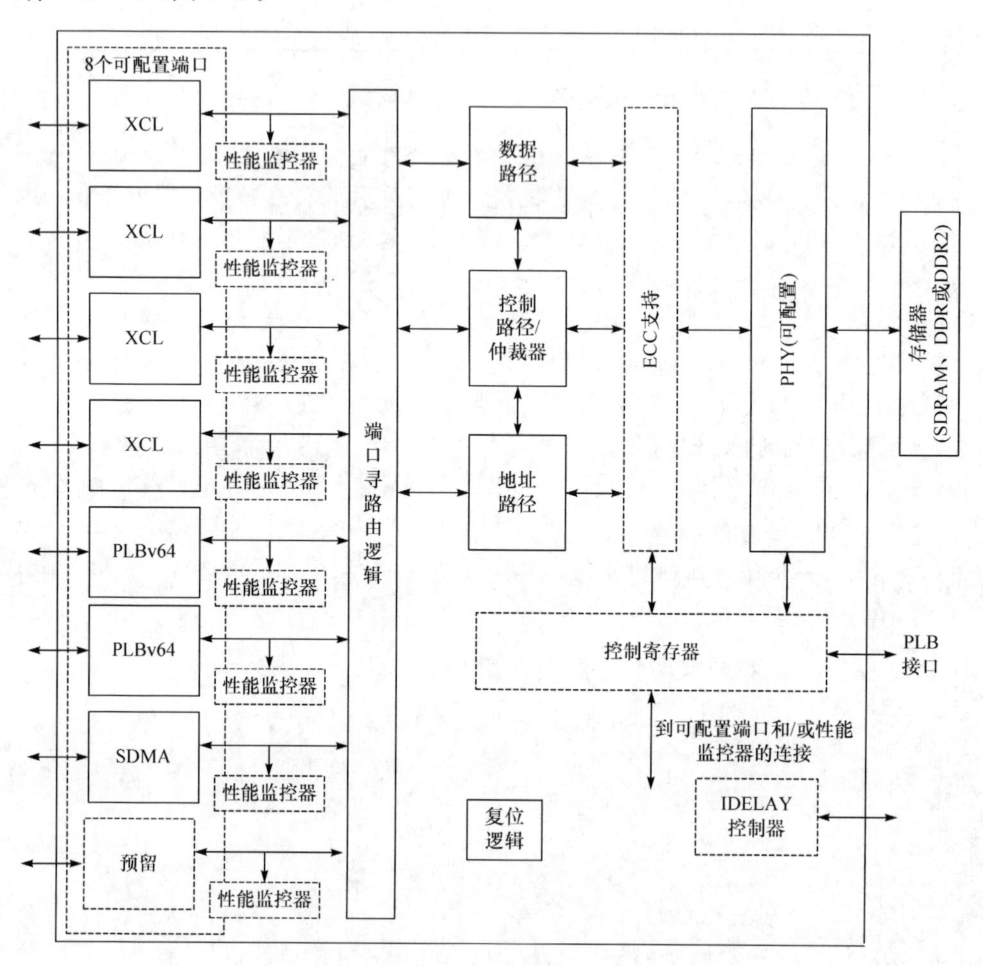

图 5-4　MPMC 内部结构及端口配置图

进行加工轨迹图像采集及处理时,图像数据被存放在外部 SDRAM,MicroBlaze 处理器工作在缓存模式,通过 XCL 总线连接 MPMC 的 XCL 端口,实现片外存储器的高速访问;当工作在非缓存模式时,地址和数据总线直接通过 PLBv46 总线(接入 MPMC 的 PLBv46 端口)访问外部存储器,而 SDMA 端口在图像数据使用 DMA 方式写入内存时使用。连接在 PLBv46 总线上的 IP 核通过中断方式解决 MicroBlaze 处理器共享问题,中断控制器由中断控制核 XPS_INTC 和总线接口组成，XPS_INTC利用优先编码方案，直接将其输出信号连接到MicroBlaze处理器的中断输入引脚上。在工作过程中，多个IP核通过中断请求方式申请同一条PLBv64总线上MicroBlaze处理器控制，在中断使能的情况下，同一条PLBv64总线上的XPS_INTC将所有的中断请求提供给处理器，由处理器根据预先设置的中断响应优先级，选择响应哪个中断源，XPS_INTC会保持捕获到中断请求直到被清空。

3. 用户自定义IP核的协处理接入方式

柔性材料加工变形补偿ATS-FNN控制器硬件架构中，用户自定义TSFNN计算IP核、图像正交变换IP核以协处理器的身份通过快速单向链路(fast simplex link，FSL)总线与MicroBlaze处理器相连接（图5-5）。协处理器本身可视为处理器逻辑运算单元的功能扩展，FSL接口提供低延时专用流水线通道，适用于处理器执行单元的功能扩展。MicroBlaze处理器支持16对FSL通道，每对FSL通道由两个32位的单向点对点流式数据通道构成，使用Put指令将寄存器的数据写到FSL Bus1上，用Get指令从FSL Bus0中将数据读到寄存器中；协处理器通过FSL Bus1读取数据，处理完毕后再将结果写入FSL Bus0。

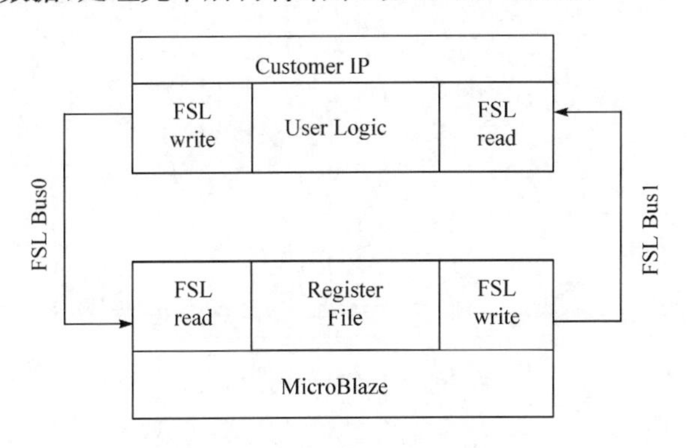

图5-5　用户自定义IP核协处理器接入

5.2　柔性材料加工变形补偿嵌入式多核控制器关键技术

测量加工轨迹误差及TSFNN的计算是多核控制器实现的重要环节，围绕这两个环节涉及的关键技术，下面基于Xilinx VC4VSX25 FPGA讨论它们的实现方法。限于篇幅，本节将重点讨论加工轨迹图元夹角测量、模型神经网络TSFNN硬件计算实现方法等几个关键点。

5.2.1 ATS-FNN 控制器的加工轨迹夹角测量技术

图 5-6 为加工轨迹图元夹角类型，包括直线-直线式夹角 $\alpha_{\text{l-l}}$、圆弧-圆弧式夹角 $\alpha_{\text{c-c}}$和直线-圆弧式夹角 $\alpha_{\text{l-c}}$。

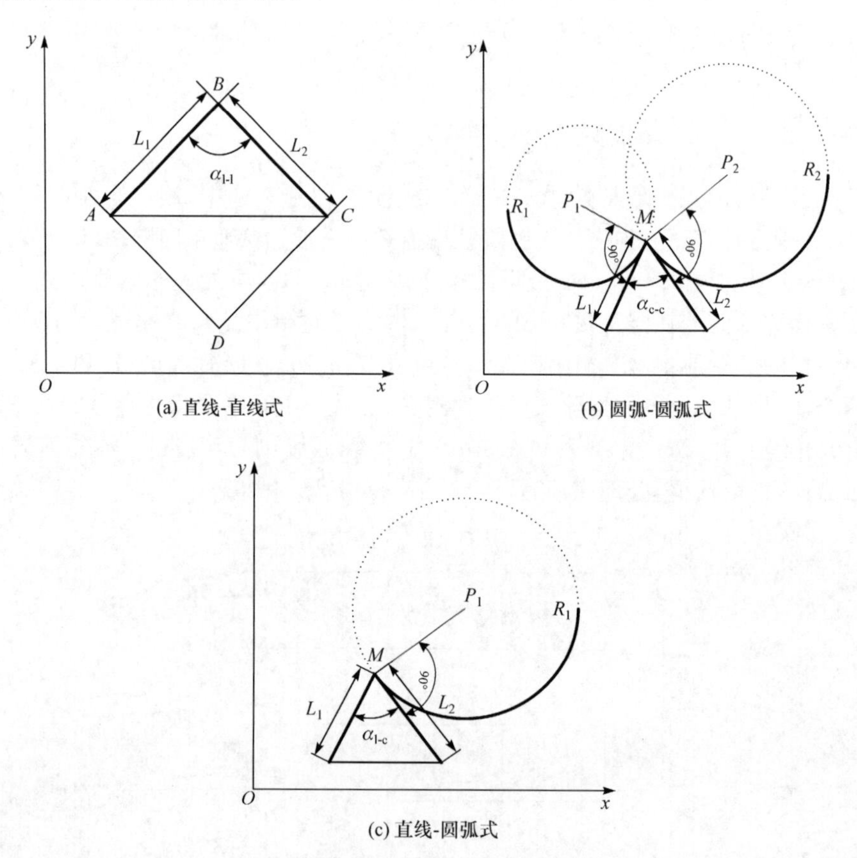

图 5-6 加工轨迹图元夹角类型

(1) 图 5-6(a)的直线-直线夹角 $\alpha_{\text{l-l}}$。令 L_1、L_2 分别为经轮廓提取后加工轨迹 AB、BC 拟合直线，$\alpha_{\text{l-l}}$为两直线夹角，A_1、B_1、C_1 和 A_2、B_2、C_2 为常数，由直线 L_1、L_2 方程

$$\begin{cases}L_1: A_1x+B_1y+C_1=0\\ L_2: A_2x+B_2y+C_2=0\end{cases}$$

可得

$$\alpha_{l\text{-}l}=\arccos\frac{|A_1A_2+B_1B_2|}{\sqrt{A_1^2+B_1^2}\cdot\sqrt{A_2^2+B_2^2}} \tag{5-1}$$

(2) 图 5-6(b)的圆弧-圆弧夹角 $\alpha_{c\text{-}c}$。设经提取拟合后的两圆弧轨迹 R_1、R_2 交于点 $M(x_0,y_0)$，圆弧-圆弧夹角 $\alpha_{c\text{-}c}$ 由圆 P_1、P_2 的切线 L_1、L_2 形成，D_1、E_1、F_1 和 D_2、E_2、F_2 为圆 P_1、P_2 的几何方程系数，由切线 L_1、L_2 方程

$$\begin{cases}L_1:\left(x_0+\dfrac{D_1}{2}\right)x+\left(y_0+\dfrac{E_1}{2}\right)y+\dfrac{D_1}{2}x_0+\dfrac{E_1}{2}y_0+F_1=0\\ L_2:\left(x_0+\dfrac{D_2}{2}\right)x+\left(y_0+\dfrac{E_2}{2}\right)y+\dfrac{D_2}{2}x_0+\dfrac{E_2}{2}y_0+F_2=0\end{cases}$$

可得

$$\alpha_{c\text{-}c}=\arccos\frac{\left|x_0^2+y_0^2+\dfrac{D_1+D_2}{2}x_0+\dfrac{E_1+E_2}{2}y_0+\dfrac{D_1D_2+E_1E_2}{4}\right|}{\sqrt{\left(x_0+\dfrac{D_1}{2}\right)^2+\left(y_0+\dfrac{E_1}{2}\right)^2}\cdot\sqrt{\left(x_0+\dfrac{D_2}{2}\right)^2+\left(y_0+\dfrac{E_2}{2}\right)^2}} \tag{5-2}$$

(3) 图 5-6(c)的直线-圆弧夹角 $\alpha_{l\text{-}c}$。设直线-圆弧夹角由直线轨迹的拟合直线 L_1 与圆弧轨迹的拟合圆弧 R_1 的切线 L_2 形成夹角 $\alpha_{l\text{-}c}$。令 A_1、B_1、C_1 为常数，D_1、E_1、F_1 为圆 P_1 的几何方程系数，由直线 L_1、切线 L_2 方程

$$\begin{cases}L_1:A_1x+B_1y+C_1=0\\ L_2:\left(x_0+\dfrac{D_1}{2}\right)x+\left(y_0+\dfrac{E_1}{2}\right)y+\dfrac{D_1}{2}x_0+\dfrac{E_1}{2}y_0+F_1=0\end{cases}$$

可得

$$\alpha_{l\text{-}c}=\arccos\frac{\left|A_1x_0+B_1y_0+\dfrac{D_1}{2}A_1+\dfrac{E_1}{2}B_1\right|}{\sqrt{A_1^2+B_1^2}\cdot\sqrt{\left(x_0+\dfrac{D_1}{2}\right)^2+\left(y_0+\dfrac{E_1}{2}\right)^2}} \tag{5-3}$$

可以看出，对于线段和线段交接，夹角容易求得；对于圆弧和线段(或圆弧)交接求夹角，必须先求圆弧切线，再求切线与线段的夹角，故只要正确提取加工轨迹中的线段、圆弧轮廓，就可求出相应的实际夹角。

图 5-7 为加工轨迹夹角测量流程图。加工过程中由 PAL 模拟摄像头采集加工图像视频，经解码芯片 TVP5150 转成数字视频后进入图像传感信号采集 IP 核，由 MicroBlaze 处理器(2)通过 PLBv46 控制 IP 核执行图像捕捉；Micro-

Blaze 处理器(1)、MicroBlaze 处理器(2)及加工图像小波变换 IP 核协同工作中对加工图像进行小波变换、提取加工轨迹轮廓、定位图元起点和终点位置,以及计算夹角大小。

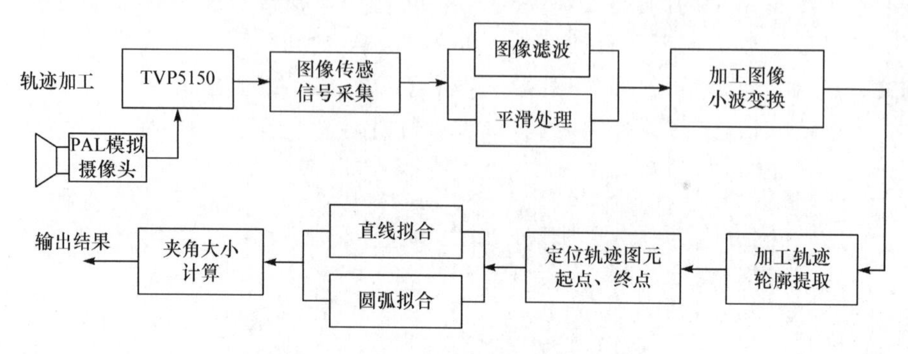

图 5-7　加工轨迹夹角测量流程图

1. 加工图像小波变换 IP 核设计

设 $f(x_1,x_2)$表示某一柔性件轨迹加工图像,$A_1f(x_1,x_2)$反映加工图像 $f(x_1,x_2)$经二维小波变换后的水平方向(x_1 方向)、垂直方向(x_2 方向)的低频成分,$d_1^{(1)}f(x_1,x_2)$反映 x_1 方向的低频成分和 x_2 方向的高频成分[3],$d_1^{(2)}f(x_1,x_2)$反映 x_1 方向的高频成分和 x_2 方向的低频成分,$d_1^{(3)}f(x_1,x_2)$代表 x_1、x_2 方向的高频成分;用 L 表示具有脉冲响应的低通滤波器,H 表示具有脉冲响应的高通滤波器,根据 Mallat 算法,$f(x_1,x_2)$的小波分解、重构过程如图 5-8 所示。

$f(x_1,x_2)$分解或重构过程由若干级高通滤波器 H、低通滤波器 L 得到,在已知滤波器系数条件下,H、L 可用图 5-9 所示的有限长单位脉冲响应(finite impulse response,FIR)滤波器来构建。

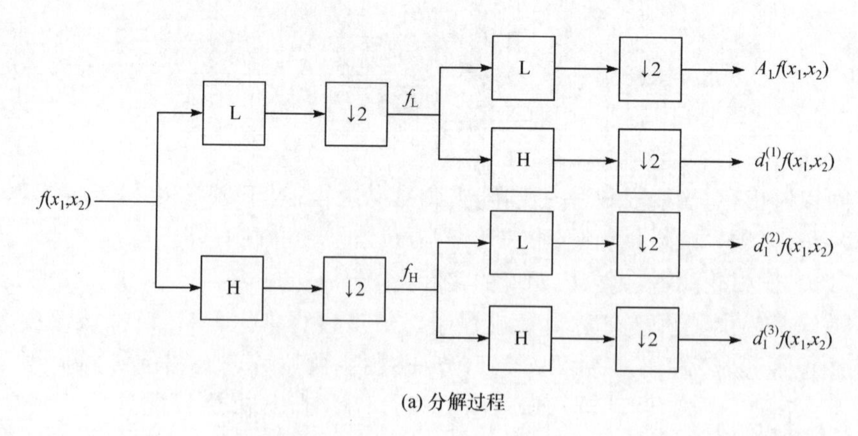

(a) 分解过程

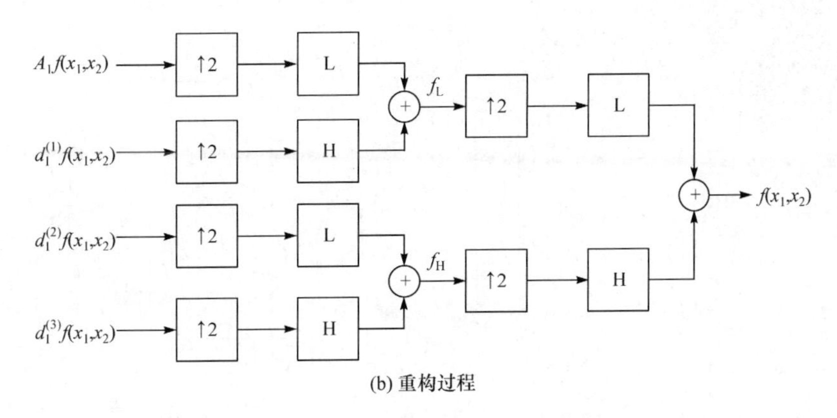

(b) 重构过程

图 5-8　$f(x_1, x_2)$的小波分解、重构过程示意图

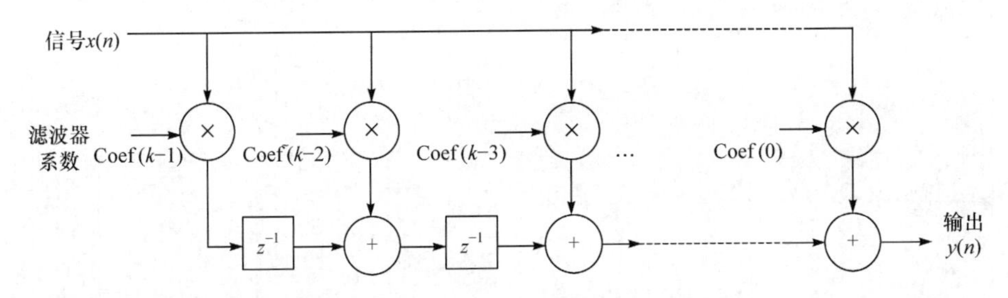

图 5-9　长度为 k 的 FIR 滤波器结构图

基于图 5-8 和图 5-9,选择 Daubechies(4)作为 $f(x_1, x_2)$小波分解、重构过程的滤波器,高通、低通 Daubechies(4)小波滤波器系数皆为 8 个,故每一个滤波器 H、L 可用一个 8 抽头的 FIR 滤波器来构建。

1) 实现小波变换的 FIR 滤波器设计

下面用 Xilinx Xtreme DSP 部件 DSP48 Slice 设计 FIR 滤波器。图 5-10 为 DSP48 Slice 结构图,它由一个 18×18 乘法器、一个加法器以及相关存储器、控制逻辑组成:数据输入端口 A、B、C 和输出端口 P,7 位配置端口 OPMODE 和加减控制信号 SUBRACT,控制端口 OPMODE 控制多路选择开关 X、Y、Z 以实现不同运算的操作,用于实现 DSP48 各模块间级联 PCIN、PCOUT、BCIN、BCOUT 接口。

图 5-11 为基于 DSP48 Slice 设计的 8 抽头结构 FIR 滤波器结构图。

(1) 图中左边第一个 DSP48 Slice 配置为 OPMODE ＝0000101,其他 OPMODE＝0010101,各级端口 A 为图像信号 $x(n)$输入端,以补码方式表示,数据宽度为 18 位,其中 1 位表示符号,9 位表示整数,8 位表示小数。

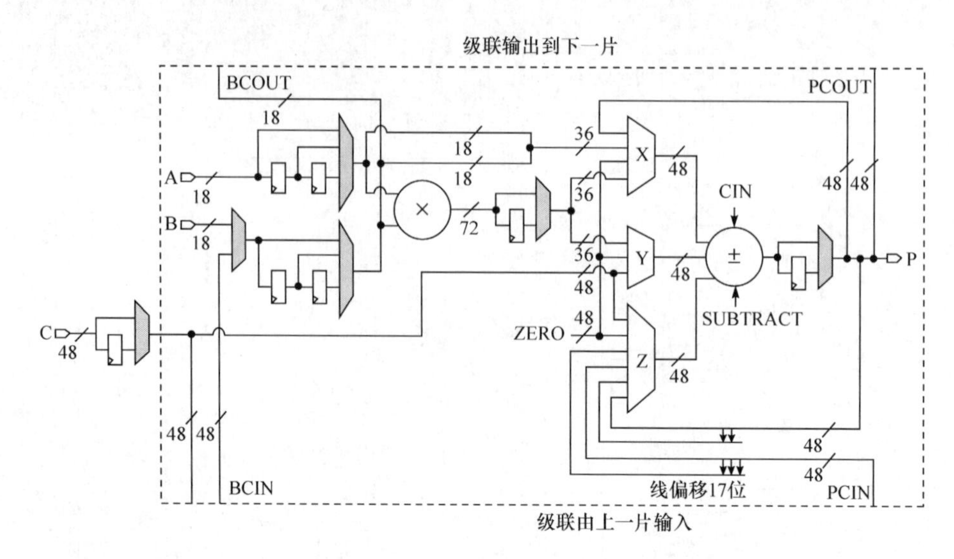

图 5-10　DSP48 Slice 结构图

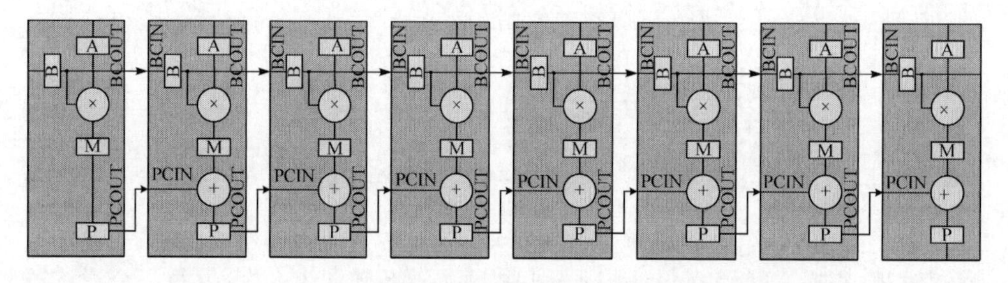

图 5-11　基于 DSP48 Slice 设计的 8 抽头结构 FIR 滤波器结构图

(2) B 寄存器存放每一级响应 Daubechies(4)滤波器系数 Coef(k)，以补码方式表示，数据宽度为 18 位，其中 1 位表示符号，其他 17 位表示小数。各级 B 寄存器通过 BCIN、BCOUT 端口相连接，形成寄存器链，可方便通过第一级 DSP48 的 B 端口来实现对整个滤波器各级系数的修改。

(3) 各级处理结果输入、输出 PCIN、PCOUT 相互连接，由 P 端口输出结果 $y(n)$，宽度为 48 位；对于 8 位图像像素输入，先将数据左移 8 位再输入，输出截取最高 32 位。

(4) 8 抽头 FIR 滤波器以协处理方式与 MicroBlaze 处理器(2)连接，以 FSL 总线接口进行数据通信，控制逻辑状态机由等待图像数据输入(IDLE)、配置寄存器系数(CONFIG)、启动滤波器(EXEC)三个状态组成。各状态的切换由 FSL 接口的 FSL_S_Exists 和 FSL_S_Control 两个信号进行控制。图 5-12 为 8 抽头 FIR 滤波器的 FSL 控制状态机。

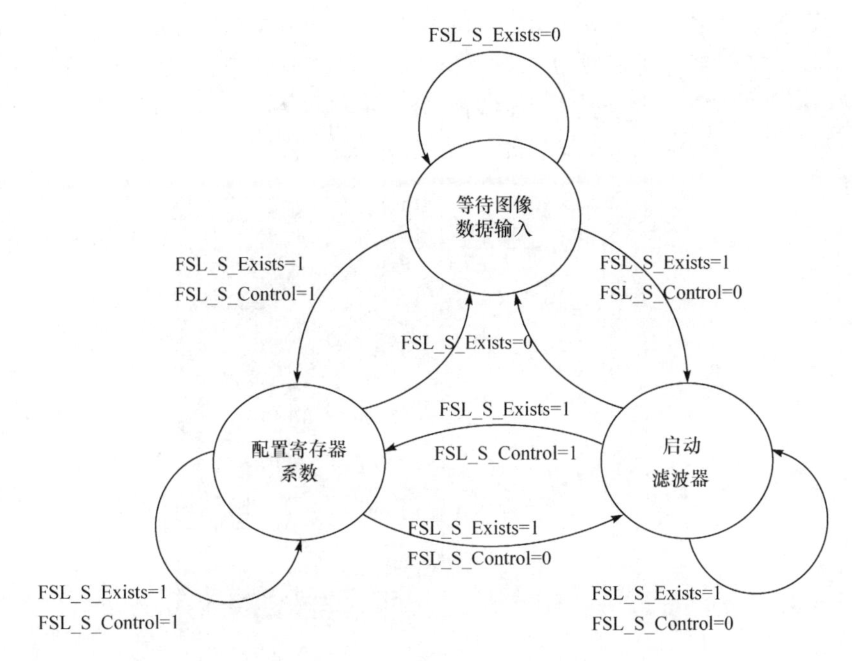

图 5-12　8 抽头 FIR 滤波器的 FSL 控制状态机

2）加工图像小波变换 IP 核验证

图 5-13 为 Xilinx FPGA IP 核验证平台实物图。试验硬件环境：计算机 1 台，Intel Core i5 处理器、运行频率为 2. 19GHz、内存为 2GB，Xilinx VC4VSX25 FPGA 开发系统 1 套；软件环境：Microsoft Windows XP 操作系统、Xilinx ISE 10. 1i、EDK 10. 1i、Modelsim 6. 5、MATLAB R2008a。

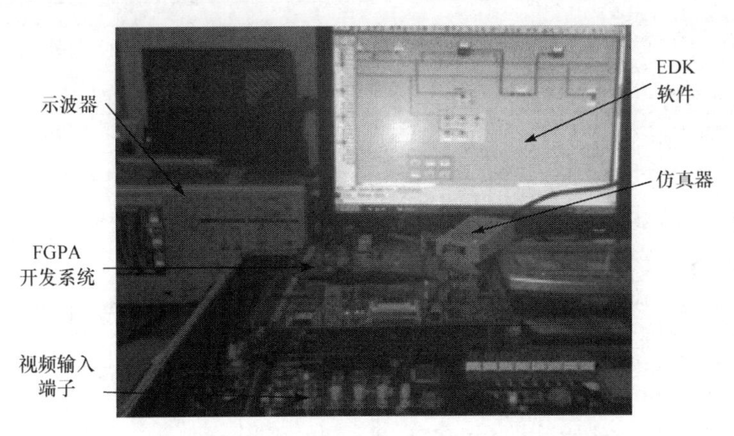

图 5-13　Xilinx FPGA IP 核验证平台实物图

使用 Xilinx 平台工作室(Xilinx platform studio,XPS)建立 IP 核验证工程,MircoBlaze 处理器(2)主频为 165MHz,PLB 总线时钟周期为 1×10^{-5} ms。以图 5-14 所示的加工轨迹图像(灰度图像)作为测试图片,大小为 720 像素×576 像素,小波变换选择 Daubechies(4)滤波器(系数见表 5-2)。

图 5-14　柔性材料加工测试图片

表 5-2　Daubechies(4)滤波系数表

分解过程	低通滤波器系数	−0.0106	0.0329	0.0308	−0.1870	−0.0280	0.6309	0.7148	0.2304
	高通滤波器系数	−0.2304	0.7148	−0.6309	−0.0280	0.1870	0.0308	−0.0329	−0.0106
重构过程	低通滤波器系数	0.2304	0.7148	0.6309	−0.0280	−0.1870	0.0308	0.0329	−0.0106
	高通滤波器系数	−0.0106	−0.0329	0.0308	0.1870	−0.0280	−0.6309	0.7148	−0.2304

对轨迹加工测试图片进行两级小波分解,每一级分水平、垂直方向的小波分解,测试每个阶段的图像分解效果及小波分解时间 T_{wmrt}。

(1) 加工图像小波分解分 2 个级别,第 1 级分解分 2 个阶段,第 1 阶段为垂直方向小波变换,此阶段将图像垂直方向的低频分量保留在图像上半部分,将垂直方向的高频分量保留在图像下半部分,分解结果见图 5-15(a);第 2 阶段为水平方向小波变换,此阶段将水平方向的低频分量保留在图像左半边,将水平方向的高频分量保留在图像右半边,分解结果见图 5-15(b)。第 2 级分解亦有 2 个阶段,第 1 阶段为水平方向小波变换，此阶段将水平方向的低频分量保留在图像左半边，将水平方向的高频分量保留在图像右半边，分解结果见图 5-16(a)；第 2 阶段为垂直方向小波变换，此阶段将水平方向的低频分量保留在图像左半边，将水平方向的高频分量保留在图像右半边，分解结果见图 5-16(b)。

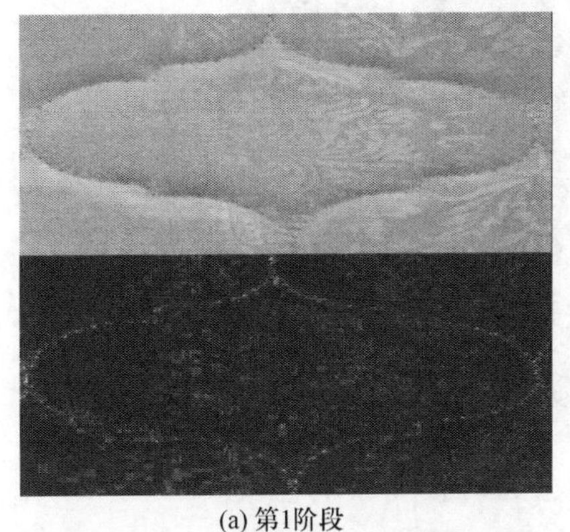

(a) 第1阶段

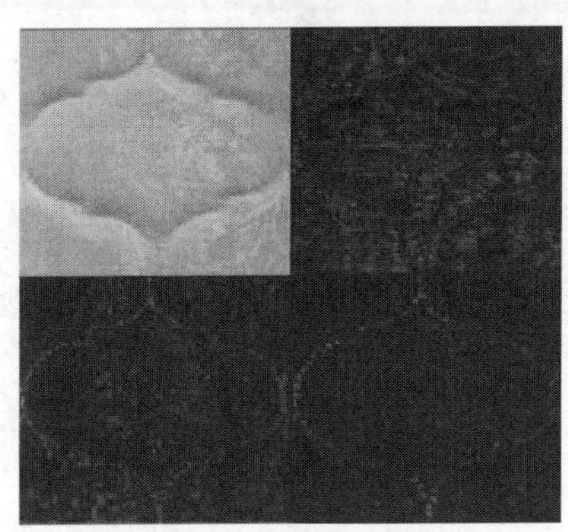

(b) 第2阶段

图 5-15　第 1 级小波分解结果

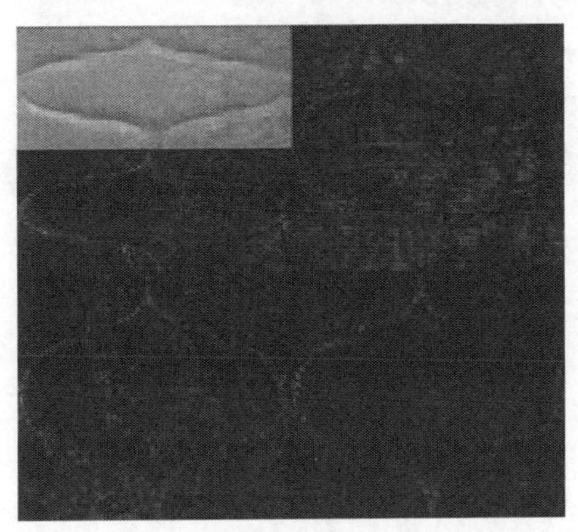

(a) 第1阶段

(b) 第2阶段

图 5-16　第 2 级小波变换分解结果

由图 5-15 和图 5-16 可以看出，加工图像第 1 级、第 2 级分解所得到的频率成分与图 5-8(a)中给出的 $f(x_1, x_2)$ 小波分解各个阶段的结果互相对应。

图 5-17 所示为经加工图像小波变换 IP 核重构后的图像，结果与图 5-14 的原图基本一致，这说明设计加工图像小波变换 IP 核对图像分解和重构处理的正确性。

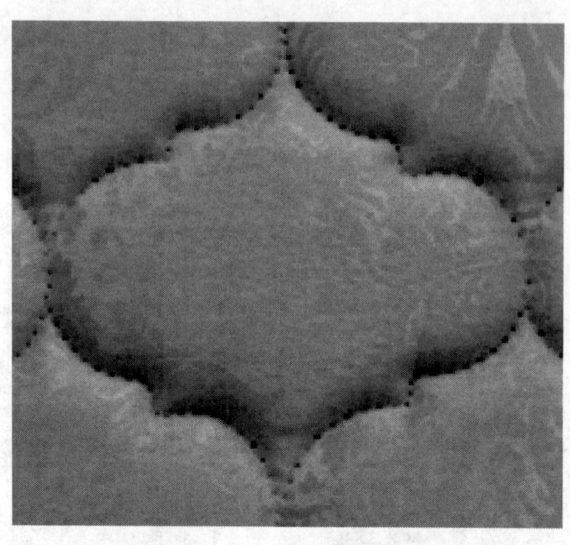

图 5-17　小波分解重构后的图像

(2) 在 PLB 总线时钟周期为 1×10^{-5}ms 的条件下，测试用 FIR 滤波器进行小波分解所需的时间，共测试 11 次，分别统计小波两级分解过程耗时 $T_{wmrt_{c1}}$、$T_{wmrt_{c2}}$ 及总耗时 T_{wmrt}，并与计算机分解耗时 $T_{wmrt_{pc}}$ 进行比较，结果见表 5-3。

表 5-3　小波分解耗时对比表

测试次数	硬件 IP 核小波两级分解耗时/ms						计算机中小波分解耗时/ms
	第 1 级分解			第 2 级分解			
	分解	矩阵转置	合计	分解	矩阵转置	合计	
1	34.6506	0.00000	34.6506	74.2829	21.3355	95.6184	123.4057
2	34.6506	0.00000	34.6506	74.2827	21.3355	95.6182	123.4058
3	34.6507	0.00000	34.6507	74.2828	21.3355	95.6183	123.4056
4	34.6506	0.00000	34.6506	74.2828	21.3355	95.6183	123.4056
5	34.6507	0.00000	34.6507	74.2828	21.3355	95.6183	123.4057
6	34.6506	0.00000	34.6506	74.2828	21.3355	95.6183	123.4056
7	34.6506	0.00000	34.6506	74.2829	21.3355	95.6184	123.4058
8	34.6506	0.00000	34.6506	74.2827	21.3355	95.6182	123.4055
9	34.6506	0.00000	34.6506	74.2828	21.3355	95.6183	123.4056
10	34.6506	0.00000	34.6506	74.2826	21.3355	95.6181	123.4058
11	34.6506	0.00000	34.6506	74.2828	21.3355	95.6183	123.4058
平均耗时	$T_{wmrt_{c1}}\approx34.65$			$T_{wmrt_{c2}}\approx95.62$			$T_{wmrt_{pc}}\approx123.41$

表5-3中硬件IP核小波分解第1级分解耗时由分解及矩阵转置组成，平均计算一次需3465062个总线时钟周期，耗时约为34.65ms；小波分解第2级分解，除小波分解时间外，还需一次矩阵转置，平均计算一次需9561834个总线时钟周期，耗时约为95.62ms，故小波两级分解总耗时$T_{\text{wmrt}}=T_{\text{wmrt}_{c1}}+T_{\text{wmrt}_{c2}}=130.27\text{ms}$，比PC计算时间$T_{\text{wmrt}_{pc}}\approx 123.41\text{ms}$增加5.561%。

若进一步提高MicroBlaze处理器(2)的运行频率，减少转置操作时间，那么通过FIR滤波器进行小波分解的速度还有一定的提升空间。

2. 加工轨迹图元起点、终点定位算法

在加工图像小波分解的基础上，还需要提取加工轨迹轮廓，且确定每个图元的起点、终点，绘制出夹角测量辅助线，得到测量夹角。由于加工轨迹轮廓可用小波模极大值方法提取，下面结合小波多尺度信息处理讨论图元起点、终点位置的定位算法。

对于几何图案封闭的加工轨迹，某一图元起点、终点所在位置为轨迹中各夹角的角点位置，角点处于轨迹图像轮廓曲率较大的位置。如图5-18所示，沿加工轨迹轮廓求其上各点p的斜率角度$\phi(p)$，得到曲线$\phi(p)$-p，各角点所在转角区域在$\phi(p)$-p曲线上均表现为阶跃性变化，转角越尖锐，阶跃幅度越大。若相邻$\phi(p)$角度曲线不发生交叠，角点处的拐角在$p-q\sim p+q$范围内(q为小于等于3的整数)，用k表示斜率，C表示常量，并假设其$\phi(p)$-p曲线是单调上升(或下降)的，那么$\phi(p)$-p可看成如图5-19所示的由三段直线组成的单调上升曲线，其曲线方程如下：

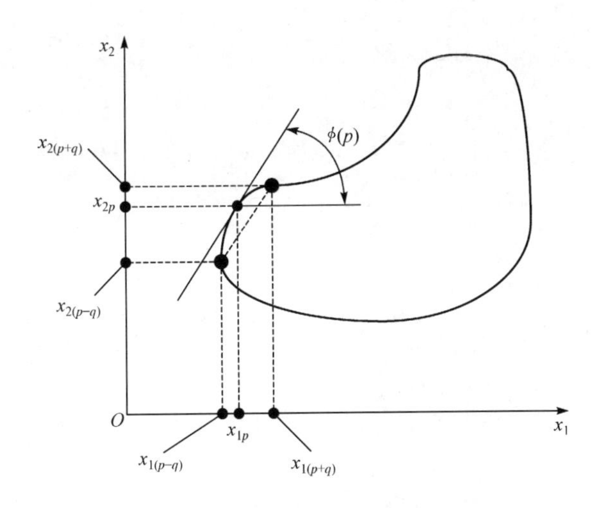

图5-18　加工轨迹轮廓斜率曲线$\phi(p)$-p

$$\phi(p)=\begin{cases}C, & p<-q\\ k(p+q)+C, & -q\leqslant p\leqslant q\\ 2kq+C, & p>q\end{cases}\tag{5-4}$$

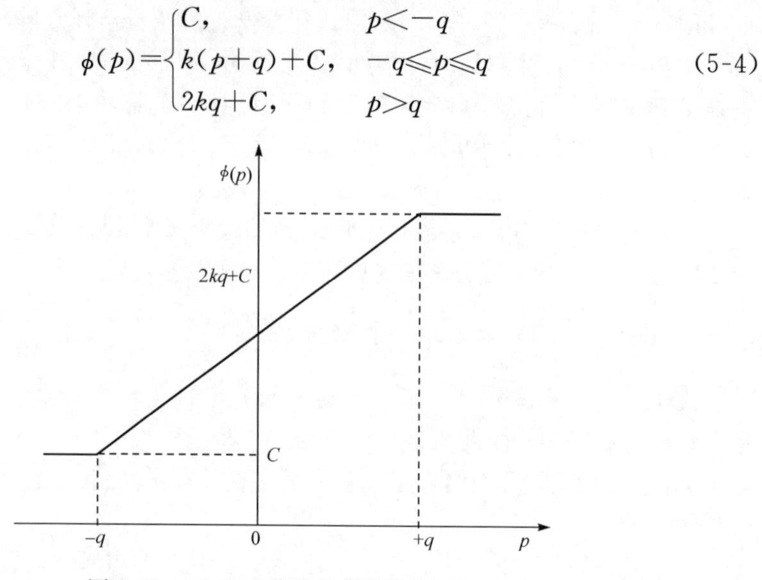

图 5-19　$\phi(p)$-p 曲线的分段线性近似

在小波边缘模极大值提取算法中，在图像中任意一点(x_1,x_2)处，如果模值$M_jf(x_1,x_2)$在沿幅角$A_jf(x_1,x_2)$给定的梯度方向上有一个局部极大值，则认为它是一个边缘点，故可对曲线$\phi(p)$-p在多个尺度上做小波变换，通过判断曲线上某一点是否出现小波变换的极值来确定该点是否为一个角点。

设尺度因子为s，三次样条为平滑函数$\theta(p)$，其一阶导数$\phi_s(p)$为基本小波，有

$$\theta(p)=\begin{cases}a_1|p|^3-b_1|p|^2+d_1, & |p|\leqslant 0.5\\ -a_2|p|^3+b_2|p|^2-c_2|p|+d_2, & 0.5\leqslant|p|\leqslant 1\\ 0, & |p|\geqslant 1\end{cases}$$

$$\phi_s(p)=\begin{cases}3a_1\dfrac{|p|^3}{p}-2b_1\dfrac{|p|^2}{p}, & |p|\leqslant 0.5\\ -3a_2\dfrac{|p|^3}{p}+2b_2\dfrac{|p|^2}{p}-c_2\dfrac{|p|}{p}, & 0.5\leqslant|p|\leqslant 1\\ 0, & |p|\geqslant 1\end{cases}$$

那么$\phi_s(i)$对$\phi(i)$做小波变换：

$$\begin{aligned}\mathrm{WT}_\phi(s,p)&=\phi(p)*\phi_s(p)=\phi(p)*\frac{\mathrm{d}}{\mathrm{d}p}\theta\left(\frac{p}{s}\right)\\&=\left[\frac{\mathrm{d}}{\mathrm{d}p}\phi(p)\right]*\theta\left(\frac{p}{s}\right)\end{aligned}$$

$$=k\int_{p-q}^{p+q}\theta\left(\frac{p-u}{s}\right)\mathrm{d}u$$

可见 $\mathrm{WT}_\phi(s,p)$的极值出现在 $p=0$ 处,即

$$\begin{aligned}|\mathrm{WT}_\phi(s,p)|_{\max}=|\mathrm{WT}_\phi(s,0)|&=k\int_{-q}^{+q}\theta\left(\frac{u}{s}\right)\mathrm{d}u\\&=k\int_{-q}^{+q}\left(a_1\left|\frac{u}{s}\right|^3-b_1\left|\frac{u}{s}\right|^2+d_1\right)\mathrm{d}u\\&=k\int_{-q}^{0}\left(-a_1\left(\frac{u}{s}\right)^3-b_1\left(\frac{u}{s}\right)^2+d_1\right)\mathrm{d}u\\&\quad+k\int_{0}^{+q}\left(a_1\left(\frac{u}{s}\right)^3-b_1\left(\frac{u}{s}\right)^2+d_1\right)\mathrm{d}u\end{aligned}$$

可得

$$|\mathrm{WT}_\phi(s,p)|_{\max}=k\left(\frac{a_1q^4}{2s^3}-\frac{b_1q^3}{3s^2}+2d_1q\right)\tag{5-5}$$

进一步求得两个不同尺度 s_1、$s_2(s_1<s_2)$下极值的比值:

$$\begin{aligned}K(s_1,s_2)&=\frac{|\mathrm{WT}_\phi(s_1,0)|_{\max}}{|\mathrm{WT}_\phi(s_2,0)|_{\max}}\\&=\frac{\int_{-q}^{+q}\theta\left(\frac{u}{s_1}\right)\mathrm{d}u}{\int_{-q}^{+q}\theta\left(\frac{u}{s_2}\right)\mathrm{d}u}=\frac{\int_{0}^{+q}\theta\left(\frac{u}{s_1}\right)\mathrm{d}u}{\int_{0}^{+q}\theta\left(\frac{u}{s_1}\right)\mathrm{d}u}=\frac{\frac{a_1q^4}{4s_1^3}-\frac{b_1q^3}{3s_1^2}+d_1q}{\frac{a_1q^4}{4s_2^3}-\frac{b_1q^3}{3s_2^2}+d_1q}\end{aligned}\tag{5-6}$$

因此,加工轨迹图像角点的检测过程可表述为:①基于小波边缘快速提取算法,提取加工图像中的轨迹边缘轮廓;②在 $s=2^{-1}$、2^{-2}、2^{-3}三个相邻尺度下,计算 $\phi(p)$小波变换 $\mathrm{WT}_\phi(s,p)$,结果存入指定数组;③检测出三个尺度下 $\mathrm{WT}_\phi(s,p)$的极值$|\mathrm{WT}_\phi(s,p)|_{\max}$,若在相邻三个尺度的相应位置均有小波极值,且其值不低于设定值 T_s,则该点为候选角点;④令 $s_1=2^4$、$s_2=2^6$ 或 $s_1=2^5$、$s_2=2^7$,计算两尺度下小波变换极值的比值 $K(s_1,s_2)$,若 $K_l<K<K_u$($0.9<K_l<1$、$0.9<K_u<1$),则该候选角点就是一个角点,否则予以摒除。

取 $a_1=8$,$b_1=8$,$d_1=1.33$,$K_l=0.93$,$K_u=0.95$,$q=1$,代入式(5-6),搜索图 5-20 所示加工轨迹图像中的指定区域角点(圆弧图元),检测结果如图 5-21 所示。可以看出,算法能够准确定位角点位置,即圆弧图元 R_1、R_2 的起点、终点位置。

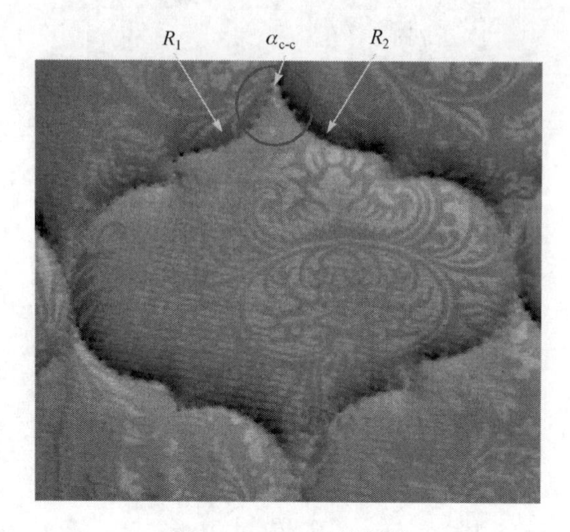

图 5-20　加工轨迹图像

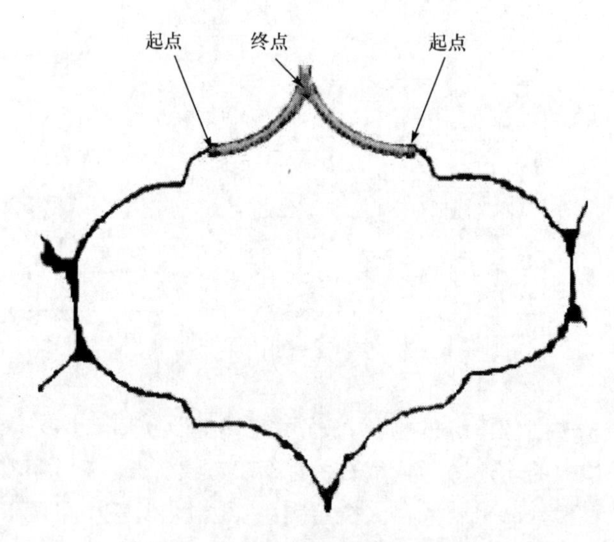

图 5-21　图元起点、终点角点定位结果

进一步测量 R_1、R_2 的夹角大小，在圆弧 R_1、R_2 各取 12 个拟合点，搜索长度为 20 像素，搜索方向为向外，最终拟合得到圆 P_1、P_2。结合圆弧-圆弧夹角计算公式(5-2)，计算得到圆弧图元 R_1、R_2 的夹角，如图 5-22 所示。表 5-4 为重复测量 10 次所得测量值与实际值的对比表，测量方法的平均相对误差为 2.2%，平均测量时间为 212.38ms。

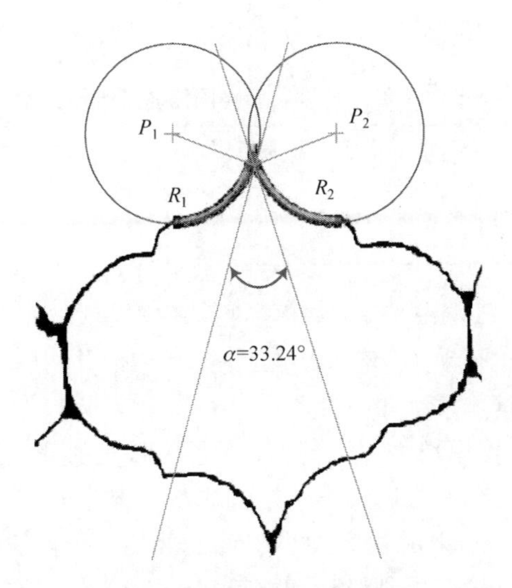

图 5-22　轨迹夹角测量结果

表 5-4　夹角测量结果对比表

测量次数	夹角测量			测量时间/ms
	实际值/(°)	测量值/(°)	相对误差/%	
1	32.50	33.24	2.28	212.38
2	32.50	33.21	2.18	212.38
3	32.50	33.23	2.25	212.38
4	32.50	33.19	2.12	212.38
5	32.50	33.24	2.28	212.38
6	32.50	33.21	2.18	212.38
7	32.50	33.19	2.12	212.38
8	32.50	33.23	2.25	212.38
9	32.50	33.21	2.18	212.38
10	32.50	33.22	2.22	212.38
平均值	—	—	2.20	212.38

5.2.2　ATS-FNN 控制器的 TSFNN 计算 IP 核设计

第 3 章已经结合柔性材料加工实例数据进行了 TSFNN 模型的学习和训练，获得 TSFNN 结构参数，本节将重点介绍基于 Xilinx VC4VSX25 FPGA 的 TSFNN 硬件算法的实现，以 3.4.1 节实例中构建的 TSFNN 模型为设计对象，其模型结构参数如表 5-5 所示。

表 5-5 TSFNN 模型前后件网络各层神经元数表

网络层级	第一层	第二层	第三层	第四层
前件网络	4	40	10	10
后件网络	5	11	10	2

图 5-23 为基于 FPGA 的 TSFNN 硬件计算电路设计原理图。在系统时钟信号 clk、启动信号 start 驱动下，变形影响因素 $x_1 \sim x_4$ 并行输入前、后件网络，根据时钟信号逐层计算，具体过程如下。

(1) 前件网络计算模块中，第二层 4 个子模块分别负责 $x_1 \sim x_4$ 隶属度的计算，子模块中各节点计算完成后输出信号到内部“与”逻辑，若“与”逻辑为真，产生子模块计算完成信号 finish 并送入同步逻辑 3，当 4 个子模块都完成计算后同步逻辑 3 产生触发下一层(第三层)网络计算信号 start，继续完成模糊规则适应度(第三层)、模糊规则适应度归一化(第四层)的计算。

(2) 后件网络计算模块中，每层中各节点计算完成后输出信号到内部“与”逻辑门，若“与”逻辑为真，每个节点产生触发下一级网络计算信号 finish，直至完成第三层计算。

(3) 前件、后件网络各自计算结果在加权计算前通过同步逻辑 1 或同步逻辑 3 进行同步，求出变形补偿量 s_1、s_2，计算结束信号 finish1、finish2 送到处理器，请求通过 FSL 总线读取 TSFNN 计算结果。

为了加速 TSFNN 计算，可引入流水线设计思想，在 TSFNN 前件、后件网络硬件算法设计中将组合逻辑延时路径系统进行分割，在各个分级之间插入寄存器暂存中间数据，通过 FPGA 内寄存器控制算术单元的输入、输出，获得更短的时序路径。

1. TSFNN 模型的硬件算法设计

1) 前件网络

(1) TSFNN 硬件计算电路设计原理图中前件网络第一层为输入层，$x_1 \sim x_4$ 从外部输入并存放到指定寄存器。

(2) 第二层 4 个子模块负责 $x_1 \sim x_4$ 的隶属度计算，由于隶属度函数为指数形式，在 FPGA 没有现成的指数计算单元，必须将隶属度函数展开成泰勒级数进行计算。以图 5-23 中第二层第一子模块第一个节点为例，其表示隶属度的函数形式为 $\mathrm{Gu}_{11}(x_1)=\exp\left(-\frac{|x_1-v_{11}|^2}{\sigma_{11}^2}\right)$，其中 v_{11} 为聚类中心，σ_{11} 为划分区域宽度，选择

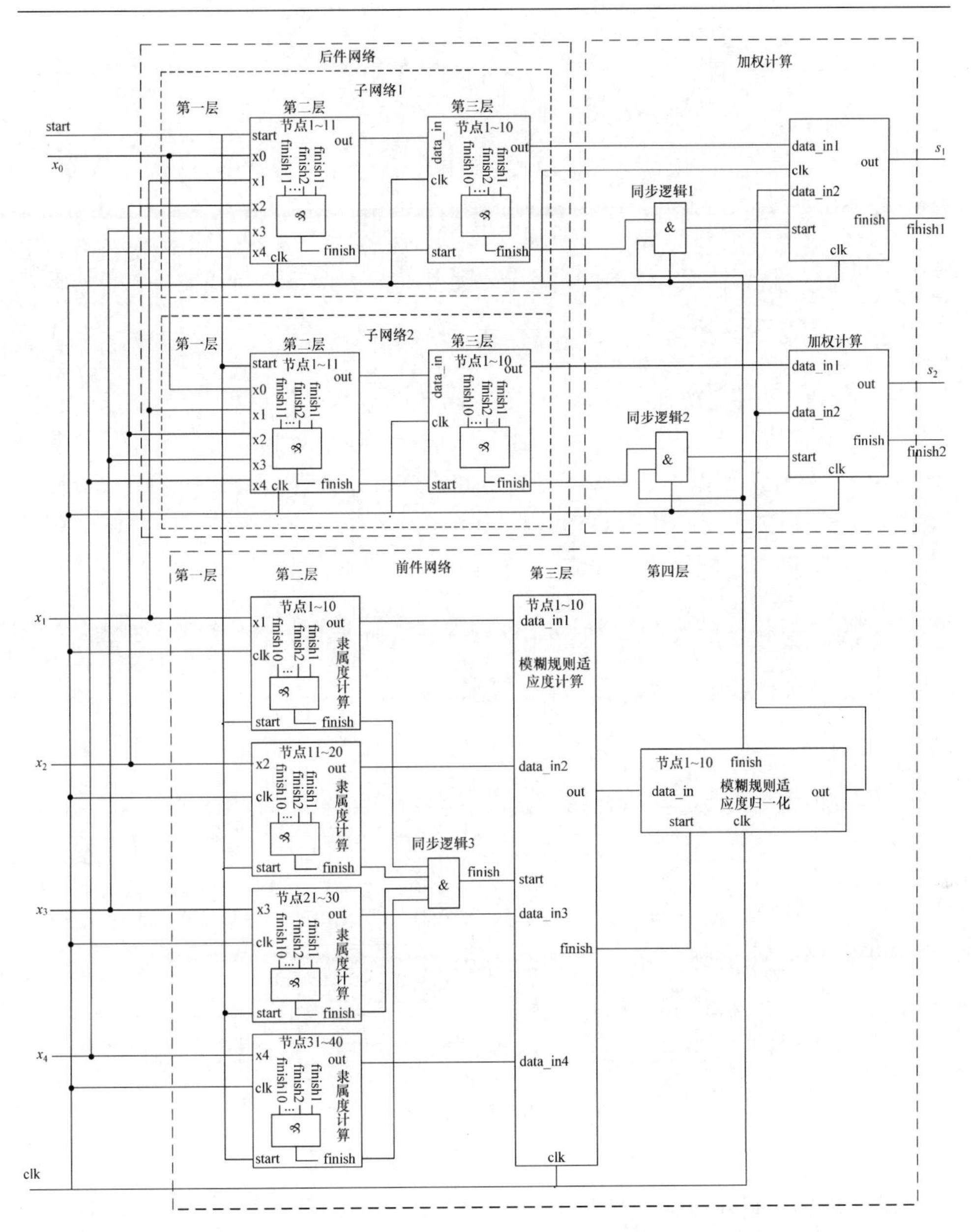

图 5-23　基于 FPGA 的 TSFNN 硬件计算电路设计原理图

$Gu_{11}(x_1)$泰勒展开级数阶数 $n=6$，那么 $Gu_{11}(x_1)$泰勒级数展开式为

$$Gu_{11}(x_1)=1-\frac{(x_1-v_{11})^2}{\sigma_{11}^2}+\frac{(x_1-v_{11})^4}{2\sigma_{11}^4}-\frac{(x_1-v_{11})^6}{6\sigma_{11}^6}$$

令 $r_{11}=\dfrac{x_1-v_{11}}{\sigma_{11}}$，则有

$$\mathrm{Gu}_{11}(x_1)=1-r_{11}^2+\frac{r_{11}^4}{2}-\frac{r_{11}^6}{6} \tag{5-7}$$

根据式(5-7)对 $\mathrm{Gu}_{11}(x_1)$ 进行设计，计算时各变量采用浮点数表示。先将变形影响因素——图元夹角 x_1(单位为度)转换为弧度表示(x_1')，即需要一次浮点除法运算；$r_{11}=\dfrac{x_1-c_{11}}{\sigma_{11}}$ 需要一次浮点减法和一次浮点除法；式(5-7)需要两次浮点减法、一次浮点加法、三次浮点乘法(r_{11} 的 2、4、6 方运算)以及两次浮点除法，因此 $\mathrm{Gu}_{11}(x_1)$ 计算需要 8 级流水线。图 5-24 为 8 级流水线隶属度函数 $\mathrm{Gu}_{11}(x_1)$ 计算设计图，类似其他节点隶属度计算可由上述方法进行设计。同理，第三层模糊规则适应度 Ga_1 计算，由于 $\mathrm{Ga}_1=\mathrm{Gu}_{11}(x_1)\times\mathrm{Gu}_{21}(x_2)\times\mathrm{Gu}_{31}(x_3)\times\mathrm{Gu}_{41}(x_4)$，$\mathrm{Ga}_1$ 经三次浮点运算，即需要两级流水线完成；第四层模糊规则适应度归一化计算中 $\overline{\mathrm{Ga}_1}=\mathrm{Ga}_1\bigg/\sum\limits_{j=1}^{10}\mathrm{Ga}_j$，$\mathrm{Ga}_1\sim\mathrm{Ga}_{10}$ 均为 16 位二进制位数，$\overline{\mathrm{Ga}_1}$ 计算包含 9 次浮点加法及一次浮点除法，9 次浮点加法运算采用 4 级流水线完成。

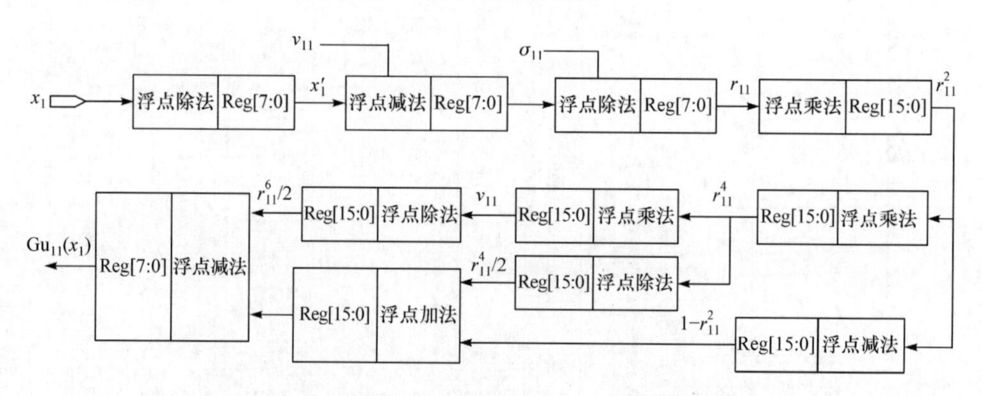

图 5-24　8 级流水线隶属度函数 $\mathrm{Gu}_{11}(x_1)$ 计算设计图

2) 后件网络

在 TSFNN 硬件计算电路设计原理图中，后件网络各层节点除第一层作为输入层外，第二层、第三层的节点函数均需要设计专门模块来实现。

(1) 后件网络第二层有 11 个节点，以后件子网络 1 第二层第一个节点为代表，其输出计算式为 $h_1^1=f_1\left(\sum\limits_{i=0}^{4}w_{i1}^1x_i\right)(i=0,1,\cdots,4)$，令 $X=\sum\limits_{i=0}^{4}w_{i1}^1x_i$，又因

$f_1(X)=\dfrac{1}{1+e^{-X}}$，选择 $f_1(X)$ 泰勒展开级数阶数 $n=3$，那么有

$$h_1^1=f_1(X)=\frac{1}{2-X+\dfrac{X^2}{2}-\dfrac{X^3}{6}}$$

因此，h_1^1 的计算共需要4次浮点加法、2次浮点减法、6次浮点乘法、3次浮点除法，可采用图5-25所示的8级流水线设计完成；同理，后件网络第三层有10个节点，以后件子网络1第三层第一个节点为代表，其输出 $y_{11}=\sum_{j=1}^{11}w_{j1}^1h_j^1$，$y_{11}$ 的计算需要11次浮点乘法、10次浮点加法，采用5级流水线完成。

(2) 设计补偿输出 s_r 计算式的硬件实现算法，由于 $s_r=\sum_{j=1}^{10}\bar{\alpha}_j y_{dj}$，$d=1,2$，故 s_r 的计算需要10次浮点乘法、9次加法，可用图5-26所示的5级流水线完成。

2. TSFNN 计算 IP 核验证试验

选择表3-7中ATS-FNN模型预测结果数据的前11组检验数据作为样本(只讨论补偿输出量 s_1)，测试TSFNN计算IP核运行频率 F_{ipcore}、预测计算一次的平均时间 T_{ipcore} 及计算误差 P_{ipcore}。测试条件为：浮点运算数据位数选择8位、10位、12位三种情况(整数位为4位，其他为小数位)，以MATLAB R2008a环境下双精度浮点数运算值作为标准。为了方便对比，测试还采用非流水线设计的TSFNN计算IP核。

采用流水线设计方法，在8位、10位、12位浮点运算条件下的IP核运行频率 $F_{\mathrm{ipcore}_{\mathrm{pl}}}$ 为165MHz、155MHz、135MHz，分别高于非流水线设计的IP核运行频率 $F_{\mathrm{ipcore}_{\mathrm{npl}}}$ (为140MHz、115MHz、105MHz)(图5-27)；采用流水线设计方法，在8位、10位、12位浮点运算条件下IP核预测计算一次的平均时间 $T_{\mathrm{ipcore}_{\mathrm{pl}}}$ 分别约为0.39ms、0.42ms、0.48ms，非流水线设计的IP核预测计算一次的平均时间 $T_{\mathrm{ipcore}_{\mathrm{npl}}}$ 分别约为0.47ms、0.57ms、0.62ms(图5-28)。此外，还进行基于流水线设计的TSFNN计算IP核计算精度测试，计算IP核浮点运算位数增加，计算精度提高，运算位数达到12位时，结果相对于标准值误差达 10^{-7} 数量级。

因此，流水线设计的IP核性能指标得到明显提高。以8位浮点运算为例，流水线设计的IP核运行频率 $F_{\mathrm{ipcore}_{\mathrm{pl}}}$ 比非流水线设计的运行频率 $F_{\mathrm{ipcore}_{\mathrm{npl}}}$ 提高17.85%，计算时间 $T_{\mathrm{ipcore}_{\mathrm{pl}}}$ 比 $T_{\mathrm{ipcore}_{\mathrm{npl}}}$ 减少15.14%。

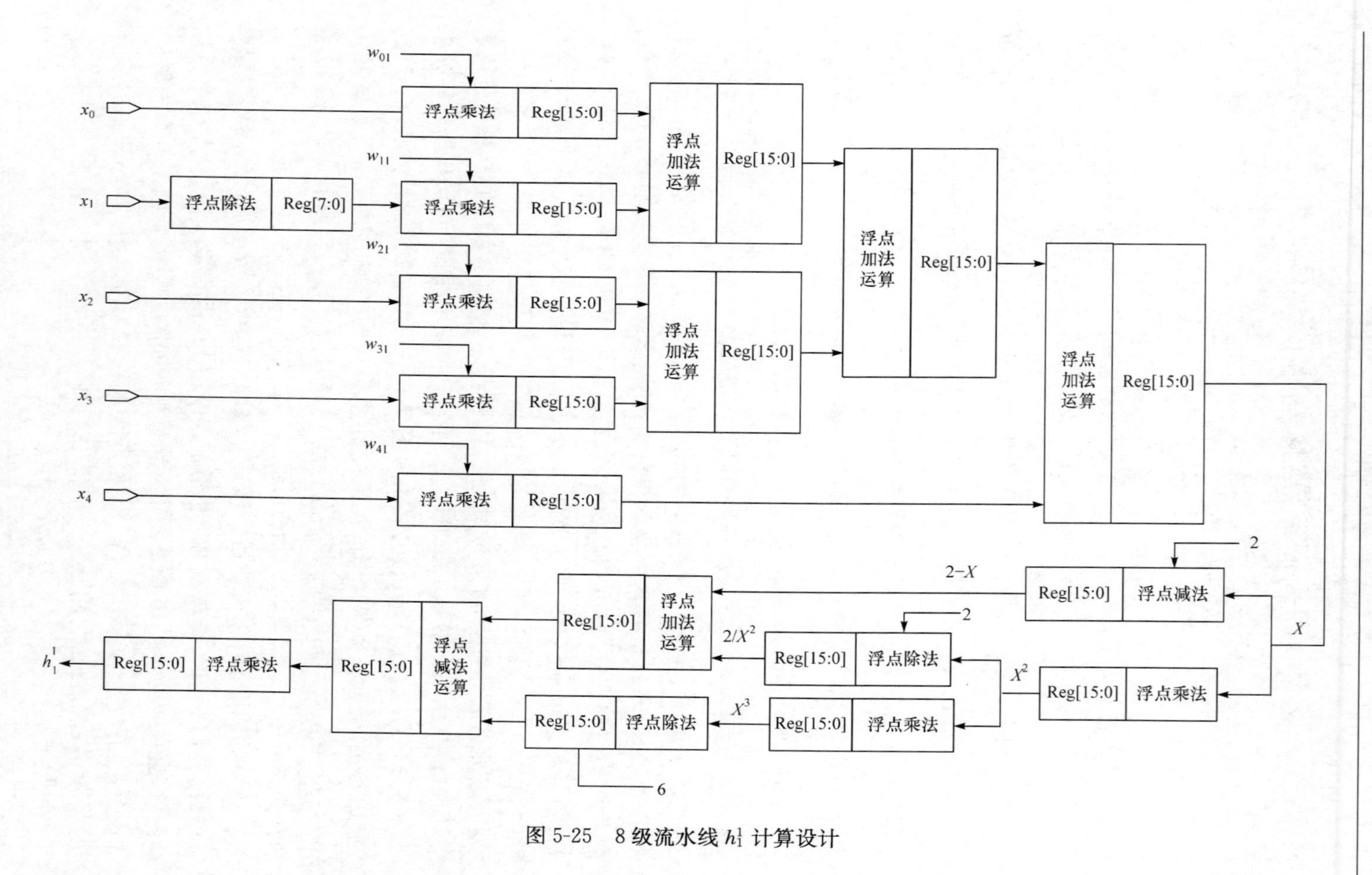

图 5-25　8 级流水线 h_1^1 计算设计

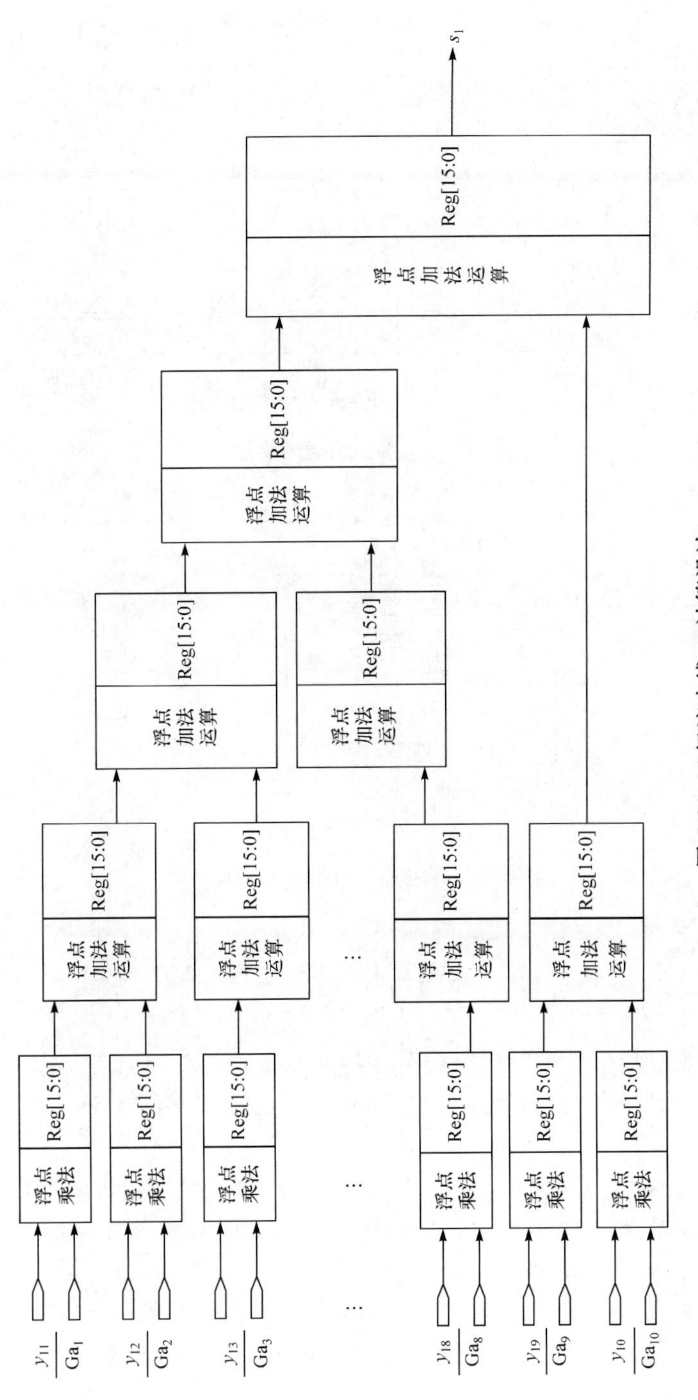

图 5-26 5 级流水线 s_1 计算设计

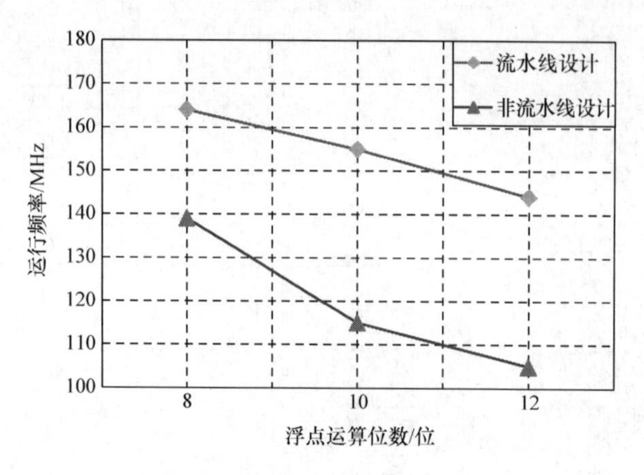

图 5-27　IP 核运行频率对比曲线

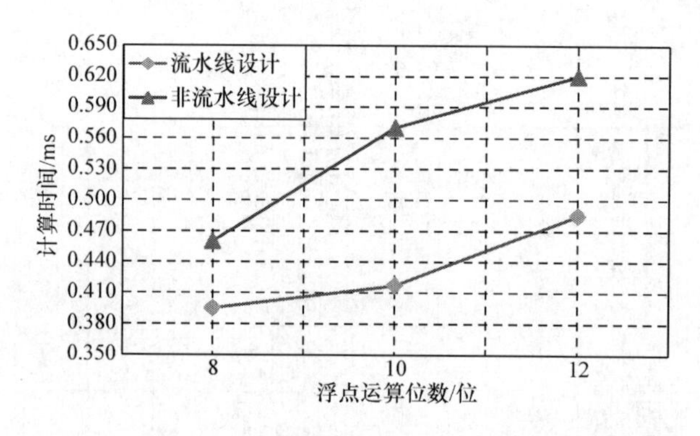

图 5-28　IP 核平均计算时间对比曲线

5.3　加工变形补偿多核控制器测试

本节试验仍以 3.4 节的自制柔性材料加工实验平台为加工设备，四边形加工图案为加工对象，测试带反馈的 ATS-FNN 控制器的柔性材料加工变形补偿控制性能。

图 5-29 为在 3.4 节基础上加入视觉测量反馈的柔性材料加工数控平台。采用 Intel 酷睿双核处理器、运行频率为 2.2GHz，内存为 2GB，软件平台为 Microsoft Windows XP Professional 操作系统、Xilinx ISE 10.1i、EDK 10.1i、Modelsim 6.5、MATLAB R2008a。机器视觉系统采用 Pioneer Times PNT-698 摄像机，分辨率为 720 像素×576 像素，输出为 PAL 制式模拟视频数据。

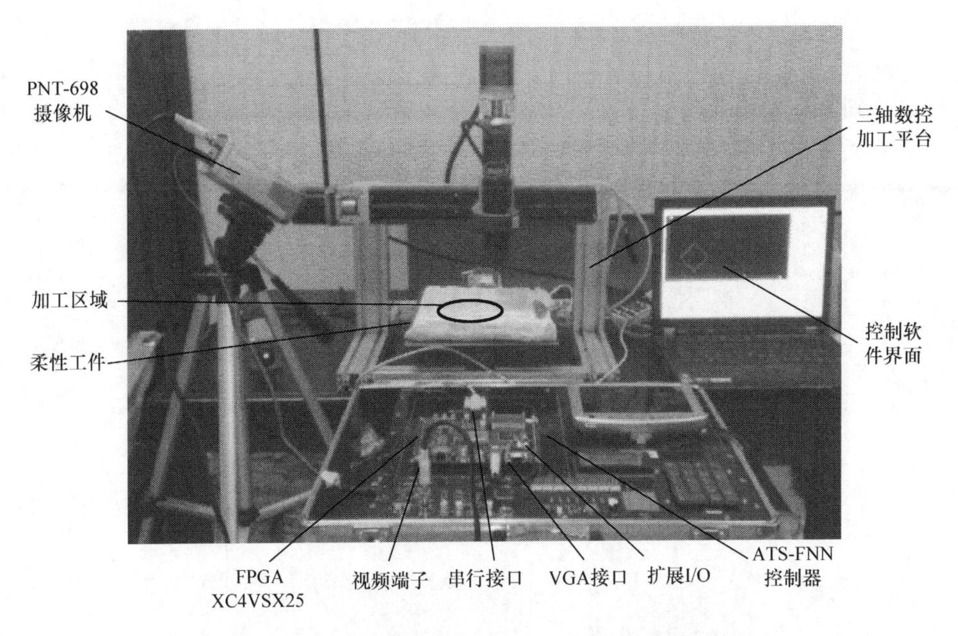

图 5-29　带视觉测量反馈的柔性材料加工数控平台

图 5-30 为实心圆标定模板，图案尺寸为 0.25mm、中心距为 0.500mm、精度为 ±0.001mm；表 5-6 给出了标定后的摄像机参数。实际使用加工过程中，设置

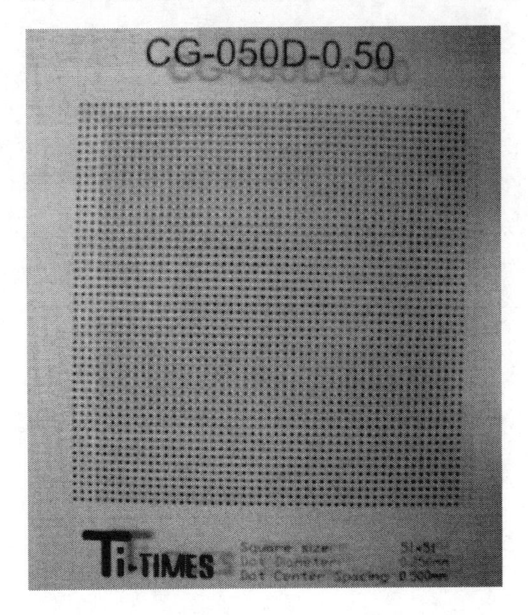

图 5-30　实心圆标定模板（中心距为 0.500mm）

XC4VSX25 FPGA 的两个 MicroBlaze 处理器时钟频率为 165MHz，TSFNN 计算 IP 核采用 8 位浮点计算；PID 调节器则选用比例积分（PI）控制器，比例 P、积分 I 参数分别为 0.2、0.6，加工时机器视觉系统只测量加工夹角大小。变形补偿控制器一方面根据变形影响量通过 TSFNN 预测补偿量修正加工轨迹及加工控制，另一方面采集加工轨迹图像，计算加工轨迹误差后反馈调节补偿输出量。

表 5-6 标定后的摄像机参数

参数类型	数值
内部参数矩阵 ***A***	$\begin{bmatrix} 980.2361 & 0 & 318.7098 \\ 0 & 980.6502 & 208.2341 \\ 0 & 0 & 1 \end{bmatrix}$
外部参数旋转矩阵 ***R***	$\begin{bmatrix} -0.03194 & 0.99732 & -0.06575 \\ 0.99823 & 0.02853 & -0.05211 \\ -0.05009 & -0.06730 & -0.99647 \end{bmatrix}$
外部参数平移矩阵 ***T***	$\begin{bmatrix} -44.988 \\ -68.449 \\ 321.926 \end{bmatrix}$
焦距 F/mm	7.25528

1. 带反馈 ATS-FNN 控制器计算速度

带反馈 ATS-FNN 控制器完成一次带视觉测量反馈所需时间包括 TSFNN 预测计算、加工图像采集、夹角大小测量、反馈调节、插补计算、输出控制的环节总时间。设单处理器（MicroBlaze 处理器（2））、双处理器（MicroBlaze 处理器（1）、MicroBlaze 处理器（2））协同、直接 PC 计算（加工图像仍由 XC4VSX25 FPGA 开发板采集）完成加工轨迹测量反馈补偿控制器计算时间分别为 T_{F_s}、T_{F_d} 和 T_{K_s}，共分别测试 11 次 T_{F_s}、T_{F_d} 和 T_{K_s} 进行对比，如表 5-7 所示。

表 5-7 ATS-FNN 控制器计算时间对比

测量次数	带反馈		PC 计算
	T_{F_s}/ms	T_{F_d}/ms	T_{K_s}/ms
1	343.85	247.22	238.62
2	343.71	247.08	238.49
3	343.79	247.16	238.56
4	343.72	247.09	238.50

续表

测量次数	带反馈		PC计算
	T_{F_s}/ms	T_{F_d}/ms	T_{K_s}/ms
5	343.55	246.92	238.33
6	343.62	246.99	238.41
7	343.53	246.89	238.31
8	343.55	246.92	238.34
9	343.68	247.05	238.46
10	343.48	246.85	238.26
11	343.61	246.98	238.39
平均值	343.64	247.01	238.42

可见，T_{F_s}、T_{F_d}和 T_{K_s}的平均值分别为 343.64ms、247.01ms、238.42ms，T_{F_d}比 T_{F_s}平均减少 28.12%，而比 T_{K_s}仅增加 3.48%，故带视觉反馈 ATS-FNN 控制器采用双处理器协同工作方式有助于提高控制器的计算速度。

2. ATS-FNN 控制器加工性能

选择加工轨迹夹角误差 f_a、直线度误差 f_l、图元最小加工时间 t_p 三项指标作为带反馈、不带反馈的 ATS-FNN 控制器的加工性能测试指标。令不带反馈下的夹角误差、直线度误差、图元最小加工时间分别为 f_{a_K}、f_{l_K}、t_{p_K}，带反馈下的夹角误差、直线度误差、图元最小加工时间分别为 f_{a_F}、f_{l_F}、t_{p_F}。加工轨迹形状和柔性件的参数与 3.4 节加工实例相同，连续加工获得加工样本，分别取前 11 组加工样本测量加工误差。

图 5-31 为两种补偿控制方式的轨迹加工误差对比曲线图。图中带反馈的补偿控制的夹角误差 f_{a_F}、直线度误差 f_{l_F}的值由大变小，且逐渐稳定；而不带反馈的补偿控制的夹角误差 f_{a_K}、直线度误差 f_{l_K}的值是波动的。统计加工误差平均值，带反馈控制的加工误差 f_{a_F}、f_{l_F}分别比不带反馈控制的加工误差 f_{a_K}、f_{l_K}减少 24.09%、18.07%。

图 5-32 为 11 组样本加工图元最小加工时间 t_{p_K}(不带反馈)、t_{p_F}(带反馈)对比曲线，其中图元最小加工平均时间 t_{p_K}=3.34s、t_{p_F}=3.63s。带反馈控制增加了加工轨迹误差测量、反馈调节计算环节，故图元最小平均加工时间 t_{p_F}比 t_{p_K}增加 8.68%。

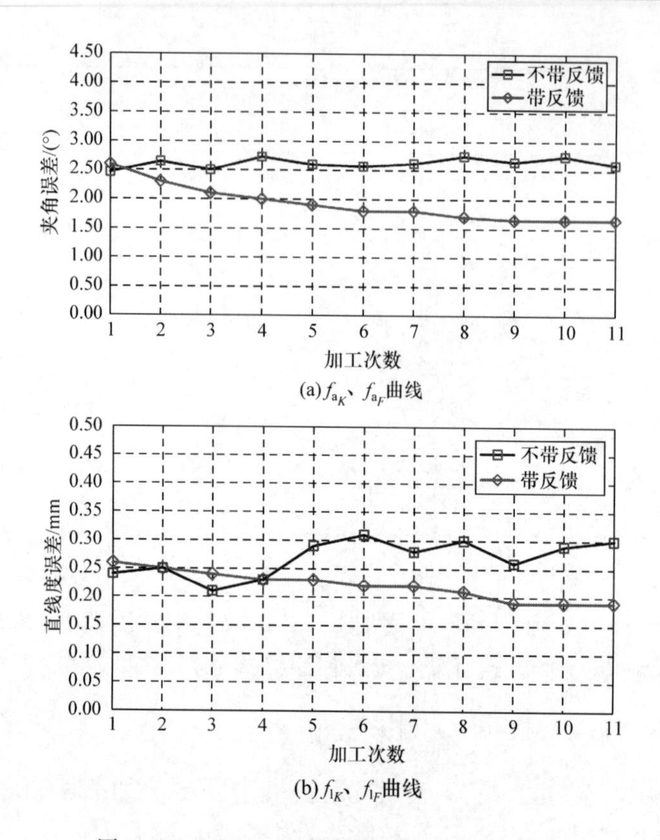

(a) f_{a_K}、f_{a_F}曲线

(b) f_{l_K}、f_{l_F}曲线

图 5-31　ATS-FNN 控制器加工误差对比曲线

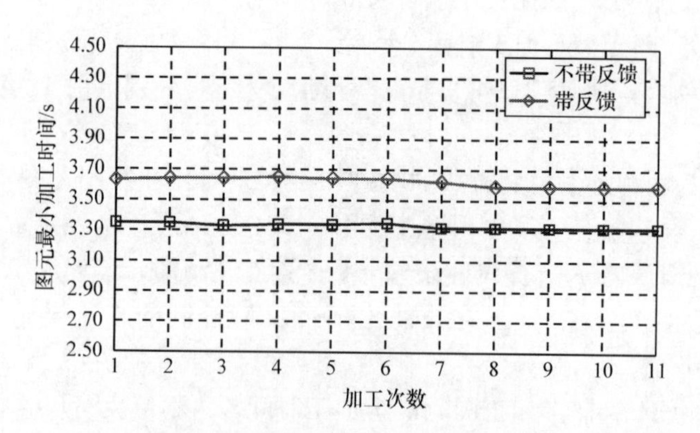

图 5-32　图元最小加工时间对比曲线

下面进一步测试不同的加工件厚度、图元夹角条件下 ATS-FNN 控制器的加工性能。图 5-33 为不同加工件厚度下不带反馈、带反馈加工的夹角误差和直线度

误差曲线；图 5-34 为不同图元夹角下加工轨迹的夹角误差和直线度误差曲线。

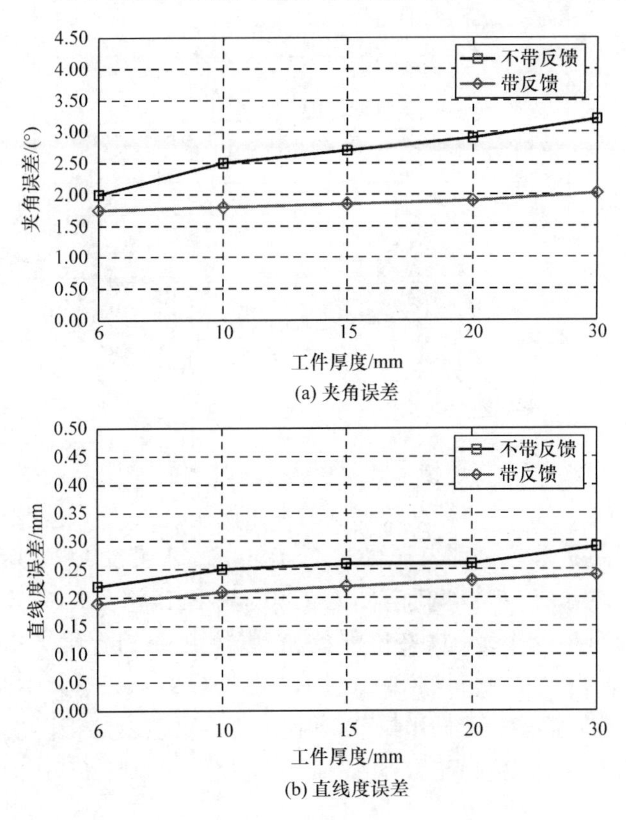

(a) 夹角误差

(b) 直线度误差

图 5-33　不同厚度下的柔性件加工误差曲线

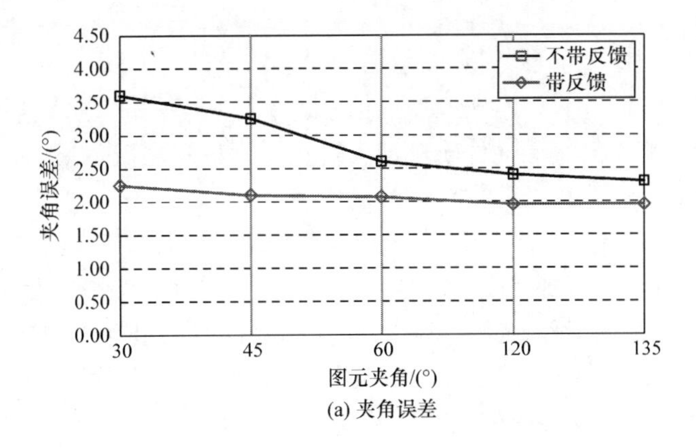

(a) 夹角误差

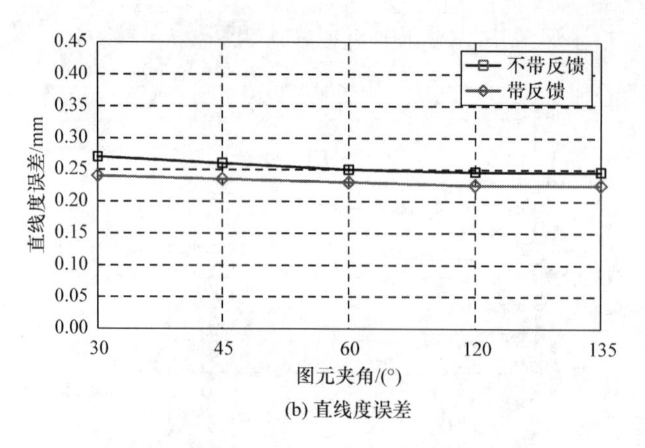

(b) 直线度误差

图 5-34　不同图元夹角下的加工误差曲线(加工件厚度为 15mm)

从图 5-33 和图 5-34 中可以看出,随着工件厚度的增加,不带反馈控制的夹角误差、直线度误差会增大,而带反馈控制的夹角误差、直线度误差波动小,其夹角误差、直线度误差的标准差分别为 0.081°、0.019mm。不带反馈控制的加工,直线度误差波动较小,对于夹角误差,随着图元夹角的减小,误差变大;带反馈控制的加工误差波动仍保持在较小范围,夹角误差、直线度误差的标准差分别为 0.103°、0.008mm。因此,在柔性材料加工中,当工件厚度或图元夹角大小改变时,带反馈的 ATS-FNN 控制器能快速做出调节,即使加工条件改变加工误差也仅产生较小波动,具有较好的自适应调节能力。

5.4　本章小结

本章提出一种基于机器视觉测量加工误差反馈的 ATS-FNN 模型,通过机器视觉测量加工轨迹几何尺寸,轨迹加工偏差经 PID 调节后对 ATS-FNN 模型预补偿值进行修正,有望解决柔性件轨迹加工精度受工件厚度、进给速度、加工轨迹图案变化影响的问题。

首先设计以双 32 位 MicroBlaze 处理器为核心、TSFNN 和小波变换等专用 IP 核为辅助的柔性件轨迹加工变形补偿硬件控制器。该控制器中双处理器基于消息邮箱通信机制的协同工作,加速图像处理任务处理;专用 IP 核以 FSL 总线协处理器接入 MicroBlaze 处理器的多核数据通信方式,较好地解决 IP 核与主处理器之间总线和内存数据传输滞后的问题。

然后提出了加工图像小波变换的 FIR 滤波器加速分解/重构设计方法,利用 8 抽头转置 FIR 滤波器设计 Daubechies(4)的分解、重构计算 IP 核,该 IP 核的小波

两级分解总耗时 T_{wmrt} 比 PC 计算时间 $T_{\mathrm{wmrt_{pc}}}$ 仅增加 5.561%；为了加速 TSFNN 计算，引入多级流水线设计思想，将 TSFNN 前件、后件网络硬件实现电路的组合逻辑延时路径系统分割，在各个分级之间插入寄存器暂存中间数据，获得更短时序路径，实现 TSFNN 前件、后件网络的并行计算，采用流水线设计的 IP 核性能指标得到明显提高，以 8 位浮点运算为例，流水线设计的 IP 核运行频率 $F_{\mathrm{ipcore_{pl}}}$ 比非流水线设计运行频率 $F_{\mathrm{ipcore_{npl}}}$ 提高 17.85%。

最后开展柔性件轨迹加工变形补偿 ATS-FNN 控制器测试试验，结果表明带反馈的平均计算时间 T_{F_d} 比不带反馈的平均计算时间 T_{F_s} 减少 28.12%，比 PC 平均计算时间 T_{K_s} 仅增加 3.48%；带反馈控制的加工误差 f_{a_F}、f_{l_F} 分别比不带反馈控制的加工误差 f_{a_K}、f_{a_K} 减少 24.09%、18.07%。带视觉反馈 ATS-FNN 控制器采用双处理器协同工作方式有助于加快控制器的计算速度，反馈环节的引入使得加工误差即使在加工条件改变时仍仅产生较小波动，具有较好的自适应调节能力。

参考文献

[1] 谢晓燕，石鹏飞，徐卫芳. 基于阵列处理器的去块滤波算法并行化设计[J]. 西安邮电大学学报，2017，(5)：67-72.

[2] Wu L M，Liu J X，Dai M. Single chip fuzzy control system based on mixed-signal FPGA[C]. International Conference on Intelligent Human-Machine Systems and Cybernetics，Hangzhou，2009：397-400.

[3] Wu L M，Liu J X，Luo Y L. The design of co-processor for the image processing single chip system[C]. The 4th International Conference on Computer Sciences and Convergence Information Technology，Seoul，2009：943-946.

第 6 章　柔性材料高速振动切割加工控制方法与应用

振动加工技术是在刀具或工具上附加一个或多个不同方向的低频或超声振动,使传统加工的连续接触加工变成间断、瞬间、往复的断续接触加工的技术。振动加工技术[1,2]在刚性材料加工方面的研究及应用已经取得一定的进展,但对于非刚性及柔性材料加工,相关的报道比较少。由于柔性材料不同于金属、木材、塑料等刚性材料,容易受力变形,故其切割精度易受到影响,切割界面容易被破坏,影响裁片质量。本章在柔性材料加工变形影响因素提取分析的基础上,以轻工制造的常见柔性皮革材料加工为例,介绍柔性材料高速振动切割方法及切割机构的设计。

6.1　柔性材料高速振动切割原理

柔性材料高速振动切割是通过在常规的切割刀片上施加高速振动,用有规律的脉冲冲击切割力取代连续切割力,瞬时切入切出,切削时间短,刀具与工件间断分离,切割过程产生的热量少,改变了工具和被加工材料之间空间与时间存在的条件,改善切割加工的效率,可延长刀片的使用寿命,保证柔性材料切割的平整性和光滑性。

图 6-1 为柔性材料高速振动切割模组运动设计原理图。由图可知,柔性材料高速振动切割由垂直于工作台面的往复切割主运动和沿切割轨迹的进给运动组成,主运动把高速旋转运动转变为高频上下往复切割运动,而切割轨迹的进给运动主要为机头沿切割轨迹二维平面的运动和刀头转动。切割模组的主运动,即把高速旋转运动转变为高频上下往复切割运动的设计,是柔性材料高速振动切割的关键。

图 6-2 给出了用于实现主运动的偏心轴连杆机构的设计原理图。若用 R 表示偏心轴半径、e 表示偏心距、ω 表示偏心轴角速度、t 为时间、转角 $\phi=\omega t$,那么偏心轴从起始位置 A 点转到 B 点的轨迹方程为

$$S=S_B-S_0=e(1-\cos\omega t) \tag{6-1}$$

由式(6-1)进一步可以得到主运动的连杆机构的速度 $v=e\omega\sin\omega t$,加速度 $a=e\omega^2\cos\omega t$,从而将偏心轴的旋转运动转换为连杆的上下往复简谐运动。基于上述原理,6.2 节将讨论柔性材料高速振动切割机构的设计问题方法。

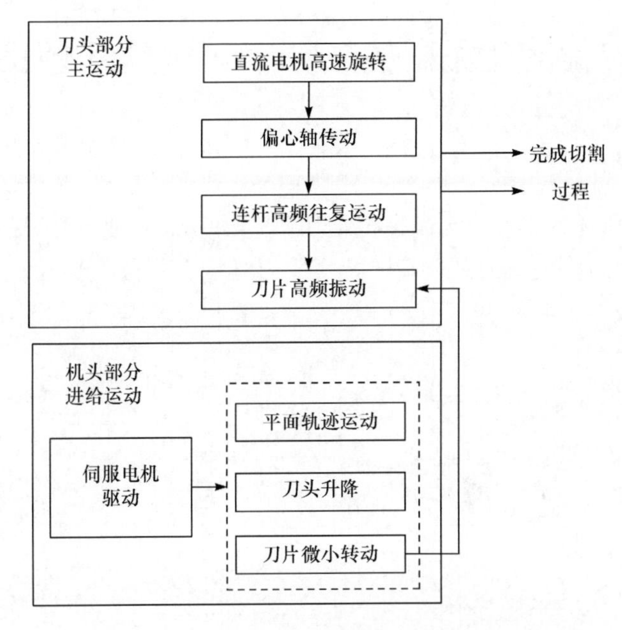

图 6-1　柔性材料高速振动切割模组运动设计原理图

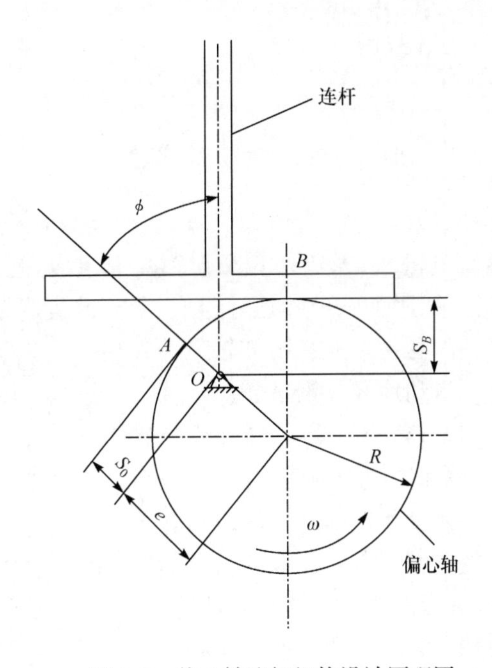

图 6-2　偏心轴连杆机构设计原理图

6.2　柔性材料高速振动切割模组机构设计方法

6.2.1　刀头部分机构设计

由6.1节所述的柔性材料高速振动切割运动设计原理可知，刀头部分用于实现切割的主运动，将电机的高速旋转转变为刀具的上下往复振动。刀头的安装方式如图6-3所示。

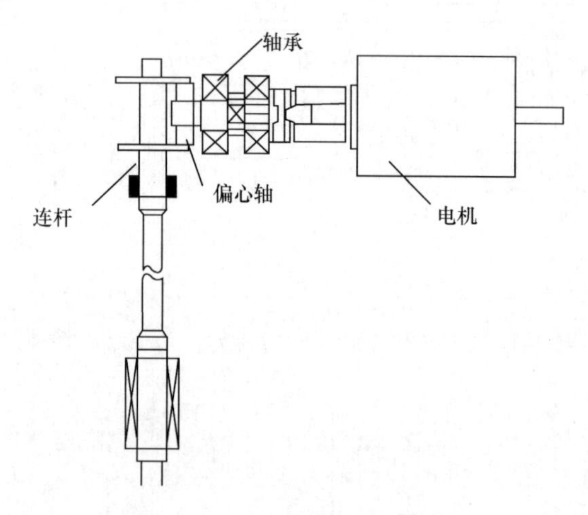

图6-3　刀头安装方式示意图

图6-4所示为刀头的整体结构，由座架、传动机构、驱动控制和刀具四部分组成，其中座架部分由直流电机座、固定外套和铜轴套等组成，起支撑和保护作用。传动机构由联轴器、偏心轴、附加轴承和连杆组成，水平放置联轴器的一端与偏心轴的中间轴连接，偏心轴的另一端通过附加轴承卡在连杆的工字形卡槽中实现连接，连杆的中部可以上下滑动地装在铜轴套上，连杆下端安装刀片。驱动控制部分由直流电机(水平方向布置)和控制器(放置在控制器外壳里面)两部分组成。

安装于偏心轴上的轴承选用深沟球轴承，主要承受径向力，与偏心轴一起做高频旋转，同时带动连杆高频上下振动。为保证轴承的使用寿命，根据使用部位的具体工况和工作状态等，应选用润滑温度范围大、黏度较大的润滑脂。

采用这种结构方式进行高速振动切割时，机构处于不完全平衡状态，由于偏心轴重心不平衡，重心与轴心之间会产生一个偏心距，当主轴旋转时，失衡质量离心惯性力的作用会使主轴产生弯曲而变形。在设计过程中要尽量消除不平衡因素，充分考虑偏心轴的动平衡要求。偏心轴的设计如图6-5所示。

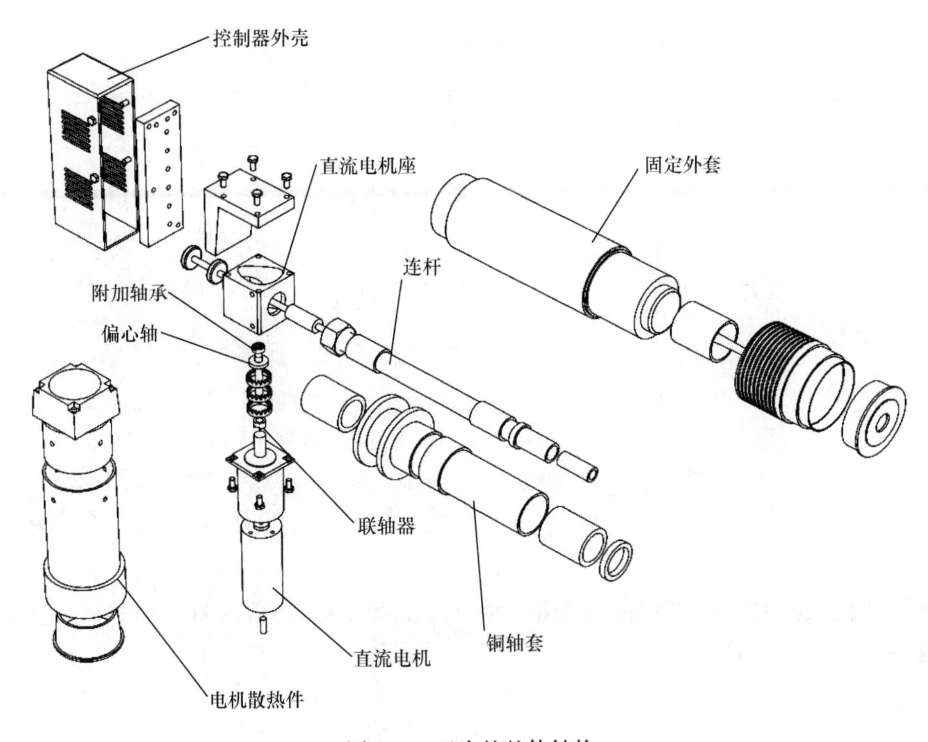

图6-4 刀头的整体结构

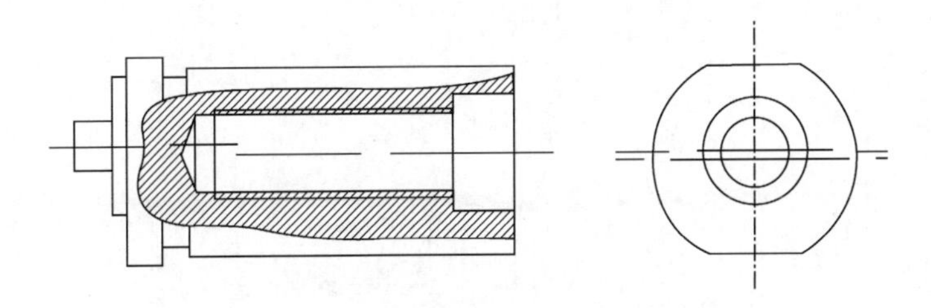

图6-5 偏心轴剖视图及侧视图

连杆由上连杆、中部杆、下连杆三部分采用螺纹连接而成，如图6-6所示。上连杆的工字形卡槽中刚好放置附加轴承，中部杆起连接作用，下连杆的底端用于装夹切割刀片。连杆作为切割模组的一个传动装置，其结构性能直接影响切割模组的使用寿命，连杆工作时处于反复振动过程之中，刀片会受到材料非常复杂的挤压，连杆存在一定程度的变形，且水平受力越大连杆弯曲越严重，这会增加铜轴套的受力，产生动不平衡，从而影响切割精度。因此，根据实际需要尽可能缩短连杆的长度，且连杆在加工时应避免出现切痕，以提高其刚度。

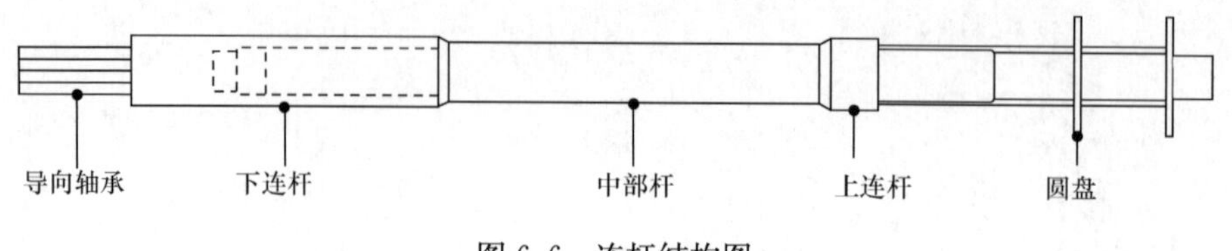

图 6-6　连杆结构图

6.2.2　机头部分机构设计

机头用于实现切割平面内的轨迹运动，以及刀头的升降和转动。图 6-7 为机头的结构示意图，转刀机构主要由旋转伺服电机、同步带轮及同步带组成。在切割过程中，旋转伺服驱动器接受来自控制器的信号使得伺服电机转动，带动固定在伺服电机轴上的同步带轮旋转，通过同步带的作用进而带动安装在切割机头模组上的同步带轮转动，完成转刀功能，实现刀片刃部与轮廓轨迹的切向相切。同步带传动准确，具有恒定的传动比，工作平稳，缓冲减振能力强，噪声低，使得转刀的准确度得以保证。刀片的切入或退回由刀头升降机构完成，由升降伺服电机驱动沿升降导轨上升或下降。

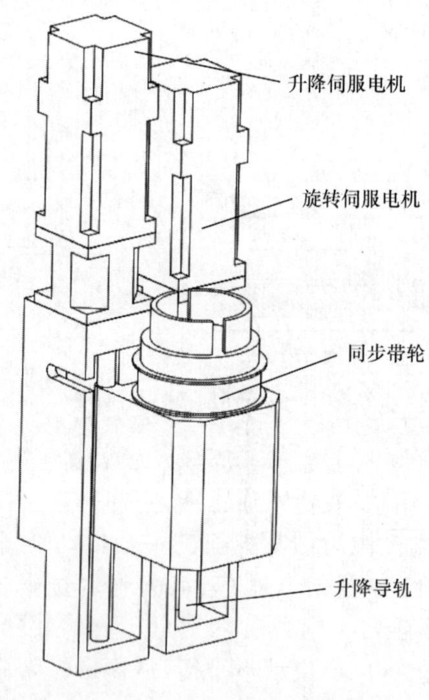

图 6-7　机头结构示意图

6.3　性能测试与应用实例

为了评测切割模组的实际应用效果，这里选择切割速度、切割精度、工作噪声作为加工性能测试指标。切割模组实物图如图 6-8 所示，其运动原理见图 6-1。选择 3 种不同厚度的柔性材料（1mm 厚的小羊皮、1.5mm 厚的 PU 皮、2mm 厚的牛皮），进行切割加工试验。

图 6-8　切割模组实物图

试验采用 RZCRT-2510 智能数控切割机，切割速度：80～120cm/s，切割厚度：0.5～6mm，有效切割尺寸：2500mm×1000m，材料固定方式：真空分区吸附，主机工作电压：交流 220V，主机工作频率：50Hz。图 6-9 为 RZCRT-2510 智能数控切割机实物图。

图 6-10 所示为切割加工几何图形，该图形为边长 50mm 的正方形，加工路径以 A 点为起点，沿逆时针方向进行。加工前先使用瑞洲鞋样开版和级放系统 Ver2010.12 绘制正方形切割轨迹，保存为 cgm 格式的图形文件，并导入切割系统，设置间距为 1mm，通过手动排样将 12 个正方形图案排列于工作平台上；然后将材料铺置于工作平台，真空分区吸附，进行切割加工。

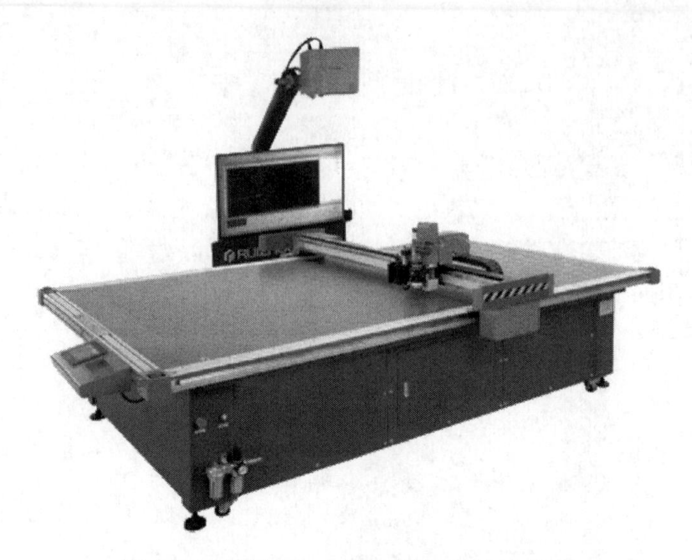

图 6-9　RZCRT-2510 智能数控切割机实物图

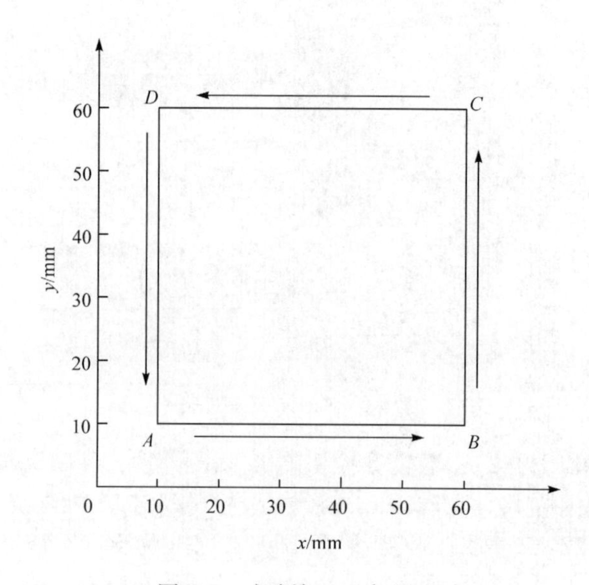

图 6-10　切割加工几何图形

图 6-11 显示了切割加工过程，图 6-12 所示为柔性材料切割完成的样本。

去掉切割加工起点、终点不闭合的样本，每种加工材料各选 10 组样本测量角度误差，表 6-1 为经过预处理的加工样本数据。从以上 30 组数据分析可知，采用本章设计的切割模组切割柔性材料的角度误差为－1.5°～1.5°，当振动频率切割为 16000 次/min 时，切割速度可达 120cm/s，工作噪声小于 80db。

图 6-11　切割加工过程图

(a) 厚度1mm小羊皮

(b) 厚度1.5mmPU皮

(c) 厚度2mm牛皮

图 6-12　厚度 1～2mm 柔性材料切割效果图

表 6-1　柔性材料切割加工数据表

序号	材料	厚度/mm	振动频率/(次/min)	绝对误差/(°)	相对误差/%
1	小羊皮	1	16000	－0.2	0.223
2	小羊皮	1	16000	0.1	0.111
3	小羊皮	1	16000	0.6	0.662
4	小羊皮	1	16000	0.3	0.332
5	小羊皮	1	16000	1.2	1.316
6	小羊皮	1	16000	－0.4	0.446
7	小羊皮	1	16000	－0.8	0.897
8	小羊皮	1	16000	－0.1	0.111
9	小羊皮	1	16000	－0.5	0.559
10	小羊皮	1	16000	0.1	0.111

续表

序号	材料	厚度/mm	振动频率/(次/min)	绝对误差/(°)	相对误差/%
11	PU皮	1.5	16000	0.1	0.111
12	PU皮	1.5	16000	−0.1	0.111
13	PU皮	1.5	16000	0	0
14	PU皮	1.5	16000	−0.2	0.223
15	PU皮	1.5	16000	−0.2	0.223
16	PU皮	1.5	16000	0.3	0.332
17	PU皮	1.5	16000	−0.5	0.559
18	PU皮	1.5	16000	0.1	0.111
19	PU皮	1.5	16000	0	0
20	PU皮	1.5	16000	−0.1	0.111
21	牛皮	2	16000	0.1	0.111
22	牛皮	2	16000	0	0
23	牛皮	2	16000	0.2	0.223
24	牛皮	2	16000	0.1	0.111
25	牛皮	2	16000	0	0
26	牛皮	2	16000	−0.1	0.111
27	牛皮	2	16000	0.1	0.111
28	牛皮	2	16000	−0.2	0.223
29	牛皮	2	16000	−0.1	0.111
30	牛皮	2	16000	0.2	0.223

6.4 本章小结

本章首先以柔性材料加工变形影响因素提取分析为基础，以轻工制造的常见柔性皮革材料加工为例，介绍柔性材料高速振动切割方法及其切割机构的设计。

然后，基于偏心轴连杆结构的运动转换技术，介绍柔性材料高速振动切割方法，用有规律的脉冲冲击切割力取代连续切割力，使刀具与工件间断分离，切割过程不产生热量，改变了工具和被加工材料之间空间与时间存在的条件，改善切割加工效率，设计出用于柔性材料高速切割的高速振动切割模组。

所设计的切割模组切割柔性材料厚度范围为0.5～6.0mm，切割加工的角度误差在−1.5°～1.5°,当振动频率切割为16000次/min时,切割速度可达120cm/s,工作噪声小于80db。本章提出的柔性材料高速振动切割方法可用于切割加工常见的真皮、人造革、卡纸、胶板、灰纸板和薄件等柔性材料。

参考文献

[1] 李增强,喻栋,孙涛.振动辅助切削加工技术研究现状[J].机床与液压,2015,(12):1-16.

[2] 王志永,杜伟涛,王习文,等.基于振动信号频域分析法的铣齿机故障诊断[J].制造技术与机床,2018,(3):114-121.

第7章　柔性材料R2R加工变形力学建模与影响因素分析

卷对卷(roll-to-roll,R2R)加工对象是一类各向异性柔性薄膜材料[1],制造设备受到外部干扰或者本身性能的改变都会对柔性薄膜变形产生影响,材料极易出现褶皱、层间滑移、破损等质量问题。本章结合第2章的变形力学建模和分析理论方法,以柔性薄膜R2R加工为例,对R2R制造系统的各工位关键部件进行动力学分析,分别建立放卷辊、收卷辊、驱动辊和导向辊的物理模型,对R2R加工过程中的柔性薄膜变形进行仿真,以分析张力波动对变形的影响。

7.1　柔性材料R2R加工力学建模与张力影响因素分析

卷对卷是一种高效能、低成本的连续生产方式,其加工对象是一类可挠曲的柔性薄膜材料,由于不需要使用真空无尘环境、复杂腐蚀过程与庞大废液处理工程,受到了业界和学术界的广泛关注[2]。近年来,以柔性薄膜作为衬底材料的可穿戴传感器、有机发光二极管(organic light-emitting diode,OLED)、薄膜太阳能电池技术的研究取得突破,柔性材料R2R制造系统已广泛应用于造纸、印刷、纸产品加工、织物印染等相关的生产线中,由于柔性薄膜属于各向异性材料,变形具有多样性和不确定性,制造设备受到外部干扰或者本身性能的改变都会对柔性薄膜变形产生影响[3],因此很有必要对柔性薄膜加工过程变形进行力学建模,分析张力波动对变形的影响,从而为后续的柔性薄膜加工质量预测提供物理基础[4]。

为了更好地分析张力波动对柔性薄膜材料变形的影响,下面先给出柔性材料R2R制造系统的结构模型[5],再根据此结构模型介绍卷辊的张力表达式。

7.1.1　柔性材料R2R制造系统结构模型

柔性材料R2R制造所用的材料为重量轻、可折叠、不易破碎的塑料或者厚度极小的不锈钢金属薄(<0.1mm)。柔性薄膜材料从圆筒状的料辊卷出后,将在材料上进行压印、贴合、镀膜(涂敷)、烘干和印刷,最后进行裁剪、收卷等加工。图7-1为薄膜太阳能R2R制造系统示意图。

为了进行力学建模分析,可将如图7-1所示的制造系统简化为如图7-2所示的结构。R2R系统主要由放卷模块、进给传输模块和收卷模块组成,在各个模块之间排布着大量的导向辊[6,7]。

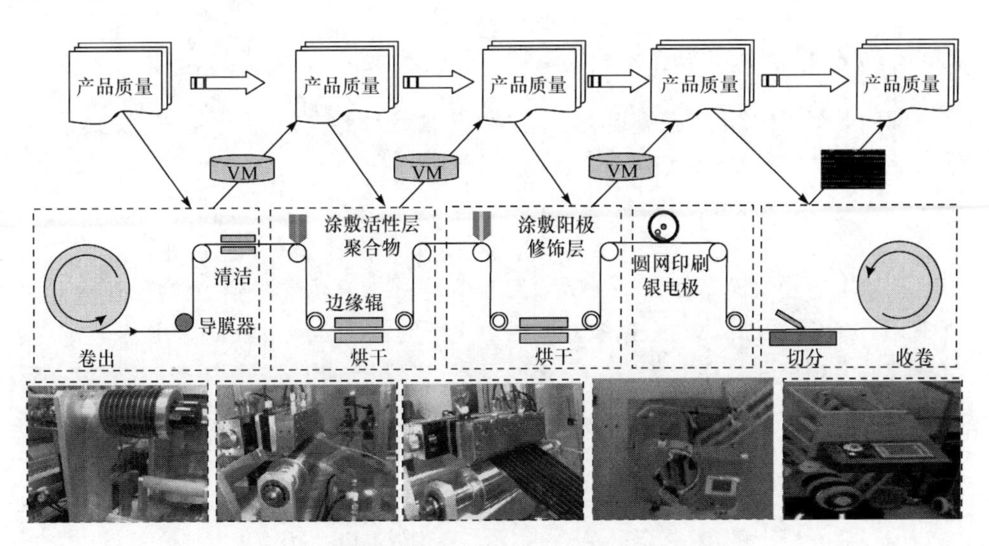

图 7-1　薄膜太阳能电池 R2R 连续制造系统示意图

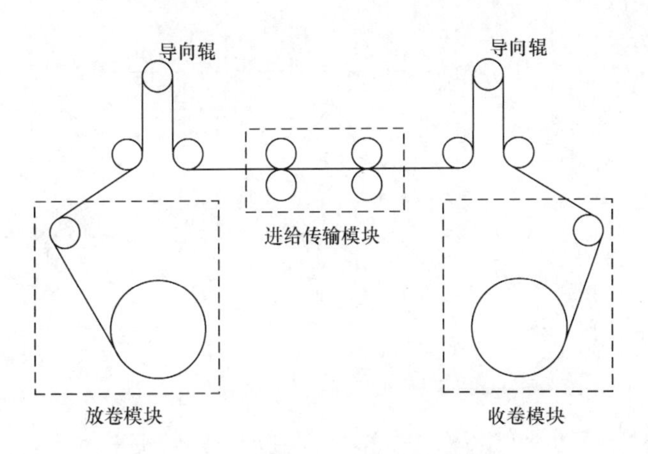

图 7-2　简化的 R2R 制造系统示意图

放卷模块由磁粉制动器带动放卷辊来调整张力，并通过活动的气胀辊支撑件换卷。进给传输模块由多套上下压辊组合来实现，借助压辊与柔性薄膜之间的摩擦力驱动薄膜进给。导向辊是依靠导向辊外轮廓与柔性薄膜之间的摩擦力驱动来实现旋转，主要作用是实现对柔性薄膜材料的导入、定向和支撑。高精度薄膜材料在高速传输时容易产生划伤、皱褶、偏移和振动，而导向辊对材料的传输稳定性有重要影响。

7.1.2　柔性材料 R2R 制造系统卷辊张力表达方程

前面介绍了 R2R 制造系统的放卷、收卷、驱动和导向模块，本节将详细介绍如何建立各模块的驱动控制方程[7-9]。

1. 放卷辊的张力表达式推导

放卷辊的受力模型如图 7-3 所示。在柔性材料 R2R 制造系统的匀速放卷过程中，卷材半径逐渐减小，根据线速度与角速度的关系可知，其角速度逐渐增加，卷材的惯性力矩也一直在变化。当系统处于稳定状态时，电机处于发电状态，放卷辊所受的动力矩是由张力所产生的力矩，阻力矩是由制动器产生的电磁转矩和摩擦阻力矩。在它们的作用下，薄膜卷材开始旋转放卷。用 $T_{\rm u}(t)$ 表示放卷辊与后一个辊轴之间的张力，$R_{\rm u}(t)$ 表示卷材的实时半径，$M_{\rm fu}(t)$ 表示摩擦阻力矩，$M_{\rm u}(t)$ 表示施加在放卷辊上的电磁转矩，$\omega_{\rm u}(t)$ 表示放卷辊的实时角速度，$J_{\rm u}(t)$ 表示放卷辊的等效转动惯量。

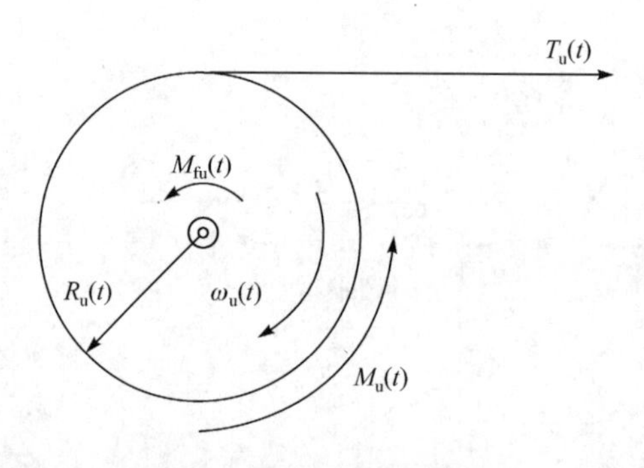

图 7-3　放卷辊受力模型

根据力矩与角动量变化率的关系，可得到如下的转矩平衡方程[8,9]：

$$T_{\rm u}(t)R_{\rm u}(t)-M_{\rm fu}(t)-M_{\rm u}(t)=\frac{\rm d}{{\rm d}t}(J_{\rm u}(t)\omega_{\rm u}(t)) \tag{7-1}$$

式中，$J_{\rm u}(t)=J_0+J_{\rm m}(t)$，$J_0$ 是放卷辊轴的转动惯量，为固定值，$J_{\rm m}(t)$ 是卷材半径 $R_{\rm u}(t)$ 的函数；$R_{\rm u}(t)$ 为时间 t 的函数。

用 ρ 表示柔性薄膜材料的密度，b 表示宽度，R_0 表示未缠绕材料时的空轴半径，根据微元法可得

$$\begin{aligned} J_{\rm m}(t) &= \int_{R_0}^{R_{\rm u}(t)} R_{\rm u}^2(t)\,{\rm d}u = \int_{R_0}^{R_{\rm u}(t)} \rho R_{\rm u}^2(t)\,{\rm d}V \\ &= \int_{R_0}^{R_{\rm u}(t)} R_{\rm u}^2(t)[\rho b 2\pi R_{\rm u}(t)\,{\rm d}(R_{\rm u}(t))] \end{aligned}$$

$$= \frac{\pi}{2}\rho b(R_u^4(t) - R_0^4)$$

进一步可得

$$J_u(t) = J_0 + \frac{\pi}{2}\rho b(R_u^4(t) - R_0^4) \tag{7-2}$$

将式(7-2)代入式(7-1),整理可得

$$\begin{aligned}
&T_u(t)R_u(t) - M_{fu}(t) - M_u(t) \\
&= \frac{d}{dt}(J_u(t)\omega_u(t)) \\
&= \frac{d}{dt}\left\{\left[J_0 + \frac{\pi}{2}\rho b(R_u^4(t) - R_0^4)\right]\omega_u(t)\right\} \\
&= \frac{d}{dt}(J_0\omega_u(t)) + \frac{\pi}{2}\rho b\,\frac{d}{dt}[(R_u^4(t) - R_0^4)\omega_u(t)] \\
&= J_0\,\frac{d\omega_u(t)}{dt} + \frac{\pi}{2}\rho b(R_u^4(t) - R_0^4)\frac{d\omega_u(t)}{dt} + 2\pi\rho b\omega_u(t)R_u^3(t)\frac{dR_u(t)}{dt} \\
&= J_0\dot{\omega}_u(t) + \frac{\pi}{2}\rho b(R_u^4(t) - R_0^4)\dot{\omega}_u(t) + 2\pi\rho b\omega_u(t)R_u^3(t)\dot{R}_u(t)
\end{aligned} \tag{7-3}$$

不考虑空气间隙、图案对材料厚度的影响,成卷的柔性薄膜料卷可以看成致密卷材,用 h 表示柔性薄膜厚度,在卷绕过程中的微段时间内近似有[7]

$$hv\,dt = 2\pi R_u(t)\,dR_u(t)$$

可得

$$\dot{R}_u(t) = -\frac{R_u(t)\omega_u(t)}{2\pi R_u(t)} = -\frac{\omega_u(t)h}{2\pi} \tag{7-4}$$

将式(7-4)代入式(7-3),整理可得

$$\begin{aligned}
&T_u(t)R_u(t) - M_{fu}(t) - M_u(t) \\
&= J_0\dot{\omega}_u(t) + \frac{\pi}{2}\rho b(R_u^4(t) - R_0^4)\dot{\omega}_u(t) - \rho bh\omega_u^2(t)R_u^3(t)
\end{aligned}$$

进一步可得

$$\begin{aligned}
T_u(t) = &\frac{J_0\dot{\omega}_u(t)}{R_u(t)} + \frac{\pi}{2R_u(t)}\rho b(R_u^4(t) - R_0^4)\dot{\omega}_u(t) \\
&- \rho bh\omega_u^2(t)R_u^2(t) + \frac{M_{fu}(t) + M_u(t)}{R_u(t)}
\end{aligned} \tag{7-5}$$

式(7-5)为放卷过程中放卷辊的张力数学表达式,从中可以看出柔性薄膜所受的张力 $T_u(t)$ 是卷材半径 $R_u(t)$ 与放卷过程中放卷辊的角速度变化率 $\dot{\omega}_u(t)$ 的复杂函数关系。

2. 收卷辊的张力表达式

这里以收卷辊为研究对象，收卷辊的受力模型如图 7-4 所示。当收卷辊带动卷材进行收卷时，收卷辊的半径逐渐增大，若保持收卷电机转速不变，收卷线速度逐渐增大，张力也会不断增大。因此，在保持收卷张力恒定，即收卷线速度不变的情况下，由式 $V=2\pi nR$ 可知收卷时要根据卷径 $R_{\mathrm{w}}(t)$ 的增加实时控制电机转速 n。

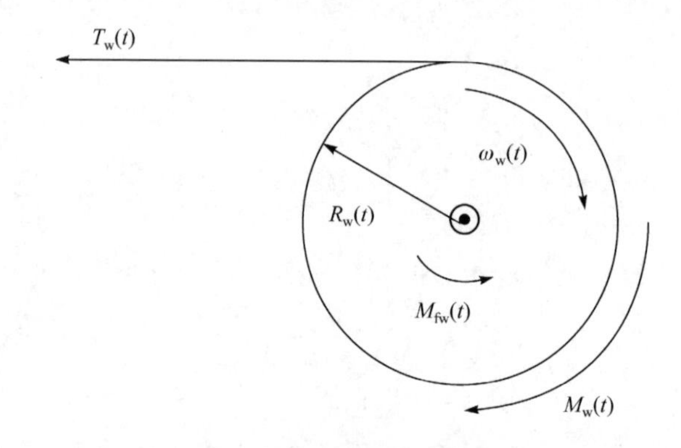

图 7-4　收卷辊受力模型

收卷过程与放卷过程相似，收卷过程中动力矩为电磁转矩，阻力矩包括张力产生的力矩、摩擦阻力矩以及由收卷辊转动惯量带来的阻力矩，按照同样的原理建立收卷辊的动力学方程，同时结合式(7-2)、式(7-4)计算 $J_{\mathrm{w}}(t)$ 和 $\dot{R}_{\mathrm{w}}(t)$，可得[8]

$$\left.\begin{aligned}&M_{\mathrm{w}}(t)-T_{\mathrm{w}}(t)R_{\mathrm{w}}(t)-M_{\mathrm{fw}}(t)=\frac{\mathrm{d}}{\mathrm{d}t}(J_{\mathrm{w}}(t)\omega_{\mathrm{w}}(t))\\&J_{\mathrm{w}}(t)=J_0+\frac{\pi}{2}\rho b(R_{\mathrm{w}}^4(t)-R_0^4)\\&\dot{R}_{\mathrm{w}}(t)=-\frac{R_{\mathrm{w}}(t)\omega_{\mathrm{w}}(t)}{2\pi R_{\mathrm{w}}(t)}=-\frac{\omega_{\mathrm{w}}(t)h}{2\pi}\end{aligned}\right\}$$

$$\begin{aligned}\Rightarrow\quad & M_{\mathrm{w}}(t)-T_{\mathrm{w}}(t)R_{\mathrm{w}}(t)-M_{\mathrm{fw}}(t)=\frac{\mathrm{d}}{\mathrm{d}t}(J_{\mathrm{w}}(t)\omega_{\mathrm{w}}(t))\\&=J_0\dot{\omega}_{\mathrm{w}}(t)+\frac{\pi}{2}\rho b(R_{\mathrm{w}}^4(t)-R_0^4)\dot{\omega}_{\mathrm{w}}(t)-\rho bh\omega_{\mathrm{w}}^2(t)R_{\mathrm{w}}^3(t)\\\Rightarrow\quad & T_{\mathrm{w}}(t)=-\frac{J_0\dot{\omega}_{\mathrm{w}}(t)}{R_{\mathrm{w}}(t)}-\frac{\pi}{2R_{\mathrm{w}}(t)}\rho b(R_{\mathrm{w}}^4(t)-R_0^4)\dot{\omega}_{\mathrm{w}}(t)\\&\quad+\rho bh\omega_{\mathrm{w}}^2(t)R_{\mathrm{w}}^2(t)+\frac{M_{\mathrm{w}}(t)-M_{\mathrm{fw}}(t)}{R_{\mathrm{w}}(t)}\end{aligned}\tag{7-6}$$

3. 驱动辊及导向辊的张力表达式

驱动辊受力模型如图7-5所示，驱动辊是由上下压辊组合来实现传输的，电机驱动下辊旋转，借助压辊与柔性薄膜之间的摩擦力驱动薄膜进给。由驱动辊的驱动方程推导其张力表达式为[8,9]

$$\frac{\mathrm{d}}{\mathrm{d}t}(J_i(t)\omega_i(t)) = -M_{fi} + R_i(T_i - T_{i-1}) + M_i$$

可得

$$T_i = \frac{J_i(t)\dot{\omega}_i(t) - a_i M_{\mathrm{motor\_}i} + b_i\omega_i(t)}{R_i} + T_{i-1} \tag{7-7}$$

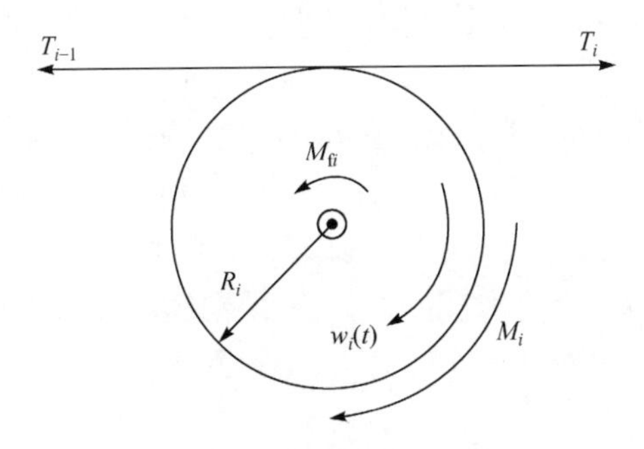

图7-5　驱动辊受力模型

导向辊受力模型如图7-6所示。导向辊属于被动辊，没有电机带动，由材料通过摩擦力带动旋转，主要作用是对其进行导入、定向和支撑，驱动辊和导向辊之间唯一的区别是从电机产生的转矩分量。由导向辊的驱动方程推导其张力表达式[8,9]：

$$\frac{\mathrm{d}}{\mathrm{d}t}(J_i(t)\omega_i(t)) = -M_{fi} + R_i(T_i - T_{i-1})$$

可得

$$T_i = \frac{J_i(t)\dot{\omega}_i(t) + b_i\omega_i(t)}{R_i} + T_{i-1} \tag{7-8}$$

至此，已经分别得到放卷辊、收卷辊、驱动辊和导向辊的张力表达方程，即式(7-5)、式(7-6)、式(7-7)和式(7-8)，其中式(7-5)表明卷径对放卷过程中张力稳定性的影响较大，卷径的变化直接引起卷材自身质量和转动惯量的变化，影响放卷系统的加减速特性，进而影响卷材中的张力波动；由式(7-5)可以看出，放卷辊实时角速度 $\omega_u(t)$ 有平方项和导数部分，因此较小的线速度变化可以使张力出现明显的波动。

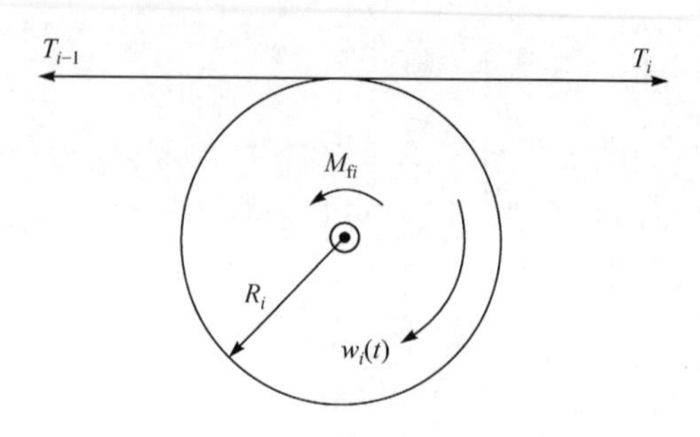

图 7-6 导向辊受力模型

7.2 柔性材料 R2R 加工张力波动仿真与分析

首先，对图 7-7 所示的 PET 聚酯薄膜在张力作用下的拉伸变形进行分析，力学参数为：厚度 0.05mm，密度 1450kg/m^3，弹性模量 3495MPa，泊松比 0.3。然后，取宽度为 50mm、长度为 150mm 的试样，其尺寸和所受的载荷如图 7-7 所示，通过创建面体(surface body)来模拟 PET 聚酯薄膜，将问题简化为平面应变问题，为几何体分配材料，划分网格后将张力施加在整条边上，约束掉法线方向的位移，指定计算结果进行求解。

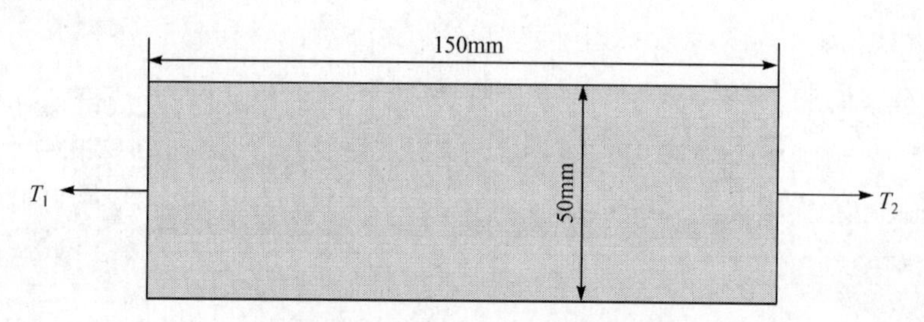

图 7-7 PET 聚酯薄膜受力示意图

由图 7-8(a)、(b)可知，在薄膜处于拉伸状态时薄膜产生微小形变，位移分布由中间往两端逐渐增加，且随着张力的增大，位移也增大。当薄膜处于某一特定的形变状态时，薄膜压印、复合等可以达到最好水平，因此要对张力进行控制，使薄膜的形变不影响加工精度。由图 7-8(c)、(d)可知，当薄膜两端的张力不均时，薄膜处于松弛状态，压印、复合等会发生严重错位。

张力不仅直接影响产品质量，也会对制造系统中的辊轴产生影响[8]。下面以导向辊(图 7-9)为例，分析其在张力作用下的挠曲变形。

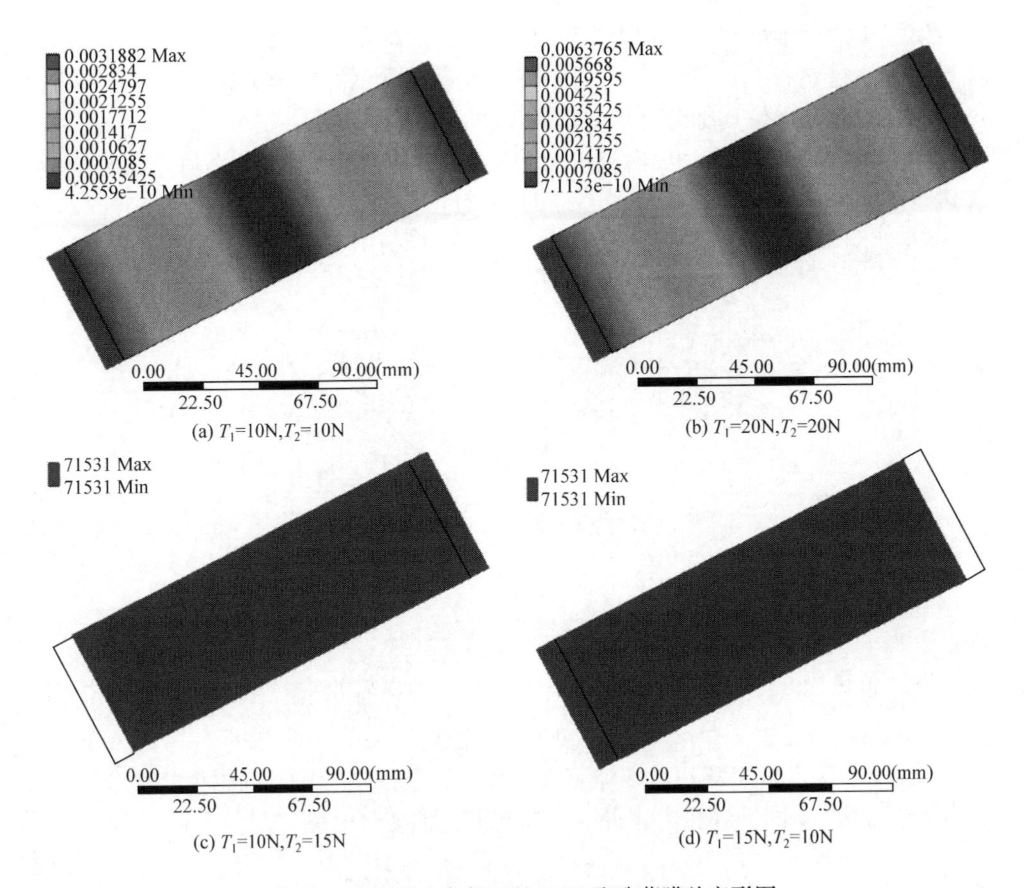

(a) T_1=10N, T_2=10N　(b) T_1=20N, T_2=20N

(c) T_1=10N, T_2=15N　(d) T_1=15N, T_2=10N

图 7-8　不同受力条件下的 PET 聚酯薄膜总变形图

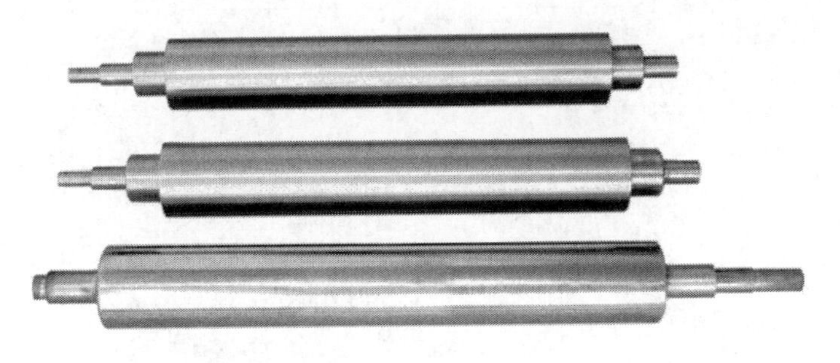

图 7-9　导向辊实体图

R2R 制造系统中常用的导向辊筒体通常采用铝合金型材加工，轴头、堵头和筒体采用热装形式。筒体壁厚为 3.5mm，导向辊直径为 30mm，筒体长 500mm，轴头长 40mm，根据其结构特点建立有限元模型，将导向辊简化为简支梁模型。为了真实模拟支轴对轴承及导向辊的作用，对其进行网格划分以后，通过在导向辊轴端轴承连接处与梁的中心节点建立直线梁单元，模拟支轴对轴承及导向辊的作用，通过施加弹簧单元来仿真轴承对导向辊的作用[9]。

图 7-10 为薄膜张力与导向辊压力的示意图。将柔性薄膜材料与导向辊接触区域对应的导向辊圆心角称为包角 θ，接触面积为 A，薄膜在传输时处于受拉状态，薄膜张力为 T，导向辊所受到的压力为 P。

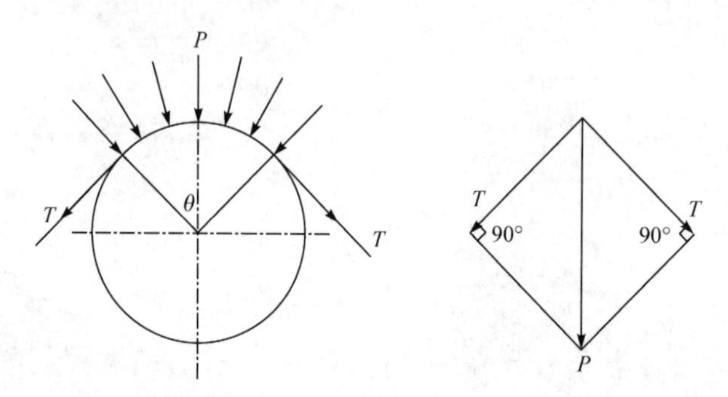

图 7-10 薄膜张力与导向辊压力示意图

选取包角为 90°，仿真不同张力 T 作用下的导向辊挠曲变形。柔性薄膜幅面宽度为 400mm，通过 $P=\sqrt{2}T$ 计算得到导向辊所受压力 P，再根据 $P'=P/A$ 转化为面压力，计算结果见表 7-1，施加完载荷和边界条件之后对导向辊做挠曲变形分析。图 7-11 为不同薄膜张力条件下导向辊的挠曲变形云图。

表 7-1 不同薄膜张力产生的面压力

张力 T/N	5	10	15	20
压力 P/N	7.071	14.142	21.213	28.284
面压力 P'/(N/m²)	750.637	1501.274	2251.911	3002.548

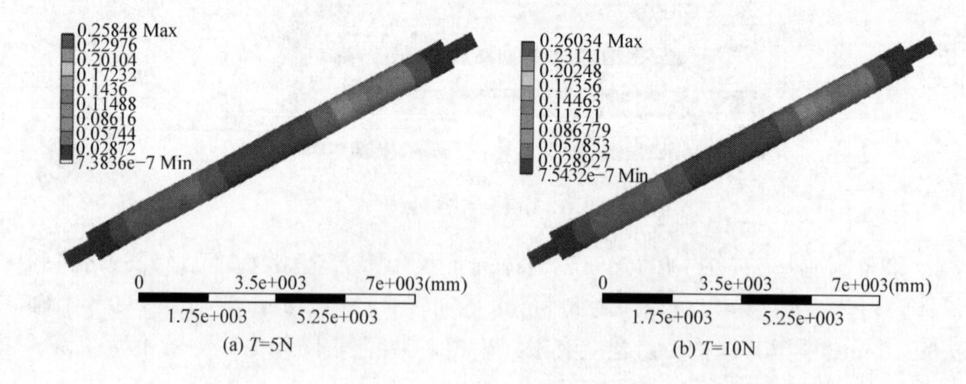

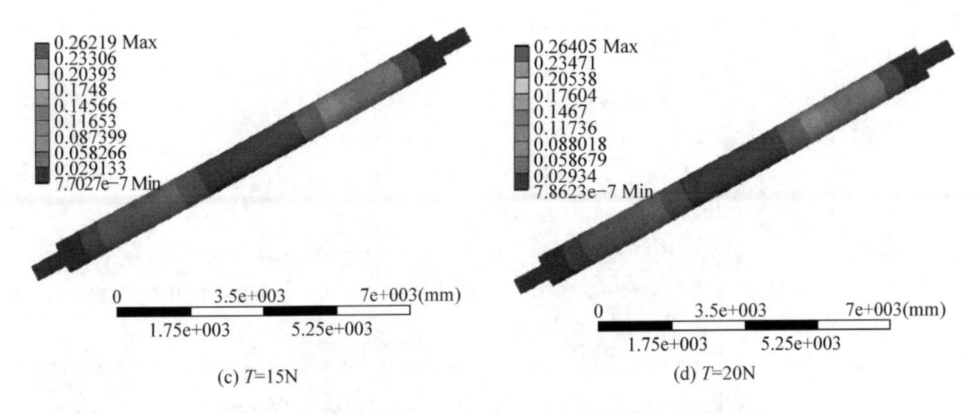

(c) T=15N　　(d) T=20N

图 7-11　不同薄膜张力条件下导向辊的挠曲变形云图

由图 7-11 可知，在张力作用下导向辊最大变形发生在辊轴中间处，并向两边逐渐减小，其变形值随张力增大而增大。

7.3　本章小结

根据柔性材料卷对卷(R2R)制造系统的特点和组成，本章深入讨论了 R2R 制造系统运行时张力产生的原因，重点对各个组成部件进行动力学建模，推导出各模块中的张力数学表达式，并分析了张力对整个制造系统的影响。

分析表明，卷径对发卷过程中的张力稳定性的影响较大，卷径的变化直接引起卷材自身质量和转动惯量的变化，以及放卷系统的加减速特性，进而影响卷材中的张力波动；卷辊较小的线速度变化可以使张力出现明显波动，但当张力发生波动时，对线速度影响却不大，材料所受的张力及其弹性形变与传输过程速度差的积分值成正比；在张力作用下导向辊最大变形发生在辊轴中间处，并向两边逐渐减小，其变形值随张力增大而增大，因此当导向辊挠曲变形严重时，R2R 制造系统中的压印、套印、复合等过程会产生质量偏差，需要及时更换零部件。

参考文献

[1] Zhong H, Pao L Y. Regulating web tension in tape systems with time-varying radii[C]. American Control Conference, Saint Louis, 2009: 198-203.

[2] Valenzuela M A, Bentley J M, Lorenz R D. Sensorless tension control in paper machines[J]. IEEE Transactions on Industry Applications, 2003, 39(2): 294-304.

[3] Carrasco R, Valenzuela M A. Tension control of a two-drum winder using paper tension estimation[J]. IEEE Transactions on Industry Applications, 2006, 42(2): 618-628.

[4] Valenzuela M A,Carrasco R,Sbarbaro D. Robust sheet tension estimation for paper winders[C]. Pulp and Paper Industry Technical Conference,Williamsburg,2007:143-154.

[5] 姚旭峰,杜世昌,王猛,等. 航天阀门多工序加工过程误差传递分析与建模[J]. 工业工程与管理,2014,19(1):113-121.

[6] Chen C L,Chang K M,Chang C M. Modeling and control of a web-fed machine[J]. Applied Mathematical Modelling,2004,28(10):863-876.

[7] Shui H Y,Jin X N,Ni J. Roll-to-roll manufacturing system modeling and analysis by stream of variation theory[C]. Proceedings of the ASME International Manufacturing Science and Engineering Conference,Blacksburg,2016:8722-1-8722-12.

[8] Branca C,Pagilla P R,Reid K N. Governing equations for web tension and web velocity in the presence of nonideal rollers[J]. Journal of Dynamic Systems Measurement and Control,2013,135(1):011018-1-011018-10.

[9] Pagilla P R,Siraskar N B,Dwivedula R V. Decentralized control of web processing lines[J]. IEEE Transactions on Control Systems Technology,2007,15(1):106-117.

第 8 章　柔性材料加工智能控制应用实例

前几章分别介绍了柔性材料加工过程力学建模方法、加工变形决策知识提取、变形补偿预测 ATS-FNN 建模理论、基于 FPGA 的柔性件轨迹加工变形补偿 ATS-FNN 控制器的实现方法及柔性材料高速振动切割加工控制方法，并通过仿真实例验证这些方法的有效性。本章将结合三个采用变形补偿技术的实例，进一步介绍这些理论成果在实际项目中的应用及整体实施效果，证明相关理论的有效性与实用性。

8.1　带反馈 ATS-FNN 控制器在绗缝加工系统中的应用实例

绗缝加工变形补偿预测[1]是绗缝加工系统中非常重要的环节，因为其加工对象为柔性件(如一些布料、海绵等)，加工过程中夹紧力、接触力等都会使加工件产生变形，进而使加工轨迹发生偏移。实际生产中有多种补偿方式[2]，控制系统多采用 PC+NC 控制结构(如图 8-1 所示的国内某厂家的多针绗缝加工系统，控制 PC 操作系统使用 Windows 系统，NC 部分则采用单片机开发)，控制系统中 PC、NC 要完成复杂绗缝加工控制任务，实时性要求较高，这些系统内部不包含加工变形补偿预测模块，加工变形补偿量只能由操作人员根据实际绗缝加工条件或凭经验估算，使绗缝图案加工的自动化程度及准确度受到影响。

(a) 绗缝加工主机

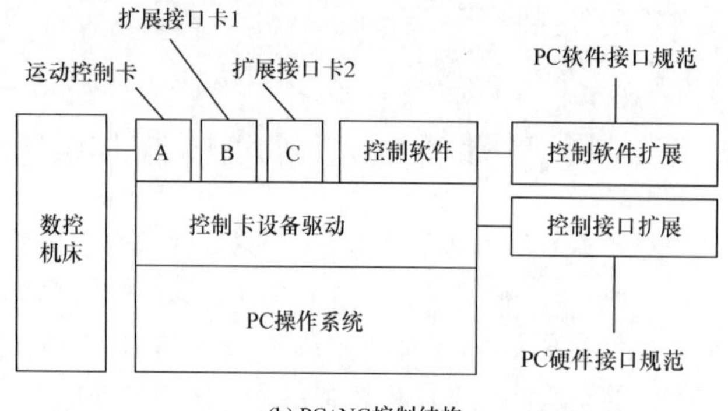

(b) PC+NC控制结构

图 8-1 PC+NC 控制结构纺缝加工系统

2008 年起,基于广东东莞某纺缝机制造企业的要求,本书作者课题组开展了基于 ATS-FNN 控制器的纺缝加工系统的升级研制工作。

8.1.1 基于 ATS-FNN 控制器的纺缝加工系统

基于 ATS-FNN 控制器的纺缝加工系统升级是在原有纺缝加工系统中加入变形补偿预测及机器视觉测量反馈模块,以提高纺缝轨迹变形补偿预测的速度和准确度,解决纺缝轨迹加工误差随着柔性件厚度增加而增大的问题。

1. 加工变形决策知识提取

综合分析纺缝加工过程,加工变形影响因素有主轴转速 n、罗拉速度 v_l、图元类型 D_{type}、图元夹角 θ_D、加工步长 L_{step}、插补速度 v、加工方向角 θ_P、柔性件装夹方式 C_m、进给深度 L_{deep}、插补方法 I_m,以及数控加工平台 x、y、z 轴的定位精度 $A_{p\text{-}x}$、$A_{p\text{-}y}$、$A_{p\text{-}z}$ 等。结合加工变形决策知识提取方法[3],可提取影响纺缝加工变形权重较高的主轴转速 n、罗拉速度 v_l、图元夹角 θ_D 和加工步长 L_{step} 四个因素,作为 ATS-FNN 控制器的 TSFNN 模型输入量,输出量为加工轨迹在 x、y 方向的补偿量 s_1、s_2。

2. 硬件系统

图 8-2 是在图 8-1 的基础上加入 ATS-FNN 控制器后的纺缝加工系统原理框图。图中,主控计算机、NC 控制器为原有模块,ATS-FNN 控制器为新增模块。

升级后的硬件系统中,主控计算机主要运行纺缝控制、花模打版软件,直接控制 NC 控制器;NC 控制器负责脉冲发生器 X、脉冲发生器 Y、模拟输出、高速并行 I/O 模块控制,其中高速并行 I/O 模块共 8 路数字输入、输出通道可供使用,脉冲

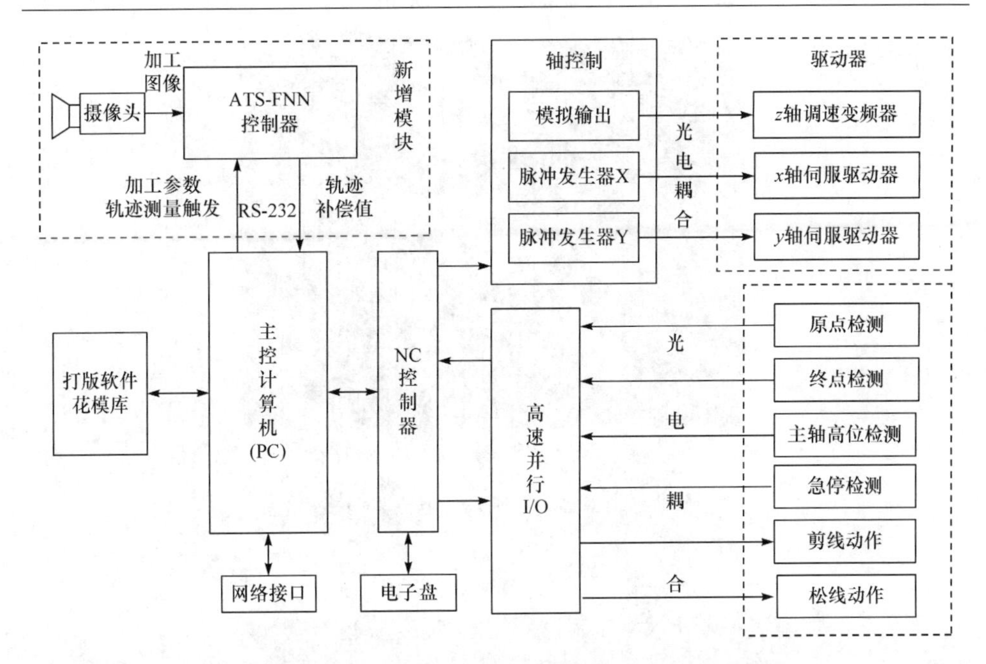

图 8-2　加入 ATS-FNN 控制器后的绗缝加工系统原理框图

发生器 X、脉冲发生器 Y 的作用是产生电机驱动脉冲信号，经光电耦合器件输出到 x、y 轴伺服电机驱动器(图 8-3(a))，模拟输出模块用于产生可调的模拟 0～5V 电压，用于主轴交流电机驱动变频器的控制(图 8-3(b))；ATS-FNN 控制器由变形影响量初步预测轨迹补偿值，根据主控计算机命令，启动机器视觉系统在线测量加工轨迹偏差，再与初步预测轨迹补偿值综合计算后传给主控计算机，由主控计算机完成轨迹的插补加工脉冲计算。ATS-FNN 控制器与主控计算机通过 RS-232 通信方式实现连接，不需重新设计绗缝控制控系统硬件，方便产品升级。

(a) 松下MDDA203A1A伺服驱动器

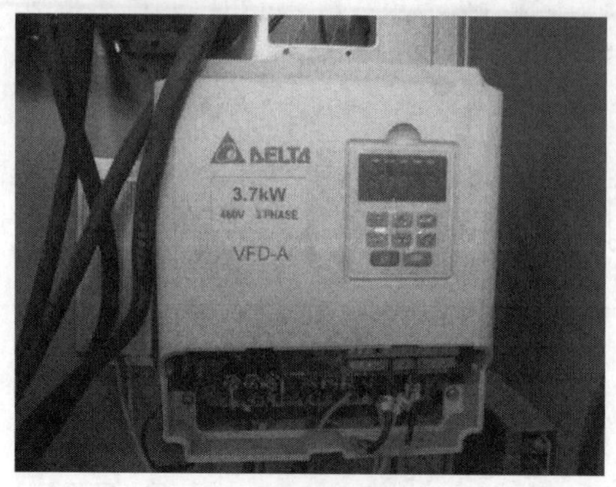

(b) VFD-A变频器

图 8-3　绗缝加工控制系统电机驱动装置图

3. 控制软件

图 8-4 为基于 ATS-FNN 控制器的绗缝加工系统控制流程图。

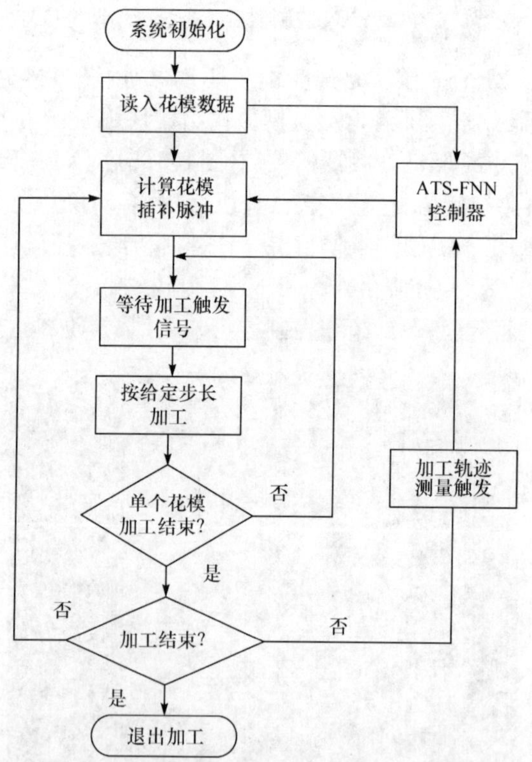

图 8-4　基于 ATS-FNN 控制器的绗缝加工系统控制流程图

每个花模加工前，利用 ATS-FNN 计算轨迹变形补偿量，花模加工完成后，启动 ATS-FNN 机器视觉单元测量加工轨迹图元夹角偏差，若偏差大于预定加工偏差，由检测偏差用于纠正偏差的自控原理，下一次加工轨迹变形补偿量将做合理调整。升级后的绗缝加工系统，加工数据需由 PC 传给 ATS-FNN 控制器，故原绗缝花模打版、控制软件也需进行相应修改。

图 8-5、图 8-6 分别为升级后绗缝软件打版模块、加工参数设置模块的界面。打版模块保留原有绘制功能，还可直接读取 DXF 格式的 CAD 文件，便于绗缝花模的绘制；加工参数设置模块增加了花模加工插补脉冲计算、ATS-FNN 控制器参数设置等功能。

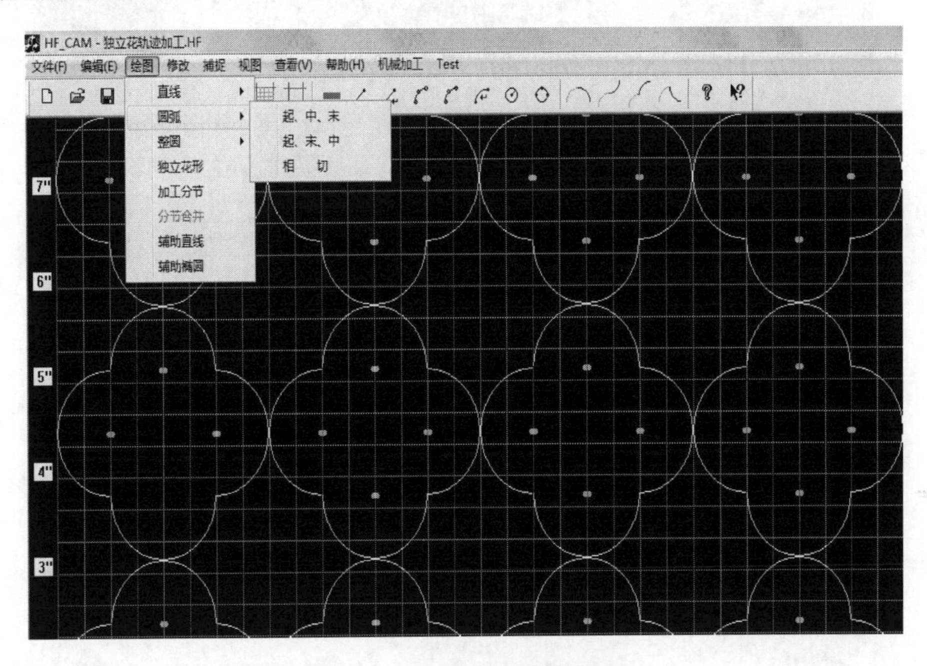

图 8-5　绗缝软件打版模块界面

图 8-7 所示为柔性件轨迹加工变形补偿控制界面，可方便用户现场实现对 ATS-FNN 控制器参数的更新。建模软件用于 TSFNN 模型前件网络提取的 AFCM 算法，以及 STS-FNN、TSFNN 网络参数计算等模块，该软件计算结果最终由绗缝软件下载到 ATS-FNN 控制器中。

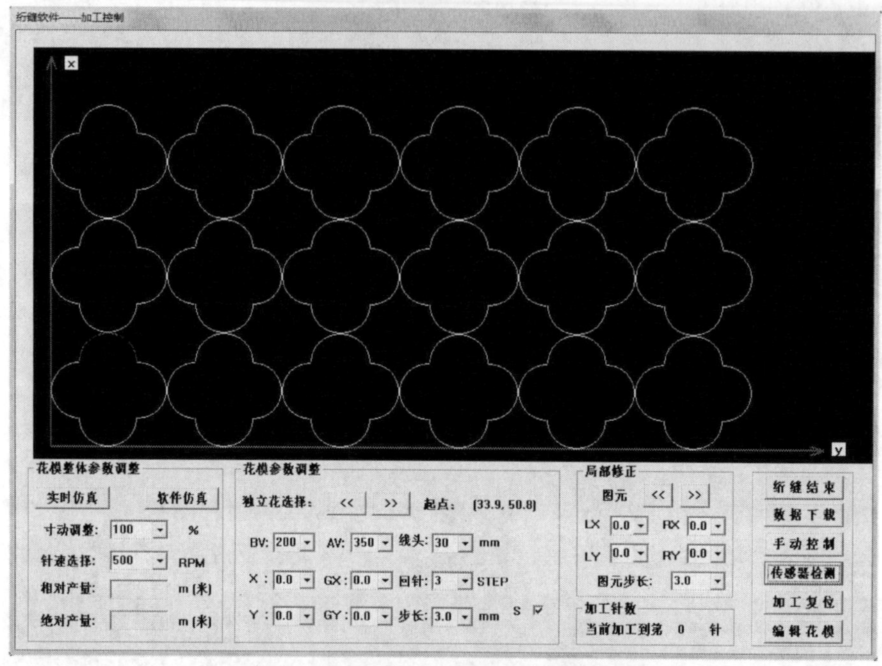

图 8-6　绗缝软件加工参数设置模块界面

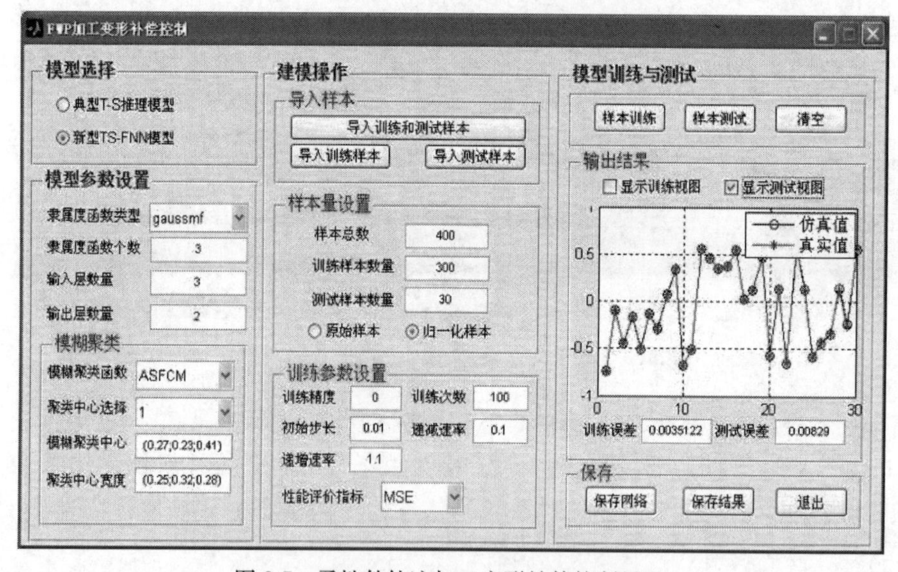

图 8-7　柔性件轨迹加工变形补偿控制界面

8.1.2　基于 ATS-FNN 控制器的绗缝加工系统应用效果

图 8-8、图 8-9 分别为基于 ATS-FNN 控制器的绗缝加工系统实物以及实际加

工过程状态图。

图 8-8　基于 ATS-FNN 控制器的绗缝加工系统实物图

图 8-9　绗缝加工过程状态图

绗缝加工系统的参数如下：针排距为 50.8、76.2、127(5″)或 76.2、76.2、152.4(6″)；针距为 25.4mm，X 行程为 430mm，绗缝工件厚度≤50mm(180°图案)，加工步长为 3～6，主轴转速为 500～900r/min。

图 8-10、图 8-11 分别为基于 PC＋NC、ATS-FNN 控制器的绗缝加工系统对“独立”花模绗缝效果的对比图。由图 8-10、图 8-11 可以看出，基于 ATS-FNN 控制器的绗缝加工系统的直线图元、圆弧图元、夹角的加工效果均比基于 PC＋NC 控制器的加工效果好，所加工的直线轨迹更直、圆形更圆、夹角更准确。

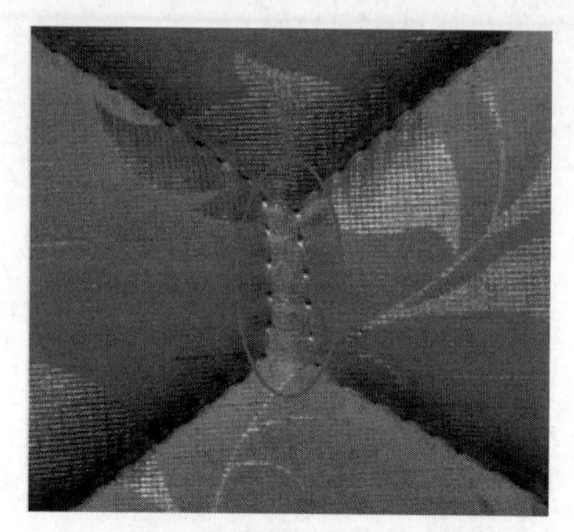

(a) PC+NC控制的直线图元加工效果

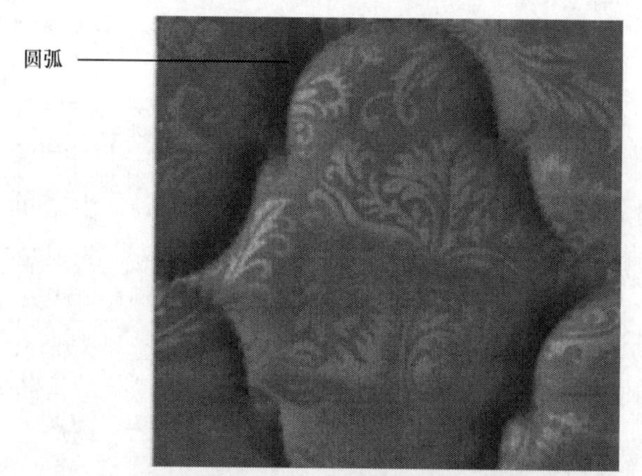

(b) PC+NC控制的圆弧图元效果

(c) PC+NC控制的夹角加工效果

图 8-10　基于 PC+NC 控制的绗缝加工效果

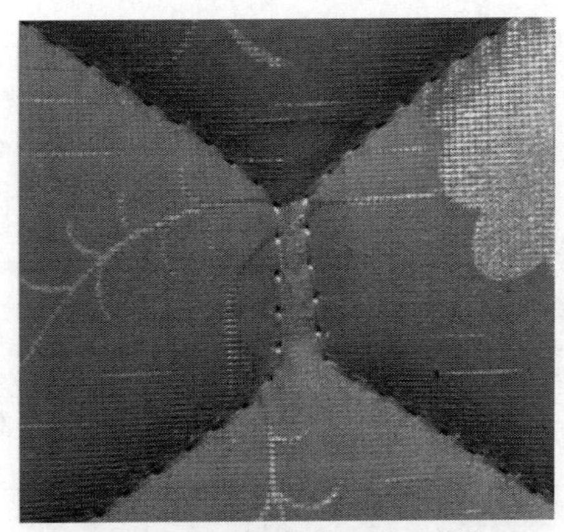

(a) ATS-FNN控制的直线图元加工效果

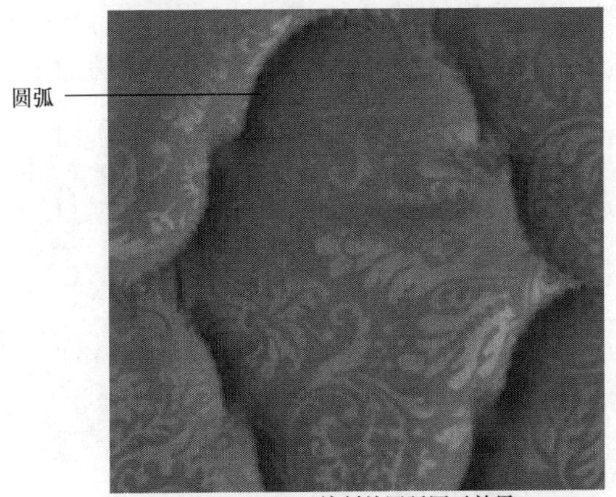

(b) ATS-FNN控制的圆弧图元效果

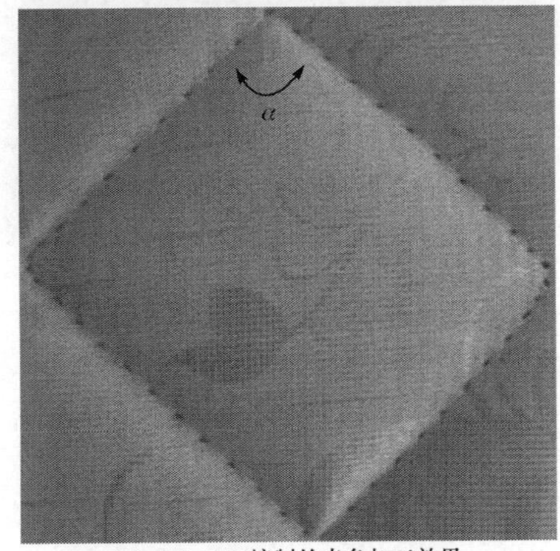

(c) ATS-FNN控制的夹角加工效果

图 8-11　基于 ATS-FNN 控制的绗缝加工效果

表 8-1 所示为基于 PC+NC 控制器、基于 ATS-FNN 控制器两种系统加工 46 组样本轨迹的夹角误差 f_a、直线度误差 f_l、图元最小加工时间 t_p 对比结果(柔性件厚度<15mm)。从表中可以看出,基于 ATS-FNN 控制器的系统加工轨迹夹角误差 f_a、直线度误差 f_l 分别比基于 PC+NC 控制器减少 32.9%、36.1%,图元最小加工时间 t_p=2.06s 能够满足绗缝的实际生产要求。

表 8-1 基于 PC+NC、ATS-FNN 控制器的绗缝加工性能指标比较

名称	PC+NC			ATS-FNN 控制器		
	夹角误差/(°)	直线度误差/mm	图元最小加工时间/s	夹角误差/(°)	直线度误差/mm	图元最小加工时间/s
均值	2.94	0.36	1.91	1.87	0.23	2.06

基于 ATS-FNN 控制器的绗缝加工系统由于能对变形补偿量进行自动调整,在工件厚度或图元夹角大小发生改变时均能取得较好的加工效果。图 8-12 为基

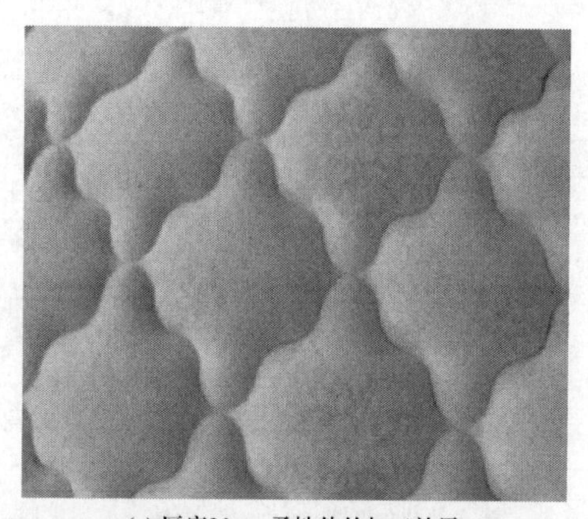

(a) 厚度20mm柔性件的加工效果

(b) 厚度25mm柔性件的加工效果

(c) 厚度30mm柔性件的加工效果

(d) 厚度35mm柔性件的加工效果

图 8-12　厚度 20～35mm 柔性件绗缝"独立"花模的效果图

于 ATS-FNN 控制器的绗缝加工系统在厚度 20～35mm 的柔性件上绗缝"独立"花模的效果图。

8.2　开环 ATS-FNN 控制器在电脑弯刀机加工系统中的应用

电脑弯刀机是对各种类型的刀模(模切板)进行加工形成无规则独立、有规则排列重复的各种形状图案的加工设备,在电子、印刷包装行业应用较多。目前国产电脑弯刀机仅实现了简单图形的基本折弯功能,生产率低,受操作者技术水平影响较大。鉴于多数刀模材料本身厚度薄(0.45～0.71mm)、弹性较大、加工过程受加工速度等因素影响,刀模成形线迹与预先设定加工轨迹的一致性不好,若弯折图案复杂，则难以对形变刀模进行二次加工修正。根据广东东莞某制造企业的需求，本书作者课题组从2009年起开展了电脑弯刀机加工系统的研制工作。

刀模成形过程中对变形做出预测补偿是刀模加工过程控制的核心问题，综合分析刀模材料及折弯成形过程，可知刀模成形过程不仅与本身材料特性有关，还与折弯速度、折弯角度、折弯长度和刀模厚薄不均匀等因素有关，故刀模成形控制实质是一个多输入-多输出过程，属于加工变形补偿控制的范畴。考虑到成形过程快速性、有一定精度的要求，选用开环ATS-FNN控制器作为核心来设计电脑弯刀机加工系统。

8.2.1　基于开环ATS-FNN控制器的弯刀机加工系统设计

图8-13为电脑弯刀机加工系统硬件构成原理图，图中，ATS-FNN控制器为控制核心，要折弯的刀模图案数据由加工控制软件处理后传给ATS-FNN控制器存放在内部Block RAM中；ATS-FNN控制器根据预加工图案的几何形状、折弯速度、折弯角度和折弯长度等参量预测每一段加工轨迹在x、y方向的补偿量；加工时ATS-FNN控制器一方面计算轨迹插补脉冲，通过内部的脉冲发生器1、脉冲发生器2模块产生进料、折弯伺服电机驱动器驱动脉冲；另一方面通过高速并行I/O模块检测限位等传感器状态、输出裁剪等动作信号，如此循环直到加工结束。

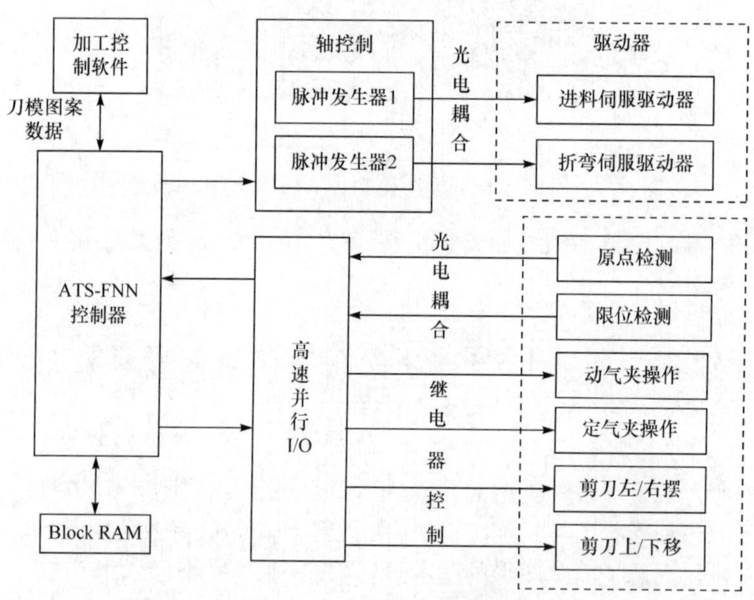

图8-13　电脑弯刀机加工系统硬件构成原理图

图 8-14 所示为电脑弯刀机控制软件界面，包括加工控制、刀模图案绘制两部分，加工控制部分实质为 ATS-FNN 控制器操作的人机界面，控制器参数设置、控制命令发送都在人机界面上操作。

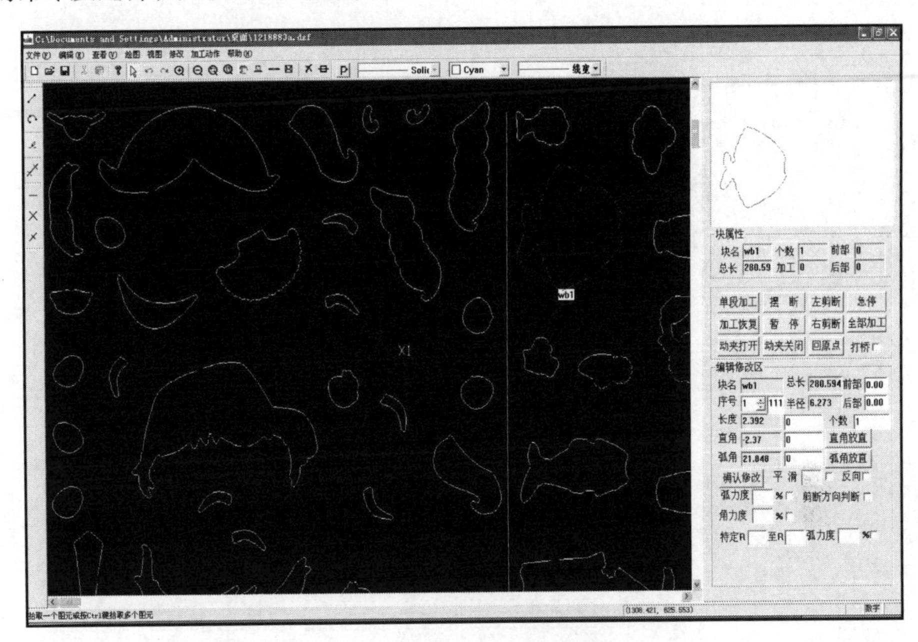

图 8-14　电脑弯刀机控制软件界面

刀模绘制模块采用面向对象的 C++程序开发，图 8-15 为刀模绘制模块的 C++ 类视图，图中由 CObject 类派生出图元、绘图命令基础类 CEntity 和 CCommand，以 CEntity、CCommand 两个类为基础各自再派生出具体功能类。

8.2.2　项目完成情况

图 8-16、图 8-17 分别为电脑弯刀机加工系统实物图及厚度 0.5mm 刀模折弯过程状态图。表 8-2 为电脑弯刀机所达到的部分技术参数。

表 8-2　电脑弯刀机部分技术参数

名称	90°折弯最小尺寸/mm	最大弯曲半径/mm	最大弯曲角度/(°)	送料精度/mm	折弯平整度/mm
数值	2	200	130	±0.015	±0.3

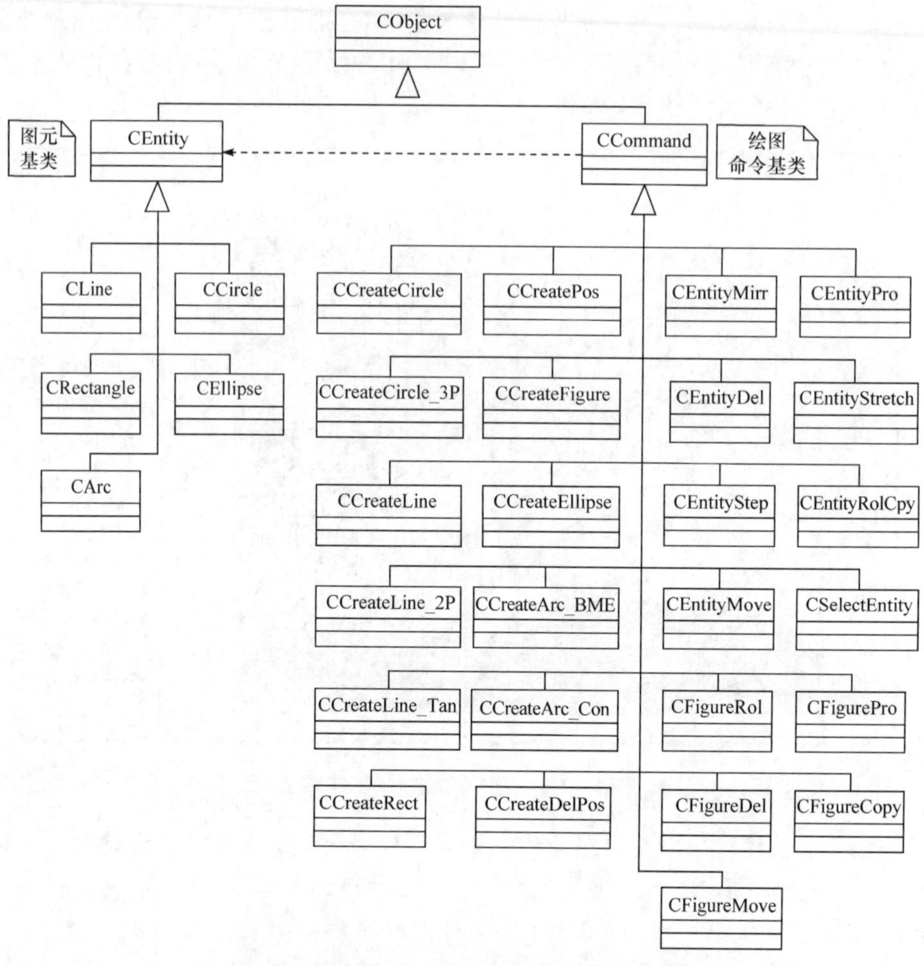

图 8-15　电脑弯刀机软件刀模绘制模块类视图

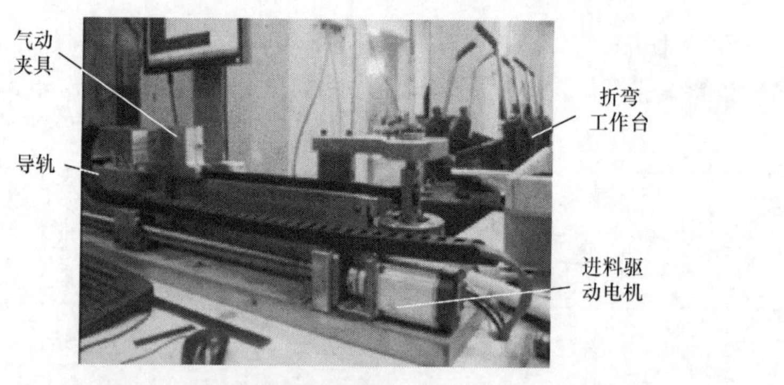

(a) 电脑弯刀机外观图

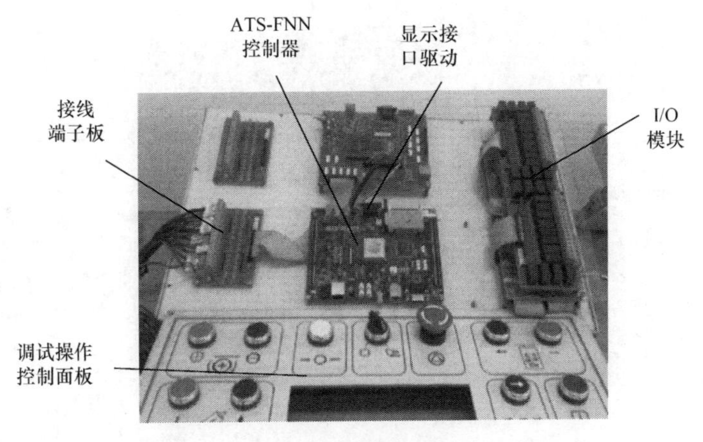

(b) 电控部分硬件图

(c) 伺服控制硬件

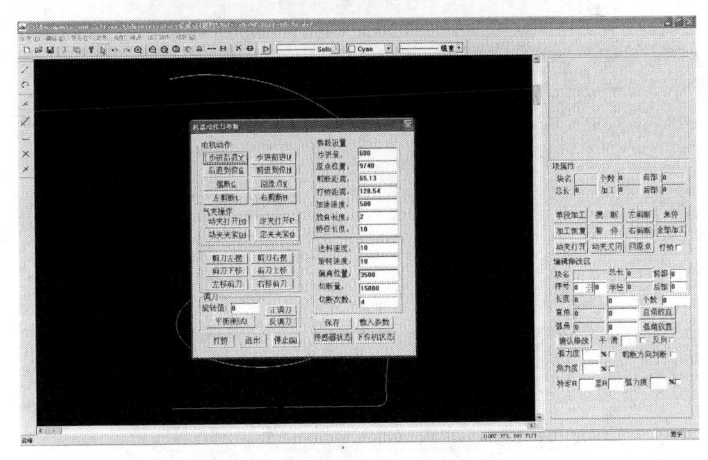

(d) 控制系统软件界面

图 8-16　电脑弯刀机加工系统实物图

(a) 厚度0.5mm刀模折弯过程(开始阶段)

(b) 厚度0.5mm刀模折弯过程(结束阶段)

数据测试

刀料类型：　国产刀料53

直线角	正脉冲	负脉冲	角度补偿	半径	正脉冲
0	500	500	0	.5	70
3	700	700	0	1	80
5	780	700	0	1.5	80
7	1000	900	0	2	83
9	1000	1000	0	2.5	82
11	1050	1050	0	3	80
13	1145	1145	0	3.5	80
14	1150	1150	0	4	79
15	1250	1260	0	4.5	80
17	1340	1340	0	5	60
19	1400	1400	0	5.5	65
21	1440	1440	0	6	65
23	1500	1500	0	6.5	65
25	1550	1550	0	7	65
27	1600	1600	0	7.5	64
30	1700	1700	.025	8	60
35	1780	1780	.03	8.5	60
40	1850	1850	.04	9	60
45	1935	1935	.055	9.5	50

测试　反测试　摆断[C]　停止[S]　保存　关闭　输入1　行　列　输入2

(c) 刀模折弯过程轨迹补偿数据

(d) 刀模加工效果图

图 8-17　厚度 0.5mm 刀模折弯过程状态图

8.3　柔性材料加工智能控制技术在皮革切割装备的应用

自 2012 年起，基于广东佛山某公司的技术改造需求，本书作者课题组展开了新一代数控切割机加工系统的升级研制工作。到目前为止，已经研制出用于皮革切割的数控系统硬件及软件。

针对柔性皮料的加工特性，专门设计了加工变形智能补偿控制器，对图 8-18 所示的数控皮革切割机进行升级。新的数控皮革切割加工系统能根据柔性材料厚度、进给速度、加工轨迹图案调节变形补偿量，且新的柔性材料数控切割机嵌入式运动控制系统采用多核协同计算方式，可以控制 10 个及以上的运动轴，实现 2 个独立刀头的同步处理任务。

图 8-18　柔性材料数控皮革切割机

1. 加工变形影响因素提取

综合分析皮革的切割加工过程，加工变形影响因素有进给深度 L_{deep}(mm)、进给偏角 θ_{angle}(°)、图元类型 D_{type}(圆弧或直线)、图元夹角 θ_{D}(°)、加工步长 L_{step}(mm)、插补速度 v(m/s)、加工方向角 θ_{P}(°)、柔性件装夹方式 C_{m}、柔性件装夹位置 C_{p}、插补方法 I_{m}，以及数控加工平台 x、y、z 轴的定位精度 $A_{p\text{-}x}$、$A_{p\text{-}y}$、$A_{p\text{-}z}$ 等。结合加工变形影响因素提取方法，可提取影响切割加工变形权重较大的柔性材料装夹方式、进给深度、插补速度、加工步长、图元夹角四个因素，作为 ATS-FNN 控制器的 TSFNN 模型输入量，输出量为加工轨迹在 x、y 方向的补偿量 s_1、s_2。

2. 硬件系统

采用图 8-19 所示的运动控制驱动板作为数控皮革切割机的主控系统的硬件，通过脉冲串接口连接到各驱动器(图 8-20)来实现多轴控制；图 8-18 中切割机的刀头模组的移动方向，即切割机的 x、y 轴方向，采用进口直线导轨结合伺服电机作为其运动机构；刀头的上下运动方向，即切割机的 z 轴方向，使用进口滚珠丝杠结合伺服电机，以控制切割头的上下运动；刀头的旋转方向，即切割机的 t 轴方向，使用高精度全数字伺服电机带动固定在伺服电机轴上的同步带轮旋转，通过同步带的作用带动切割刀(图 8-21)转动，实现切向跟随，保证刀刃方向与轨迹相切。

图 8-19 运动控制驱动板

切割工作过程中，根据实际的加工变形影响因素，由柔性材料加工变形智能补偿计算 IP 核计算补偿值，通过内部高速数据总线传送给加工轨迹插补脉冲计算

图 8-20　伺服驱动系统

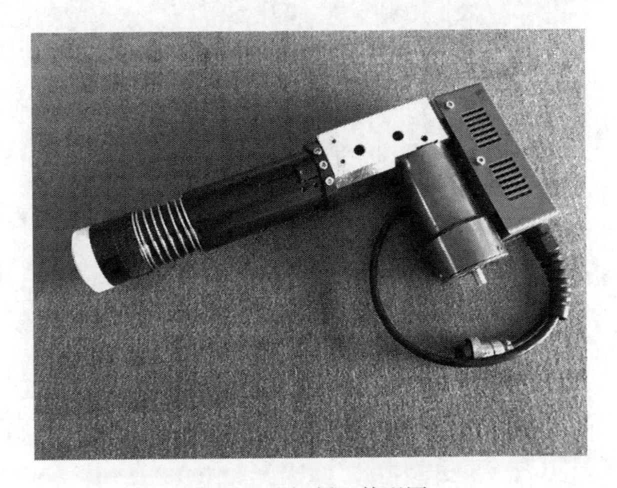

图 8-21　切割刀外观图

IP 核进行轨迹更新,其脉冲信号经过光电耦合后分别输入切割刀头模组、送料移动平台的伺服驱动器,同时通过脉冲宽度调制(pulse width modulation,PWM)方式调节振动机构驱动直流电机转速,实现送料移动和高速振动切割运动。

3. 控制软件

图 8-22、图 8-23 为升级后的控制中心软件及角度补偿调整软件界面图。加工之前,需要将加工的样片图案导入系统,利用柔性材料加工变形智能补偿计算 IP 核计算补偿值。图案加工完成后,启动机器视觉单元测量加工轨迹图元夹角偏差,若偏差大于预定加工偏差,由检测偏差用于纠正偏差的自控原理,下一次的加工变

形补偿量将做合理调整。

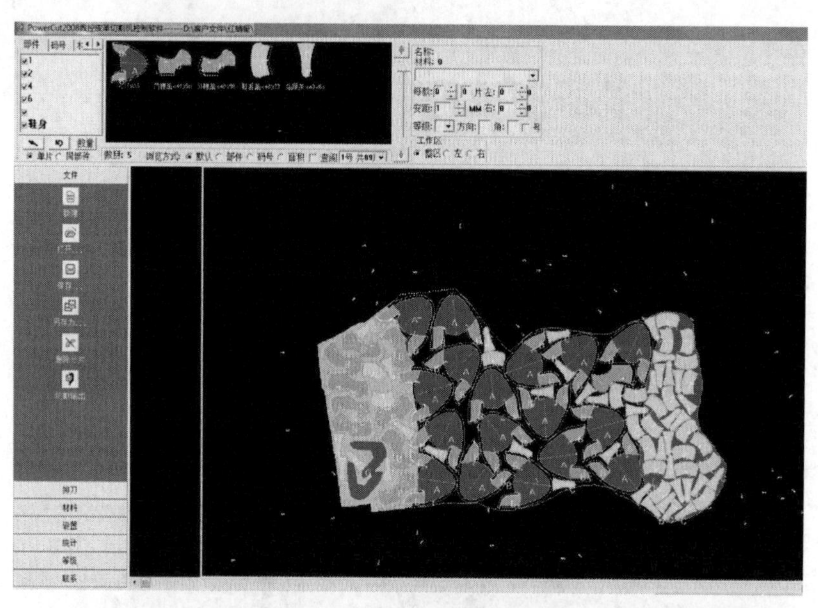

图 8-22　控制中心软件界面

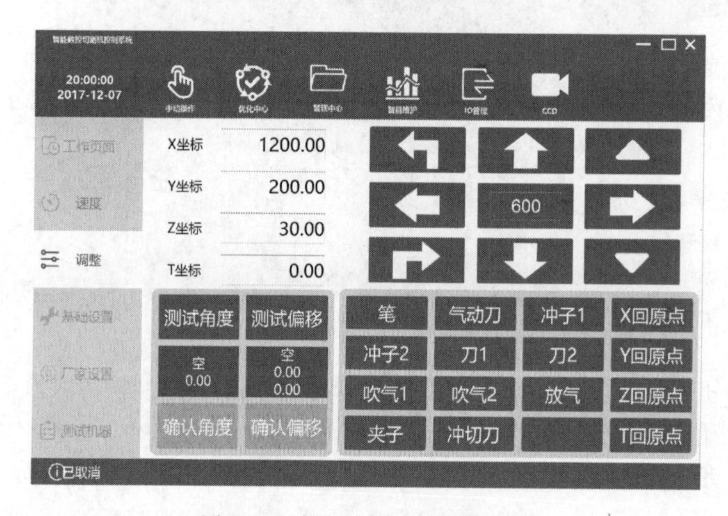

图 8-23　角度补偿调整软件界面

4. 数控皮革切割加工系统应用效果

为了检验升级后的数控皮革切割机的加工效果，选择厚度小于 6mm 的小羊皮进行切割试验，设置振动刀频率为 15000 次/min、切割速度为 500mm/s、加速度为 800mm/s²、下刀速度为 150mm/s、转弯速度为 30mm/s、刀深为 23mm、角度补偿为 87.65°、提落刀补偿为 3.00mm。

图 8-24 为实际切割加工皮革过程状态图；图 8-25 为升级后数控切割机的加工效果图。

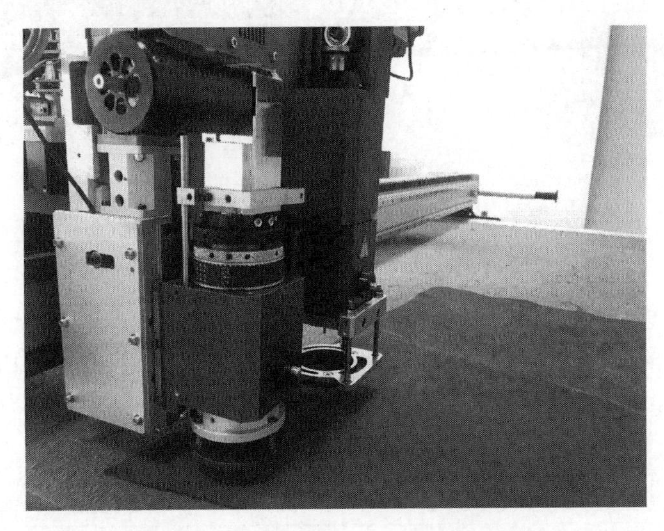

图 8-24 实际切割加工皮革过程状态图

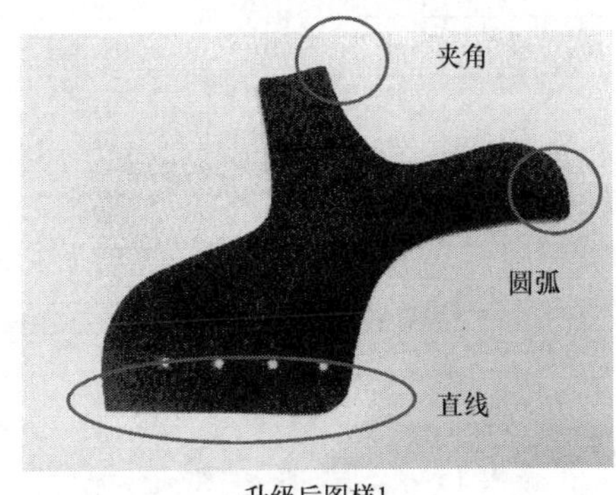

升级后图样1

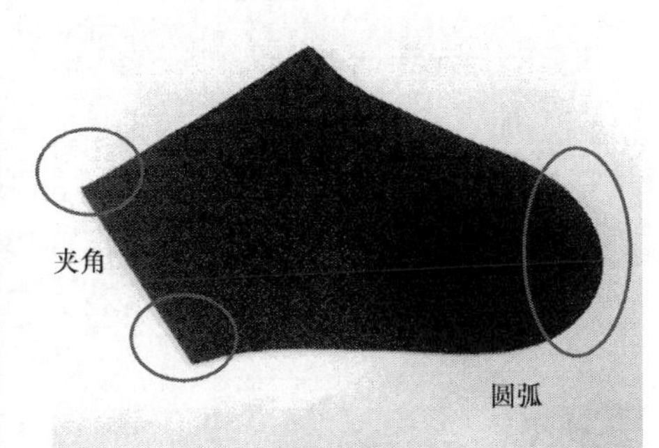

升级后图样2

图 8-25 升级后数控切割机的加工效果图

对比切割机系统升级后和升级前的加工效果图(图 8-26)，可以看出应用柔性材料加工变形智能补偿控制技术的数控切割机所加工轨迹图案的直线度、夹角尖度和圆弧平滑度等效果均有较大提高。

表 8-3 所示为原有数控切割机、升级后的数控切割机两种系统加工 46 组皮革样本轨迹的夹角误差、尺寸偏差、图元最小加工时间对比结果，可见应用柔性材料

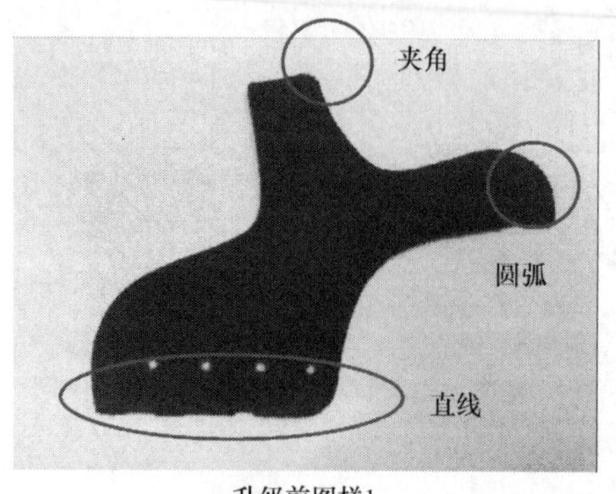

升级前图样1

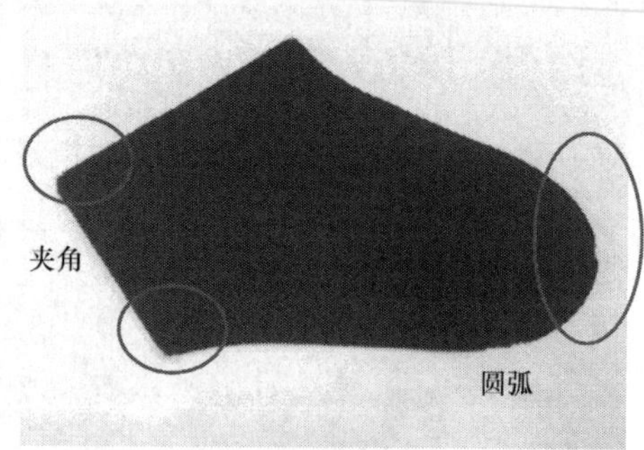

升级前图样2

图 8-26 原有数控切割机加工效果图

加工变形智能补偿控制技术系统的加工轨迹夹角误差、尺寸偏差分别比原有切割机减少 46.9%、38.4%，图元最小加工时间 t_p＝2.06s 能够满足实际切割加工生产要求。

表 8-3 切割加工性能指标比较表

名称	原有数控切割机			升级后的数控切割机		
	夹角误差/(°)	尺寸偏差/mm	图元最小加工时间/s	夹角误差/(°)	尺寸偏差/mm	图元最小加工时间/s
均值	1.64	0.13	3.91	0.87	0.08	2.06

应用加工变形智能补偿控制器的切割机由于能对变形补偿量进行调整，在工件厚度或图元夹角大小发生改变时均能取得较好的加工效果。图 8-27 所示为应用加工变形智能补偿控制器的切割机在厚度为 0.5～6mm 的皮革上切割加工的效果。

(a) 厚度为0.5mm的皮革

(b) 厚度为2mm的皮革

(c) 厚度为3.5mm的皮革

(d) 厚度为6mm的皮革

图 8-27　厚度 0.5～6mm 皮革切割加工效果图

8.4　本章小结

本章首先介绍了带反馈 ATS-FNN 控制器的绗缝加工系统的研制工作。绗缝加工对象为柔性件(如一些布料、海绵等),加工过程中的夹紧力、接触力等会使加工件产生变形,加工轨迹易发生偏移,而加工速度又要求较高,属于柔性件轨迹加工补偿问题,为此提出了基于带反馈 ATS-FNN 控制器的绗缝加工控制系统设计方案。根据实际绗缝加工提取加工变形影响因素,基于 ATS-FNN 控制器设计了绗缝加工系统的硬件结构,开发了花模打版、控制软件模块。应用效果表明,基于 ATS-FNN 控制器的系统的加工轨迹夹角误差 f_a、直线度误差 f_l 分别比基于 PC+NC 控制器的系统减少了 32.9%、36.1%,较好地解决了绗缝轨迹加工误差随柔性件厚度增加而增大的问题。

然后,介绍了基于开环 ATS-FNN 控制器的电脑弯刀机加工系统的研制工作。鉴于多数刀模材料本身厚度薄(0.45～0.71mm)、弹性较大,加工过程受加工速度等因素影响,刀模成形线迹与预先设定加工轨迹的一致性不好,应用变形补偿理论,提出以开环 ATS-FNN 控制器为核心设计电脑弯刀机加工系统,完成弯刀机加工系统硬件、控制算法及图形绘制软件的开发。初步应用结果表明,基于开环 ATS-FNN 控制器的电脑弯刀机加工系统的技术参数已经达到送料精度−0.015～0.015mm、最大折弯角度 130°、最大弯曲半径 200mm,这表明加工变形补偿控制理论在电脑弯刀机加工系统应用中取得了较好的应用效果。

最后,详细介绍了柔性材料加工变形补偿智能控制方法在皮革切割设备中的应用,所研制的系统可根据柔性材料厚度、进给速度、加工轨迹图案自动调节变形补偿量，采用速度前瞻实时插补算法，使系统在曲率变化大的位置自动地提前调整运动速度及加速度，防止可能发生的过切及机械振动，实现可加工材料的厚度范围为 0.5～6mm，切割线条重合性及切割尺寸偏差均小于 0.1mm。

参考文献

[1] Deng Y H，Chen J Y，Liu X L，et al. Study on the method of automatic measurement of flexible material processing path based on computer vision and wavelet[J]. Optik—International Journal for Light and Electron Optics，2014，125(15)：3806-3812.

[2] Deng Y H，Chen S C，Chen J Y，et al. Deformation-compensated modeling of flexible material processing based on T-S fuzzy neural network and fuzzy clustering[J]. Joural of Vibroengineering，2014，16(3)：1455-1463.

[3] Deng Y H，Chen S C，Li B J，et al. Study and testing of processing trajectory measurement method of flexible workpiece[J]. Mathematical Problems in Engineering，2013，(4)：1-9.